Maren Lehky

Alles super, und selbst?

Strategien für mehr Lebenskraft
in der Führungsrolle

Campus Verlag
Frankfurt/New York

Aktualisierte Neueausgabe von »Neue Kraft für Manager.
Strategien für mehr Energie in der Führungsrolle«

ISBN 978-3-593-50568-8 Print
ISBN 978-3-593-43368-4 E-Book (PDF)
ISBN 978-3-593-43369-1 E-Book (EPUB)

Umschlaggestaltung: Michael Fritz, Hamburg.
Umschlagmotiv: © Shutterstock/violetblue
Satz: Fotosatz L. Huhn, Linsengericht
Gesetzt aus: Minion und Futura
Druck und Bindung: Beltz Bad Langensalza
Printed in Germany

Dieses Buch ist auch als E-Book erschienen.
www.campus.de

Inhalt

Vorwort

»Wie schaff' ich das noch 20 Jahre?«

Liebe Leserin und lieber Leser,

»Wie geht's?« begrüßt eine Geschäftsreisende ihren Kollegen eines frühen Morgens am Gate A 31 des Hamburger Flughafens. »Alles bestens!« kommt es wie aus der Pistole geschossen und ich dreh' mich automatisch um, angesichts so viel Euphorie um 6.30 Uhr. Ich sehe einen Mann, Mitte vierzig, der fix und fertig ist, erschöpft aussieht, unausgeschlafen, kränklich und wie ein Schluck Wasser in der Kurve. Meine spontane Assoziation war ein Boxkampf, in dem der Trainer in der Ringpause zu seinem Schützling sagt: »Du schaffst ihn, gleich knackst du ihn, alles super.« Und der Zuschauer runzelt die Stirn, denn er sieht den vermeintlichen Verlierer nach Punkten, der mit Cuts und übel zugerichtet in den Seilen hängt und Schnappatmung hat.

»Alles super, alles bestens, alles supi«, das sind die stereotypen Bekundungen je nach Altersgruppe, wenn man sich im beruflichen Kontext oberflächlich austauscht. Keiner möchte zugeben, dass er sich manchmal Dienstagsmorgens fragt, wie er das Wochenende erreichen soll, dass er die Sinnkrise hat, dass er alles hinschmeißen möchte, oder ihm für das »eigentliche Leben« die Kraft fehlt.

Deshalb ist dieses Buch entstanden. Dieses Buch ist nur für Sie. Es soll Ihnen guttun, so viel zur Idee. Es soll Ihr Energiereservoir sein, aus dem Sie den Akku aufladen können. Ihr Begleiter auf dem Weg zu etwas mehr gesundem Egoismus. Ihr pragmatischer Unterstützer mit vielen Ideen und Vorschlägen als Antwort auf die Frage, die immer mehr Führungskräfte, Selbstständige, Unternehmer oder andere, beruflich stark Engagierte umtreibt: *»Wie schaff' ich das noch 20 Jahre?«*

Meine letzten Bücher drehten sich um gute Führung, darum, wie Sie Ihren Job richtig gut machen. Hier soll es darum gehen, wie Sie die Kraft finden, weiterhin einen guten Job zu machen und dennoch zu leben. Dabei ist es wichtig, dass Sie Ihre Lebensqualität im Blick behalten und sich nicht nur um andere, sondern zur Abwechslung einmal um sich kümmern. In der Führungsrolle geht es ums Geben. Ob Sie Orientierung geben, Sicherheit in Veränderungszeiten, ob Sie entwickeln, beraten, anleiten, steuern, managen, Gespräche führen oder Erwartungen klären. Was auch immer Sie tun, es ist eine gebende Rolle. **Sie geben Kraft und lassen Federn.** Sie müssen Druck von unten und von oben aushalten, denn Mitarbeiter und Chefs haben Erwartungen an Sie. Und es gibt immer jemanden »über« Ihnen, und sei es den Aufsichtsrat. Gleichzeitig lauern auf Kollegenebene Wettbewerb und Rangeleien. Als positive, stärkende Energie kommt dagegen sehr wenig zu Ihnen zurück. Sicher: Es gibt Anerkennung, Status, ein gutes Gehalt, Gestaltungsspielraum, Einfluss. Dazu die Freude darüber, wenn Menschen sich entwickeln, und vielleicht die Dankbarkeit, Verantwortung übernehmen zu dürfen. Aus all dem kann man Kraft ziehen – und dennoch: Im anstrengenden Alltag reicht all das irgendwann nicht mehr. Denn nicht nur die Arbeit fordert uns mehr denn je, auch im Privaten steht oft das Geben im Vordergrund, sind wir gefragt als gute Eltern, verständnisvolle Partner, zuhörende Freunde und engagierte Ehrenämtler. Dabei verschwimmt die Grenze zwischen Beruf und Privatem mehr und mehr, denn wann arbeiten wir eigentlich nicht? **Wann schweigen der eigene Kopf und das Smartphone *gleichzeitig*?** Arbeit und das sonstige Leben verzahnen sich immer mehr wie Puzzlestücke, und so wird das gedankliche Knäuel komplexer und nur noch selten entwirrt.

In dieser Gemengelage von Emotionen, Erschöpfung und besten Absichten höre ich von Führungskräften seit einigen Jahren eine Frage immer öfter: »Wer kümmert sich eigentlich um mich, wer führt mich, stärkt mir den Rücken, gibt mir Wertschätzung und Anerkennung?«, oder auch: »Ich soll immer loben und für alle da sein, wer ist für mich da?« Darin schwingt überdeutlich die Sehnsucht mit, selbst wieder Energie zu schöpfen, und die Ratlosigkeit, wie das gelingen könnte. Oft wird die Frage erstaunlich ruhig und fast resigniert vorgetragen, als hätte man sich damit abgefunden, immer weiterlaufen zu müssen im Hamsterrad, immer schneller. Vergleiche ich diese ruhige Frage mit der Hektik, die ausbricht, wenn jemand sein Ladegerät fürs Smartphone vergessen hat und die Anzeige mahnt, es seien nur noch zehn Prozent Leistung da, dann wünschte ich oft, es wäre andersherum. Denn der eigene Akku ist häufig genug ebenfalls am Limit angelangt.

Und da schließt sich der Kreis. Dieses Buch ist deshalb nur für Sie, weil es sich zu den unterschiedlichsten Fragestellungen darauf konzentrieren wird, was *Ihnen* gut tut, was *Ihnen* hilft. Wie Sie zu mehr Kraft kommen können und wie Sie für sich selbst das Gefühl entwickeln können, »das alles« noch ein paar Jahre oder gar Jahrzehnte durchzuhalten. **Dabei ist Durchhalten allein nicht genug. Sie haben mehr verdient!** Ich gehe davon aus, dass wir immer etwas ändern können, um ein unangestrengteres und damit vielleicht froheres, leichteres Leben zu leben, und sei es auch nur in kleinen Schritten. Wir haben nur ein Leben (in dieser Form zumindest) und tun gut daran, etwas daraus zu machen.

Werfen wir einen 360-Grad-Blick auf Ihr Leben: Schauen wir uns im Folgenden typische Belastungssituationen an, das, was meine Klienten im Management-Coaching immer öfter bewegt, was Teilnehmer von Führungsseminaren und Workshops mir berichten und was ich selbst als Führungskraft immer wieder erlebe und beobachte, als Interimsmanagerin in Führungsverantwortung. Mein Anliegen ist es, eigene Erfahrungen, Best Practice, spannende wissenschaftliche Erkenntnisse und den Expertenrat unterschiedlicher Fachrichtungen zusammenzutragen, damit Sie in *einem* Buch all das finden, was Sie sonst in sieben suchen müssten. Das alles bildet das Fundament dafür, einmal innezuhalten, auf sich selbst zu schauen, Vorschläge und Ideen auf ihre Tauglichkeit zu prüfen (oder eigene zu entwickeln) und so den einen oder anderen Gedanken aufzugreifen und Belastungen abzustellen oder zumindest zu mildern. Daher wird sich dieses Buch auch mit Fragen an Sie wenden und Sie ermuntern, für sich selbst einen Beschluss zu fassen und etwas anzupacken, solange Sie noch die Kraft dazu haben.

Ich lade Sie also herzlich ein, sich mit den Themen auseinanderzusetzen, die Sie zu zermürben drohen. Unangestrengt, heimlich für sich selbst zunächst, im inneren Dialog und vor allem, ohne Stress zu erzeugen, Ihr Leben jetzt komplett ändern zu wollen oder zu sollen. Das schreckt mich selbst bei vielen Ratgebern ab, dass man immer das Gefühl bekommt, wenn man so weitermachte, stünde man bald im eigenen Grab, um schon mal Maß zu nehmen. Und man fühlt sich als Versager, wenn man aus der großen Bahn, in der man läuft, nicht einfach aussteigen kann oder will. Ich verzichte also auf alles Drohpotenzial, auf das schlechte Gewissen und den erhobenen Zeigefinger. Und Sie selbst schauen, wie sich aus der Vielzahl auch kleiner Tipps für Sie Schritt für Schritt und peu à peu eine Leiter zum Aussteigen bilden könnte.

Viel Spaß dabei und viel Erfolg. Den ersten Schritt haben Sie schon getan, Sie haben ein Buch zu diesem Thema geöffnet und hineingeschaut. Geht doch! Meint jedenfalls augenzwinkernd

Ihre Maren Lehky

1. Der eigene Chef

»Wie soll ich andere motivieren,
wenn mich keiner motiviert?«

»Wie soll ich andere motivieren, wenn mich keiner motiviert?«

Chefs können einem nicht nur den Tag, sondern auch die Arbeit insgesamt verleiden. Sie sind Dreh- und Angelpunkte für Arbeitsfreude und Erfolg – als Auftraggeber und Zielsetzer, als diejenigen, die uns bewerten, unser Gehalt bestimmen, uns befördern oder nicht, uns loben oder mobben, uns groß werden lassen oder klein zu halten versuchen. Menschen an Flughäfen, in Zügen, in Cafés und beim Feierabendbier mit Freunden sprechen über ihre Chefs, und kaum jemand positiv. Viele Geschichten werden eingeleitet mit »Stell dir mal vor, …«, und beschreiben befremdliche Verhaltensweisen oder demotivierende Erlebnisse, die Kraft rauben. Der eigene Vorgesetzte ist also eine zentrale Person in unserem Arbeitsleben und damit in unserem Leben. Und es endet auf keiner Hierarchiestufe. Denn auch Führungskräfte selbst klagen häufig über ihren Chef, über dessen Desinteresse und mangelnde Wertschätzung, über zu viele Aufgaben und zu wenig Anerkennung. Viele Managerinnen und Manager haben das Gefühl, sie geben alles, und da wäre es doch schön, wenn hin und wieder ein wenig Unterstützung da wäre, Zuspruch, Rückendeckung oder – wenn das alles zu viel verlangt ist – wenigstens kein zusätzlicher Druck. Von diesem Wunsch ist es nicht mehr weit zu Demotivation und Frust. Welche Auswege aus dem Hadern mit dem eigenen Chef gibt es? Was können Sie tun, um mit diesem Energieräuber so umzugehen, dass er Sie keine Kraft kostet? Darum geht es in diesem Kapitel.

Fakten & Zahlen

»Führungskräfte motivieren sich selbst«, so eine unausgesprochene Annahme in vielen Organisationen. Dass ein Chef seine Mitarbeiter loben sollte, nun ja, damit hat man sich abgefunden, auch wenn viele Mitarbeiter nach wie vor über zu wenig positive Rückmeldung klagen. Doch wer erst einmal aufgestiegen ist, muss sehen, wie er zurechtkommt. Als seien Führungskräfte nicht auch Mitarbeiter oder Dienstwagen und Einzelbüro ein Ersatz für menschlichen Zuspruch. Dass dies nicht so ist, ergab eine groß angelegte Umfrage der Hay Group im Mai 2013. Das Beratungsunternehmen befragte 95 000 Führungskräfte in 2 200 Unternehmen weltweit. Ergebnis: 49 Prozent der deutschen Manager demotivieren ihre (führenden) Mitarbeiter, 15 Prozent verhalten sich neutral, 36 Prozent sorgen für ein motivierendes Arbeitsklima. Im internationalen Vergleich stehen die deutschen Chefs damit gar nicht so schlecht da: In Japan demotivieren 73 Prozent aller Führungskräfte, in Frankreich 61, in Großbritannien immerhin noch 53.[1] Doch wer mit seinem Vorgesetzten hadert, den wird es kaum trösten, dass japanische Kollegen noch öfter leiden. Neu ist dieser Befund nicht. Schon 2008 sorgte das Ifak-Institut Taunusstein mit der Meldung für Aufsehen, dass jeder siebte Arbeitnehmer seinen Chef am liebsten entlassen würde. Basis des Taunussteiner »Arbeitsklima-Barometers« war eine repräsentative Umfrage unter 2000 Berufstätigen.[2] 2009 meldete die Ruhr-Universität Bochum, von 3 500 Befragten würden 24 Prozent ihrem Chef das denkbar schlechteste Zeugnis in Sachen Führungsverhalten ausstellen. Zufrieden mit ihrem Vorgesetzten waren nur 20 Prozent, mäßig unzufrieden waren 56 Prozent. »Unzufriedenheitsfaktor Nummer 1: der Chef«, folgerte die Hochschule.[3] Und 2010 ergab eine Studie des Schweizer Instituts Sciencetransfer und der Bertelsmann-Stif-

Wie motivierend verhalten sich Führungskräfte?

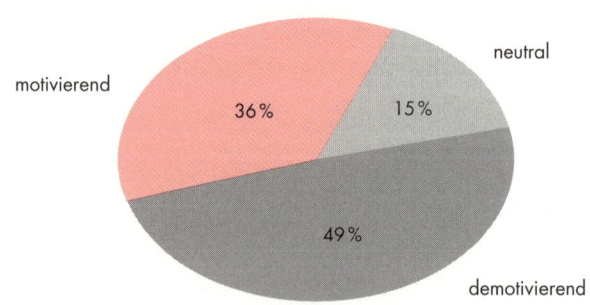

tung, dass soziale Unterstützung durch den Vorgesetzten das Burn-out-Risiko eines Mitarbeiters entscheidend verringert. »Unsere Untersuchung hat gezeigt, dass bereits eine um 20 Prozent intensivere Betreuung zu zehn Prozent weniger Krankheitsfällen führt, die durch Burn-out bedingt sind«, resümierte damals Projektmanager Detlef Hollmann von der Bertelsmann-Stiftung gegenüber der *Süddeutschen Zeitung*.[4]

Nachdenklich stimmt, wie die gescholtenen Vorgesetzten selbst die Lage sehen, denn Selbst- und Fremdbild liegen recht weit auseinander. In einer Umfrage des Forsa-Instituts im Auftrag des Handelsblatts Anfang 2014 sagten 95 Prozent der 502 befragten Chefs, sie hielten sich »für eine gute und bei den Mitarbeitern akzeptierte Führungskraft«. Nur ein Prozent sah sich selbst kritisch, vier Prozenten waren unschlüssig (»weiß nicht«). 99 von 100 Chefs bezeichneten das Verhältnis zu ihren Mitarbeitern als »gut« oder »sehr gut«.[5] Pauschal gesagt: **Während viele Mitarbeiter unzufrieden sind, sehen die meisten Chefs keinen Handlungsbedarf. Zumindest nicht bei sich selbst.** Gut möglich allerdings, dass sie gleichzeitig viele Ideen hätten, was *ihr* Chef, also der Chef vom Chef, verbessern könnte … .

Die Sehnsucht nach dem Über-Chef

Vielleicht hat die Bibel ja recht damit, dass wir Menschen den Splitter im Auge des anderen tatsächlich weit schärfer sehen als den Balken im eigenen Auge. Damit möchte ich die Nöte mit dem eigenen Chef keineswegs kleinreden. Natürlich gibt es sie tatsächlich, die sozial inkompetenten Vorgesetzten, die Überforderten, die Aussitzer, ja sogar die völlig Gefühlskalten und Gewissenlosen, wenn man dem kanadischen Psychiater und Wissenschaftler Robert Hare folgt. Hare hat sein Leben der Erforschung psychopathischer Zeitgenossen gewidmet und kommt zu dem beunruhigenden Ergebnis, dass der Anteil der Psychopathen in den Topetagen der Wirtschaft sechs Mal so hoch sei wie im Bevölkerungsdurchschnitt. Beim Aufstieg nützen ihnen ihre Kommunikationsstärke und überdurchschnittliche Intelligenz, ihr Charisma und manipulatives Geschick. Oben angekommen, lebten sie die dunklen Seiten ihres Charakters ungehemmt aus.[6] Doch selbst wenn sechs Prozent aller Topmanager in diese Kategorie gehören sollten (gegenüber einem Prozent der Gesamtbevölkerung), ist dies immer noch eine kleine Minderheit. Den meisten Chefs unterstelle ich, dass sie das Bestmögliche geben und eigentlich eine gute Führungskraft sein wollen. **Und so steckt hinter Verhaltensweisen, die bei Ihnen Frust auslösen und Sie Kraft kosten, in den allermeisten Fällen keine böse Absicht**, sondern eher eine Mischung aus Unvermögen, Unsicherheit und Zeitmangel. Auch eigener Frust ist im Spiel oder erheblicher eigener Druck. Bevor wir uns gleich dem ganz normalen menschlichen »Durchschnittsversagen« in der Führung zuwenden, möchte ich mit Ihnen gemeinsam einen Schritt zurück treten und das Verhältnis von Führendem und Geführten grundsätzlich beleuchten. Wenn Sie dafür jetzt keinen Kopf haben und gleich Antworten auf konkrete Chefprobleme suchen, blättern Sie einfach vor zum Punkt »Mehr Zufriedenheit durch die innere Haltung«.

Also zunächst die Vogelperspektive, bevor wir zum Pragmatischen kommen. Natürlich muss es Chefs geben, das ist Ihnen wie mir klar, und nicht nur, weil Sie vielleicht selbst einer sind. So funktioniert die Welt, wie sie bislang ist, darauf basiert unser Wirtschaftssystem. Flache Hierarchien hin, Empowerment her – am Ende muss irgendjemand in unseren Organisationen die Verantwortung tragen, sei es als Topmanager für die Unternehmensstrategie, sei es im mittleren Management für deren Übersetzung in konkrete Projekte. Dennoch bin ich überzeugt davon, dass es unseren Blick auf einen Menschen unweigerlich verändert, sobald er uns vor-gesetzt ist. Wir werden kritischer, anspruchsvoller, ganz so, als müsse die Person qua Intelligenz, Weitblick und menschlicher Größe rechtfertigen, uns vor die Nase gesetzt zu sein und Anweisungen erteilen zu können. Doch in Wirklichkeit ist uns diese Person, wenn überhaupt, nur ein paar Lebensjahre voraus, hatte einen besseren Draht zum Vorstand oder war geschickter bei der Verfolgung eigener Karriereziele. Oder sie war gerade verfügbar, als man händeringend einen geeigneten Kandidaten suchte. Und so wird uns in der Führungsrolle manchmal jemand zur Zumutung, mit dem wir uns als Nachbar, Sportkumpel oder Kneipenbekanntschaft vielleicht bestens verstanden hätten. Nur eben nicht als Chef, da müsste er schon ein bisschen mehr draufhaben.

Dass die Beziehung zwischen Führendem und Geführten eine heikle ist, wusste schon Sigmund Freud. Der Begründer der Psychoanalyse ging davon aus, dass die Geführten eigene Wünsche, Hoffnungen und verdrängte Persönlichkeitszüge auf die Führungsperson projizieren. Die Idealisierung der Führungsfigur berge immer einen »Bodensatz an Hassbereitschaft«, schrieb Freud in seinem Werk *Massenpsychologie und Ich-Analyse*. Zum Ausbruch käme diese latente Aggressivität, wenn die Führungskraft Erwartungen der Geführten enttäusche. Stark zugespitzt, gewiss. Doch dass anspruchsvolle Erwartungen und heftige Enttäuschung zwei Seiten derselben Medaille sind, lässt sich schwer leugnen. Auch Zeitgenossen wie David Collinson, Professor für Führung und Organisationslehre an der Lancaster University Management School, betonen die Konfliktträchtigkeit der Führungsbeziehung. Collinson spricht von der »Dialektik der Führung« und meint damit, dass in den meisten Menschen sowohl die Neigung schlummert, jemandem folgen zu wollen, als auch die entgegengesetzte Neigung, sich gegen Vorgaben und Autoritäten aufzulehnen.[7] Oswald Neuberger schließlich, der über 30 Jahre zu den Themen Führung und Mikropolitik forschte und lehrte, beschäftigt sich in seinem vielfach aufgelegten Buch »Führen und führen lassen« unter anderem mit den »Archetypen der Führung«, den unbewussten Idealbildern, an denen wir reale Führungspersonen messen. Neuberger nennt hier den »Vater«, den »Helden« und den »Visionär« (Begeisterer/Begeisterter).[8] Wer sich an hymnische Managerporträts von knorrigen Firmenpatriarchen wie Hans Riegel von Haribo, unerschrockenen Unternehmensrettern wie Wendelin Wiedeking bei Porsche und genialen Innovatoren wie Apple-Gründer Steve Jobs erinnert, kann sich vielleicht auch noch erinnern, dass die Kritik umso harscher ausfiel, sobald eine Lichtgestalt ins Straucheln kam. Manchmal wünsche ich mir, man hätte die Kirche vorher schon im Dorf gelassen und nicht vergessen, dass auch Chefs nur Menschen sind, mit Fehlern, Versäumnissen, Eigeninteressen und blinden Flecken in der Selbstwahrnehmung. **Apropos: Wie sind Sie eigentlich selbst als Chef? Gehören Sie auch zu den 95 Prozent »guter« Führungskräfte?**

Dass wir uns an unseren Vorgesetzten reiben, hat natürlich nicht nur psychologische Gründe, sondern auch ganz praktische. Chefs haben großen Einfluss auf unseren Arbeitsalltag und unseren beruflichen Erfolg. Sie bewerten uns, entscheiden über Beförderungen, Gehaltserhöhungen, Boni und Urlaub. Sie können uns groß werden und Flügel entwickeln lassen oder uns dieselben stutzen. Sie geben Ziele vor und prüfen, ob wir sie erreichen. Unser Wohl und Wehe im Beruf hängt überwiegend von ihnen ab, und es stimmt tatsächlich, was die Forscher des Gallup Instituts in Zusammenhang mit ihrem jährlichen Motivationsindex nicht müde werden zu betonen: Mitarbeiter verlassen nicht Unternehmen. Sie verlassen Chefs. Denken Sie einmal zurück an Ihre Karriereentscheidungen. Warum haben Sie bisherige Unternehmen verlassen? Falls es wegen eines Vorgesetzen war: War der neue Chef auf Dauer wirklich besser? Oder nur anders?

Die Psychologin Myriam Bechtoldt, Professorin für »Organisational Behaviour« an der Frankfurt School of Finance and Management, leitet aus der Abhängigkeit vom Vorgesetzten ab, dass Mitarbeiter im Allgemeinen mehr über ihre Chefs nachdenken als umgekehrt Chefs über ihre Mitarbeiter. »Der Untergebene nimmt den Vorgesetzten überwichtig, weil er von ihm abhängig ist. Der Vorgesetzte versteht dagegen intuitiv, dass der Untergebene für ihn nicht so wichtig ist, weil dieser ja keine Macht über ihn ausübt«, sagt sie in einem Interview unter der Überschrift »Der Mächtige bleibt ungerührt«. Salopp formuliert: Während Sie sich über Ihren Chef den Kopf zerbrechen, zerbricht der sich den Kopf über andere Dinge, über seinen Chef, über den Markt, über die Unternehmensstrategie, jedenfalls wenig über Sie. Das stützt auch noch einmal die These, dass die wenigsten Verhaltensweisen, die Sie stören, reflektiert oder gar absichtlich gezeigt werden. Und so sind Chefs im Alltag häufig sehr betroffen und bestürzt, wenn sie mit ihrem kritischen Verhalten und dessen Auswirkungen konfrontiert werden, da sie sich eben anders sahen oder zumindest anders sein *wollten*. Interessant sind auch Forschungsergebnisse, die nachweisen, wie Macht die Menschen verändert. »Macht pumpt Testosteron ins Blut«, schreibt der Psychologe Ian Robertson, der eine Fülle neurologischer Studien ausgewertet hat. Macht macht uns risikofreudiger, unempfindlicher gegen Kritik, weniger empathisch.[9] Auch deshalb vielleicht sind Chefs in 95 Prozent aller Fälle felsenfest überzeugt davon, ein ganz passabler Vorgesetzter zu sein. Was können Sie tun, wenn Ihr Chef Sie dennoch zur Weißglut treibt oder Ihnen das Arbeitsleben erschwert?

Mehr Zufriedenheit durch die innere Haltung

Mit einer grundsätzlichen Illusion, die mir immer wieder begegnet, möchte ich zuerst aufräumen: mit der Hoffnung, seinen Chef ändern zu können. Dabei bestreite ich gar nicht, dass in der Führung jeden Tag Fehler gemacht werden, auch haarsträubende, die es sich zu korrigieren lohnte. Das gilt für alle Führungsebenen. Ein Personaler aus einem Dax-Konzern sagte gegenüber dem Magazin *Focus* einmal: »Viele Top-Leute konzentrieren sich nur auf die Sachfragen, die sie mit ihrem Intellekt bewältigen. Auf der menschlichen Ebene sind sie oft wie kleine Jungs.« Namentlich genannt werden wollte dieser Personalentwickler verständlicherweise nicht.[10]

Warum sich Ihr Chef nicht ändern will

Führungsfehler hin oder her – vergessen Sie den Wunsch, Ihr Chef möge sich ändern. Was hätte er auch davon? Dass Sie zufriedener wären? Sie machen Ihre

Arbeit doch auch so ganz wunderbar! Und selbst, wenn Sie sich langsam mit Kündigungsgedanken tragen, merkt Ihr Chef das? Wahrscheinlich nicht, wenn er die Ohren einklappt und den Kontakt meidet. Oft handeln Chefs überdies nach der Maxime »Jeder ist ersetzbar«, und das stimmt ja auch, selbst wenn Nachbesetzungen immer schwerer werden. Auf besonders eindrückliche Weise erleben wir das, wenn Leistungsträger versterben. Es dauert im Schnitt drei Wochen der angemessenen Worte und Trauer, bevor man zur Tagesordnung übergeht und an die Ersatzbeschaffung denkt. Die Job-Welt dreht sich auch ohne uns weiter. Sich das rechtzeitig zu vergegenwärtigen kann sehr befreiend sein und die Proportionen für das, was im Leben wirklich zählt, zurechtrücken. Fragen Sie sich: **Lohnt es sich wirklich, sich dauerhaft an den Marotten Ihres Vorgesetzten zu reiben?**

Mancher meiner Klienten hofft darauf, die Aussicht auf ein besonders kritisches Führungsfeedback bei der nächsten Mitarbeiterbefragung könnte seinen Vorgesetzten veranlassen, das eigene Verhalten zu überdenken und zu korrigieren. Doch einmal ehrlich, wie viele Unternehmen kennen Sie, in denen es wirklich zählt, dass ein Chef gut führt? In wie vielen Organisationen beeinflusst gutes Führungsverhalten die Höhe der Bonuszahlung oder die Beförderungspolitik? Leider muss ich Sie auch hier desillusionieren. Entscheidend ist meistens, wie viel Umsatz oder anderweitigen Beitrag zur Wertschöpfung die Abteilung unter seiner Führung bringt und wie loyal der Chef seinem eigenen Chef gegenüber ist. Das ist bedauerlich, denn ich erlebe immer wieder, dass gute Führung die Eigenverantwortung und die Motivation der Mitarbeiter steigert und sie zu (noch) besseren Leistungen befähigt. Aber es bleibt die Realität. Und auch drohender Ärger mit dem eigenen Vorgesetzten bringt kaum einen Chef von seiner bisherigen Linie ab. Wenn es nicht bereits eine sehr lange Liste von Beschwerden gibt, kreidet man eher Ihnen Illoyalität an als Ihrem Chef sein fragwürdiges Verhalten, sollten Sie sich direkt an seinen Vorgesetzten wenden. Wenn Sie zu diesem Mittel greifen, müssen Sie daher in Kauf nehmen, das Unternehmen zu verlassen, sollte der Schuss nach hinten losgehen.

Ihr Chef wäre also weder anerkannter noch besser bezahlt oder einer Beförderung näher, wenn er sich änderte. Also wird er nicht wirklich daran interessiert sein. Es sei denn, er leidet inzwischen selbst unter sich, hat schon viele Freunde und zwei Ehefrauen verloren und möchte endlich sein Leben besser auf die Reihe bekommen. Und er ist noch dazu reflektiert genug, die Ursache für die Misere auch bei sich zu suchen, nicht nur bei den anderen oder den Umständen. Dann rennen Sie offene Türen ein, aber diese Konstellation ist äußerst selten. Erhellend ist in diesem Kontext auch die Frage: **Unter welchen Umständen würde ich mich selbst eigentlich ändern?** Vermutlich sieht Ihr Chef das ganz ähnlich!

Ein weiterer Gesichtspunkt: Genau so, wie er jetzt ist, ist Ihr Vorgesetzter so weit gekommen. Und manche kommen sehr weit mit Verhaltensweisen, die wir persönlich unangemessen oder gar unerträglich finden. Offenbar wurde Ihr Chef in einer Unternehmenskultur sozialisiert, die ihn so werden ließ oder ihn genau mit diesen Eigenschaften einkaufte. Möglicherweise hat er bisher Chefs gehabt, die ihn genau so wollten und davon profitierten, dass er war, wie er ist. Und es ist weder Ihre Aufgabe noch werden Sie dafür bezahlt, zu versuchen, ihn zu ändern. Lassen Sie sich dabei nicht in die Irre führen, wenn Ihr Boss seine jovialen fünf Minuten hat und Sie leutselig um Ihre Meinung bittet, »frei von der Leber weg«.

Ein Fallbeispiel

»Hände aus Hosentasche und Menschen anschauen beim Sprechen«, sagte eine Produktionsleiterin ihrem Chef, dem Geschäftsführer, als er sie nach einer Rede auf einer Betriebsversammlung um Feedback bat. Sie ergänzte dann noch, dass es unhöflich sei, die Hände bis zum Ellbogen in der Tasche zu haben und dass man Menschen generell anschauen sollte, wenn man mit ihnen spricht. Man hört es förmlich, es sprach die Mutter zum Kind. Kam das gut an beim Geschäftsführer? Nein, er hatte viele Punkte zu seiner Rechtfertigung und auch einiges, was er ihr zu sagen hatte – »wo wir schon mal dabei sind«. Ergebnis: Missstimmung auf beiden Seiten, und gewonnen war nichts. Vielleicht erinnert sich der Vorgesetzte bei seiner nächsten Rede an den Hinweis mit den Hosentaschen, dann aber gekoppelt an das ungute Gefühl, abgewatscht worden zu sein. Die meisten Menschen können Kritik nur verpackt in sehr viel positive Bestätigung annehmen. Klüger wäre etwas konstruktiv Formuliertes, das damit beginnt, was einem toll gefallen hat. Und dann, als Sahnehäubchen, beispielsweise der Aspekt mit dem Anschauen. Positiv verpackt mit einem erkennbaren Nutzen für den Chef, könnte es klappen: »Ich glaube, es würde Ihre Authentizität noch mehr unterstreichen, wenn Sie die Zuhörer direkt anschauen, das unterstreicht die Dringlichkeit Ihrer Worte noch mehr«. So kann man Feedback deutlich leichter annehmen, es ginge uns nicht anders.

»Choose your battles wisely«, sagen die Briten. Lohnt es sich tatsächlich, für eine Sache in den Ring zu gehen? Ist sie wichtig genug, oder ist es klüger, sich die Energie für andere Dinge aufzusparen? Kann es Ihnen nicht gleichgültig sein, ob Ihr Chef die Hände in den Taschen hat oder nicht? Bevor Sie sich jetzt frustriert abwenden, weil der Chef nicht zu ändern ist, schauen Sie bitte auf die andere, die gute Seite der Medaille. Wenn Sie verinnerlichen, dass Ihr Chef ist, wie er ist, kann das sehr entlastend sein. Sie verlassen den Ring und arbeiten sich nicht länger an dieser Beziehung ab. Sie rennen nicht weiter gegen dieselbe Wand und stehen nicht als Nörgler da. Das befreit. Denn wenn Sie Ihre Laune, Ihr Wohlbefinden, Ihre Arbeits- oder gar Lebensfreude davon abhängig machen, ob Ihr Chef so handelt, wie Sie es sich vorstellen, geben Sie ihm damit eine große Macht über sich. Wollen Sie das? Wahrscheinlich eher nicht. Wenn Sie Distanz zu Ihrem Chef gewinnen, erobern Sie Ihre Unabhängigkeit zurück. Eine Übung aus dem Coaching, wenn Sie dazu neigen, Ihren Chef unbedingt »umerziehen« zu wollen: Stellen Sie sich einen Bildschirmschoner vor, auf dem das Textband läuft: »Werde ich dafür bezahlt? Ist es meine Aufgabe?«, und wenn die Antwort »Nein« lautet, dann heißt es für Sie: Hände weg!

Den eigenen Anteil erkennen

Worin besteht eigentlich Ihr Anteil an der Situation? Keine Sorge, Sie können die Stacheln gleich wieder einfahren: Bei dieser Frage geht es mir nicht darum, wer »schuld ist« oder ob Sie womöglich die grenzwertige Behandlung durch Ihren Chef selbst verursacht haben. Wenn wirklich Entscheidendes vorgefallen wäre, wüssten Sie das. Man hätte Sie mit Fehlern oder Versagen konfrontiert, es gäbe mindestens ein Kritikgespräch, vielleicht eine Abmahnung. Von all dem reden wir hier nicht. Sondern davon, dass Sie unter Ihrem Chef leiden, mit ihm hadern, die Zusammenarbeit mit ihm als Zumutung empfinden. Was hat das mit Ihnen persönlich zu tun?

Mit Ihrem Anteil an der Geschichte meine ich zwei andere Punkte. Der Erste: **Warum berührt, erschreckt, beeinträchtigt Sie das Verhalten Ihres Vorgesetzten eigentlich so?** Dass es auch um Sie geht, erkennen Sie, wenn Sie der einzige Kollege sind, der extrem unter dem Chef leidet, während die anderen sagen, »Schon nervig, aber sooo schlimm ist das nun auch wieder nicht.« Das deutet darauf hin, dass Sie selbst hier einen wunden Punkt haben. Wenn ich im Coaching frage, »Was löst dieses Chefverhalten in Ihnen aus?«, schauen Klienten oft unwillkürlich zurück auf ihr Leben, ihre Kindheit und Jugend und haben sehr schnell eine emotionale Assoziation zur Vergangenheit hergestellt. Manchmal fällt ihnen auf, dass sie das Verhalten ihres Vorgesetzten an jemanden erinnert, mit dem sie bis heute hadern. Ein

Abteilungsleiter beispielsweise fühlte sich durch seinen sehr peniblen Chef wie von jenem Lehrer behandelt, unter dem er jahrelang gelitten hatte. Deshalb konnte er nicht gelassen darüber hinwegsehen, wenn der Vorgesetze einmal wieder auf einem Kommafehler auf Seite 3 unten in einem ansonsten brillanten Strategiepapier herumritt. Sein Groll wuchs mit jeder Erbse, die der Chef zählte. In solchen Situationen hilft es schon sehr, sich zu vergegenwärtigen, dass Sie heute im Gegensatz zu früher nicht hilflos und abhängig sind. Heute können Sie sich wehren, Sie sind frei und viel besser aufgestellt als damals. Sie sind erwachsen. Häufig führen dieser Grundgedanke und der Versuch, die eigene Reaktion in kleinen Schritten zu verändern, sogar dazu, mit der alten Geschichte endlich abzuschließen.

Der zweite Punkt steckt in dem lebensklugen Spruch »It takes two to tango«. Zum Tangotanzen braucht man immer zwei. Wenn einer nicht mitmacht, endet der Tanz. Das gilt auch für viele Verstrickungen im täglichen Umgang. Der eine brüllt, der andere duckt sich. Was ist die Folge? Der Erste brüllt noch ein bisschen mehr, weil er es sich offenbar erlauben kann. Oder: Der eine kontrolliert, der andere sagt sich, »Was soll ich mich anstrengen, der findet doch immer ein Haar in der Suppe.« Also passieren weitere Fehler, und der andere kontrolliert noch schärfer. Ändern wird sich erst etwas, wenn einer von beiden aus dem Spiel aussteigt und zu verstehen gibt, »Ich stehe dafür nicht mehr zur Verfügung«. So sucht sich ein cholerischer Chef möglicherweise ein anderes Lieblingsopfer, wenn der Mitarbeiter, den es bisher traf, anfängt, den Anfall einfach an sich abprallen zu lassen. Und der Kontrolletti-Chef im Beispiel oben entspannte sich, als mein Klient sich bei ihm für sein aufmerksames Auge bedankte, die Tür für das Feedback sozusagen weit öffnete und die Kommata in seinen Texten ab sofort etwas ernster nahm. Und wenn Sie einen solchen Chef dann noch höflich von sich aus bitten, »noch mal ganz kritisch drüberzuschauen«, steuern Sie selbst die Diskussion und sind nicht mehr das ohnmächtige Opfer der Situation. **Die größte Chance, dass Ihr Gegenüber sein Verhalten ändert, haben Sie, wenn Sie den ersten Zug machen** und ihm ein anderes Verhaltensangebot machen.

Handeln statt jammern

»Love it, change it or leave it« – diesen Spruch kennen Sie wahrscheinlich. Dass er oft lapidar dahingesagt wird, macht ihn nicht weniger wahr. Beherzigt wird er leider selten. Grundsätzlich tut es gut, sich klarzumachen, dass wir tatsächlich immer diese drei Möglichkeiten haben: die Dinge zu lieben und mit voller Überzeugung zu tun, sie (oder uns) zu verändern oder, wenn beides nicht funktioniert, die Situation zu verlassen. Wenn Sie jetzt einwenden, Sie könnten nicht einfach kündigen, weil das Haus, das Auto und der Urlaub schließlich finanziert werden müssten: Doch, Sie können! Wir haben immer die Wahl und zahlen immer irgendeinen Preis. Die Frage ist, welcher Preis uns am wenigsten schmerzt. Wenn Sie auf all das unter keinen Umständen verzichten möchten, ist Ihr Job möglicherweise doch nicht so schlimm, weil er Ihnen den gewünschten Lebensstandard ermöglicht? Dann nähmen Sie es bewusst als Teil eines Deals in Kauf. Das wiederum machte es zu einer bewussten Entscheidung und Sie wären dann eher Täter als Opfer und schon einen ganzen Schritt weiter auf dem Weg zu mehr Energie.

Auch wenn Sie unter einem unerträglichen Chef leiden, haben Sie diese drei Optionen: zu schauen, ob es irgendetwas gibt, was gut an der Situation ist. Gibt es etwas, das Sie »lieben« könnten? Das kann der Erfahrungszuwachs sein, die persönliche Weiterentwicklung, eine Karriereperspektive, die tollen Kollegen, das interessante Produkt, das Renommee des Unternehmens. Wenn Sie da nichts finden: Können Sie an der Situation etwas ändern? Ihr Verhalten gegenüber dem Vorgesetzten, Ihre Arbeitsweise, die Gewichtung der Arbeit in Ihrem Leben? Könnte ein offenes Gespräch die Situation erträglicher machen? Wenn auch das nicht funktioniert, bleibt am Ende die Variante »leave it«. Grundsätzlich gilt hierfür (also für eine Kündigung oder Versetzung), dass Sie eine solche Entscheidung nicht in einer akuten Krise treffen sollten. In einer Krisensituation stehen wir unter Stress und handeln unüberlegt. Besser ist, sich erst zu beruhigen und die Situation zu entschärfen, um anschließend eine besonnene Entscheidung zu treffen. Auf diese Weise müssen Sie nichts bereuen und räumen auch nicht als Verlierer das Feld. In der Regel besteht kein wirklicher Zeitdruck, nur emotionaler Druck. Auf ein paar Monate mehr oder weniger kommt es fast nie an und meist entspannen wir uns schon in dem Moment, in dem wir (endlich) die Entscheidung getroffen haben, zu gehen, ab dann fühlt sich alles schon anders und oft erträglicher an. Bereits das klare Bekenntnis, sich zuzugestehen, beim nächsten Mal wirklich zu gehen, lässt den Druck schwinden, weil wir aus der Opferrolle heraus kommen. Oft spürt das Gegenüber dies und lässt dann ebenfalls im Druck nach. Ein interessantes Phänomen.

Die eigenen No-Gos definieren

Sie haben es wahrscheinlich längst bemerkt: Mein Rat geht dahin, nicht passiv zu leiden, sondern sich aktiv mit der eigenen Lage auseinanderzusetzen. Dabei bewährt es sich, in einer ruhigen Stunde über die persönlichen »No-Gos« nachzudenken und diese aufzuschreiben: Was können oder wollen Sie nicht ertragen? Wo ist für Sie die Schmerzgrenze erreicht? Dann müssen Sie nicht bei jedem Vorfall wieder neu mit sich verhandeln, ob Sie dies nun noch hinnehmen wollen oder nicht. Manche Klienten halten diese No-Gos auf einer Liste fest und vergeben »Schmerzpunkte«, was wie gravierend für sie ist.

Es hängt von Ihren Werten und Ihrer Persönlichkeit ab, wo die rote Linie für Sie verläuft. Diese Grenze zu kennen und zu wissen, was man einfach abhaken kann und wo man aktiv werden muss, wenn man nicht seelischen Schaden nehmen will, räumt mit dem ständigen Ärgern über Kleinigkeiten auf. Und es hilft bei der Entscheidung, wann es Zeit ist, die Situation zu verlassen oder energische Gegenmaßnahmen zu ergreifen. Das kann die Beschwerde bei der Geschäftsführung sein oder das Gespräch mit Personalmanagement bzw. Betriebsrat. Wenn Sie sich offen gegen Ihren Chef zur Wehr setzen, sollten Sie notfalls auch eine Kündigung in Kauf nehmen können. Hilfreich ist es, wenn Sie in gravierenden Fällen nicht alleine losziehen, sondern sich mit anderen Betroffenen zusammentun. Allerdings wird der Vorgesetzte sich in den meisten Fällen das schwächste Glied der Kette greifen und unter Druck setzen. **Freuen Sie sich über Verbündete, aber seien Sie nicht überrascht, wenn die Front plötzlich bröckelt.** Ich habe in meiner fast 30-jährigen Erfahrung im HR-Business äußerst wenige Fälle erlebt, wo das Unternehmen wirklich handelte. Dies galt ausschließlich bei extremen Situationen wie sexueller Belästigung, regelmäßigem Kontrollverlust oder plötzlichen psychischen Erkrankungen. Also immer dann, wenn der Ruf des gesamten Unternehmens gefährdet war. Sollten Sie also in diesen Konflikt einziehen, dann fürchten Sie vielleicht zu Recht um Ihren Job. Im dritten Kapitel (»Innere Konflikte«) wird es auch um die Angst vor dem Jobverlust gehen und um Anzeichen, die einen erkennen lassen, dass man tatsächlich auf der Abschussliste steht.

Prävention für das nächste Mal

Sollte es tatsächlich zur Trennung kommen, nutzen Sie die schmerzliche Erfahrung, um für das nächste Mal vorzubauen. Schauen Sie genau hin, wie sich der nächste Chef, die neue Chefin präsentiert, und loten Sie schon im Bewerbungsgespräch mögliche Konfliktpunkte aus. Hilfreich sind beispielsweise die folgenden Fragen an den Vorgesetzten in spe:

- Was brauchen Sie von mir, um richtig zufrieden zu sein?
- Was mögen Sie gar nicht, wogegen sind Sie allergisch?
- Was ist der Schwerpunkt meiner Tätigkeit, worauf soll ich den Fokus richten?

Wenn Sie darauf Antworten bekommen, die auch nur ein Nackenhaar kräuseln, hören Sie besser auf Ihre innere Stimme. Meist hat sie recht, auch ohne dass der Kopf sagen könnte, warum. Das Gleiche gilt, wenn Ihr Gegenüber ähnliche Fragen stellt und bei Ihren Antworten das Gesicht verzieht. Die Fragen oben können Sie übrigens auch im laufenden Beschäftigungsverhältnis stellen. Zu Beginn einer kritischen Phase lässt sich damit die Situation entschärfen, bevor die Beziehung völlig verfahren ist. Sie signalisieren, dass Ihnen eine gute Zusammenarbeit wichtig ist. Wenn Sie die Formulierung eigener Erwartungen erst einmal zurückstellen, wirkt das oft sehr entspannend. Und solange »Abrüstung« noch möglich ist, sollten Sie Ihre Chance nutzen. Womöglich sehen Sie sich beim nächsten Chef ohnehin nur mit neuen Ärgernissen konfrontiert. »Es ist egal, für wen und wo Sie arbeiten«, behaupten jedenfalls Volker Kitz und Manuel Tusch in ihrem »Frustjobkillerbuch«.[11] Das klingt wie eine Provokation, doch da ist viel dran. Von den schon erwähnten Psychopathen und anderen Extremfällen einmal abgesehen, gilt: **Reibungspunkte und Probleme gibt es in fast jeder Zusammenarbeit.** Daraus lässt sich nur ein Schluss ziehen: Es ist klüger, die eigene Einstellung zu ändern, als bis zum Sankt-Nimmerleins-Tag auf einen Traumchef oder auf einen plötzlichen Sinneswandel beim jetzigen Vorgesetzten zu hoffen. Leichter gesagt als getan, finden Sie? Dann lassen Sie uns gemeinsam schauen, wie das funktionieren könnte.

Einfache Tools für mehr Distanz zum Chef

Wie erträgt Ihr Chef sich nur?!

Eine sehr lebenskluge Seminarteilnehmerin äußerte im Rahmen meiner eigenen Weiterbildung mal einen Satz am Rande, der mich sehr amüsierte und der mir seitdem hilft, gelassener mit unangenehmen Zeitgenossen umzugehen. **»Der muss**

sich und sein Verhalten noch ein ganzes Leben ertragen, ich ihn nur die nächste Stunde.« Das finde ich ermutigend und entlastend zugleich. Für uns sind Begegnungen mit schwierigen Mitmenschen oder eben Chefs begrenzt auf ein Meeting, einen Konferenztag, einen kurzen Austausch auf dem Flur. Wir stecken glücklicherweise nicht in der Haut des anderen und müssen nicht so durchs Leben gehen. Daneben deutet der Spruch mit der Formulierung »sich ertragen« noch auf etwas anderes Wichtiges hin: Menschen, die uns auf die Nerven gehen (wir kommen im Folgenden noch zu konkreten Ausprägungen und der jeweiligen Lösung), leiden nicht selten auch an sich selbst. Sie fühlen sich ungerecht behandelt, sind verbittert, einsam, manchmal vom Leben enttäuscht und voller Komplexe. Und sie sehen leider keine Möglichkeit, damit umzugehen, als die, die sie gewählt haben. Oft schauen sie insgeheim neidvoll auf Kollegen, die beliebter und erfolgreicher im Umgang mit Menschen sind. Wenn es Ihnen gelingt, mit etwas Abstand eine solch einfühlende Haltung gegenüber schwierigen Menschen einzunehmen, sind Sie einen großen Schritt weiter. In die gleiche Richtung zielen zwei andere »Haltungsübungen«, die sich übrigens nicht nur bei Chefs bewähren, sondern auch bei anstrengenden Kollegen, Mitarbeitern oder anstrengenden Kunden.

Andererseits ... (Reframing)

Ihr Chef stresst Sie, nervt Sie, setzt Sie mit seinen Anforderungen unter Druck, verletzt Sie durch seinen barschen Ton – was auch immer. Sie leiden darunter, Sie regen sich auf. Stopp! Gäbe es noch eine Möglichkeit, das Problem anders zu sehen? Natürlich nicht, werden die meisten von Ihnen sagen: Was nervt, das nervt eben. Allerdings sind wir Menschen glücklicherweise keine Automaten, bei denen immer dasselbe herauskommt, wenn man auf einen bestimmten Knopf drückt. **Wir können unsere Einstellung wählen.** Anders wäre kaum erklärbar, warum manches Ärgernis uns im Zustand akuter Verliebtheit wenig ausmacht und wir darüber schmunzeln können, dasselbe uns in einer anderen Situation aber sehr zusetzt.

Diese mentale Flexibilität macht sich die Technik des »Reframings« zunutze, die beim Neurolinguistischen Programmieren, in der Provokativen Therapie und anderen Methoden zum Einsatz kommt. Die Grundidee: das Ärgernis ganz bewusst in einen neuen Rahmen (»Frame«) stellen, es umdeuten und dadurch gelassener damit umgehen. So ziehen Sie sinnbildlich um Ihren Chef als Person einen neuen Rahmen und sehen ihn anders – wie ein Bild, das je nach Rahmung völlig unterschiedlich wirkt. In einem neuen Rahmen könnte aus Ihrem Ausbeuter-Chef jemand werden, der selbst ein beeindruckendes Pensum erledigt und der Ihnen das gleiche Pensum zutraut. Jemand, der bereits mit ausgefülltem Beurteilungsbogen in das Gespräch mit Ihnen kommt, ist besonders gut vorbereitet und nimmt Sie als Gegenüber ernst. Jemand, der während des Meetings mit Ihnen in den Rechner schaut, um die Details zu einem Vorgang zu recherchieren, ist nicht unhöflich, sondern bemüht um eine pragmatische Lösung, ohne Ihre Zeit zu verschwenden. Sie entscheiden, welcher Deutung Sie anhängen möchten. In allen Fällen werden Sie Ihrem Chef mit mehr Milde beurteilen und anders mit ihm umgehen. Erstaunlicherweise wird dies das Verhältnis zu Ihrem Vorgesetzten tatsächlich verändern, nach dem bekannten Effekt der sich selbst erfüllenden Prophezeiung.

So ist es einem Klienten von mir mit der Technik der Selbstaffirmation gelungen, als Einziger in einem großen Bereich eine Gehaltserhöhung und viel positive Aufmerksamkeit des »schrecklichen Chefs« zu erhalten, nachdem er sich selbst sozusagen umprogrammiert hatte. Sein Mantra, mit dem er sich täglich programmierte, lautete: »Ich arbeite für einen großzügigen Chef.«

Ebenfalls hilfreich für eine neue Perspektive auf die gleiche Situation sind beispielsweise auch Fragen wie »Was könnte gut an dieser Sache sein?« oder »Was könnte ich daraus lernen?« Was könnte z. B. gut daran sein, wenn Ihr Chef Sie immer wieder unter Zeitdruck setzt und Ihnen wichtige Projekte aufhalst, obwohl Sie schon mehr als genug zu tun haben? Gar nix, denken Sie vermutlich, und als erste, reflexhafte Reaktion ist das auch sehr verständlich. Doch wenn Sie einen Schritt weitergehen, liegt der Gedanke nahe, dass Ihr Chef Ihnen sehr viel zutraut und großes Vertrauen in Sie setzt. Oder dass Sie mit einer schriftlichen Liste aller Erfolge und Projekte sehr gute Argumente für eine Beförderung und/oder Gehaltserhöhung haben werden. Lernen können Sie möglicherweise, deutlicher Nein zu sagen. Oder klarer zu zeigen, was Sie schon alles auf dem Tisch haben. Oder sich von Ihrem anerzogenen Pflichtgefühl ein kleines bisschen zu verabschieden, nicht immer brav zu funktionieren.

Der Chef im Terrarium

Hier ein Kunstgriff, der Ihnen merkwürdig erscheinen mag, der aber Wunder wirkt, wenn Sie mit Reframing nicht weiterkommen und sich fragen, wie Sie diesen ganzen Wahnsinn noch länger ertragen sollen: Stellen Sie sich vor, Ihr Chef sei ein originelles, ganz besonderes Tier, das Sie in einem Terrarium beobachten können. Ein Terrarium hat den Vorteil, dass eine Panzerglasscheibe Sie abschirmt und damit schützt, gleichgültig, was sich darin gerade abspielt. Ihr Chef kann Sie also nicht wirklich treffen, Sie sind auf jeden Fall sicher vor ihm. Diese innere Sicherheit macht es Ihnen möglich, genauer hinzuschauen. Wir würden uns niemals in aller Ruhe direkt vor ein Krokodil stellen und sein imposantes Gebiss und seinen beeindruckenden Blick bestaunen, aber vor einem Terrarium bleiben wir ganz entspannt und lassen den Blick wandern. Wenn Ihr Chef sich also absurd benimmt, beobachten Sie ihn wie ein exotisches Tier und stellen fest »Ach, schau mal, jetzt verändert er seine Farbe und bekommt ein rotes Gesicht. Ach, wie interessant, er dreht sich im Kreis und quält seinen Kugelschreiber. Olala, seine Halsschlagader schwillt an, und er wird immer lauter. Das ist ja bemerkenswert.«

Mit diesem Blick schaffen Sie eine Distanz, die Sie aus der Opferrolle befreit und Sie zum neutralen Beobachter einer merkwürdigen, befremdlichen Situation werden lässt. **Wenn Sie beobachten, ohne zu bewerten, entsteht weniger Stress,** etwa im Umgang mit Cholerikern oder mit Umstandskrämern. Sie lassen das Bild in innerer Entspanntheit an sich vorbeiziehen wie einen trägen Fluss und hängen sich nicht daran auf. Mit dieser Haltung haben Sie Blutdruck und Laune selbst bei den schlimmsten Meetings im Griff. Sie beziehen das Geschehen nicht auf sich, betrachten es nicht länger als persönlichen Angriff auf Ihre Zeit, Ihren gesunden Menschenverstand, sondern vielleicht einfach als absurdes Theater, für das Sie im Schauspielhaus ein teures Ticket kaufen müssten. Wenn Ihnen die Vorstellung vom Terrarium nicht gefällt, malen Sie sich ein anderes Bild. Einer meiner Klienten ist Asterix-Fan. Wenn der Ärger in ihm hochsteigt, stellt er sich nun seinen Chef jedes Mal gut verschnürt und geknebelt vor – wie Troubadix, den Barden des gallischen Dorfes, den man nur erträgt, solange er den Mund hält. Das entspannt den betroffenen Manager sofort.

Wonderboy (Humor)

Eine andere Methode, Distanz herzustellen, kann man von Inspector Barnaby lernen, dem grundenglischen Kommissar der gleichnamigen Serie. Barnaby, ein erfahrener Ermittler Ende 50, bekommt irgendwann einen Vorgesetzten, der halb so alt ist wie er und auf Zahlen, Daten, Fakten steht. Also stellt dieser Zahlenfreund die gute alte Polizeiarbeit radikal infrage und lässt alles mit Effizienzsteigerungserhebungsbögen erfassen. Da Barnaby den neuen Chef kaum erträgt, ohne sich ständig mit ihm anzulegen, hat er für sich ein Ventil gefunden.

Er nennt ihn insgeheim »Wonderboy«, und auf dem Display seines Telefons erscheint so »Wonderboy is calling«, wenn dieser Chef mal wieder nutzlose Fragen zur Ermittlungsarbeit hat. Barnaby nimmt dann mit einem überlegenen Lächeln das Gespräch an und hat seine Aggressionen etwas besser im Griff.

Ihrer Fantasie sind bei diesem Kniff keine Grenzen gesetzt. Kürzlich saß ich im Taxi, als aufgeregtes Entenschnattern erklang. Es war das Smartphone des Fahrers, und auf meine Nachfrage, wie es zu diesem Klingelton kam, sagte er ganz lapidar (ein tiefenentspannter Franke), das sei sein Chef gewesen, und er habe gefunden, dieses Geräusch passe hervorragend zu ihm. **Humor ist eine wunderbare Distanzierungsstrategie.** Wenn Sie sich also das nächste Mal fragen, ob Sie lachen oder weinen sollen, weil wieder mal der Wahnsinn tobt, entscheiden Sie sich fürs Lachen. Damit tun Sie gleichzeitig etwas für Ihr Immunsystem und bauen Stresshormone ab.

Soforthilfe für Problemchefs

Wie schon gesagt: Sie können Ihren Chef nicht ändern. Was Sie ändern können, ist *Ihre* Art und Weise, mit dem Chef umzugehen. Mit der richtigen Strategie machen Sie sich das Leben erträglicher, weil Ihr Chef wie beim Tennis ein anderes Zuspiel anders retourniert. Überraschenderweise ist dieser strategische Zugang für viele meiner Klienten ungewohnt. Selbst Manager, die den lieben langen Tag Businessstrategien austüfteln, möchten eigentlich lieber, dass Ihr Chef von sich aus ein Einsehen hat. **Konstruktiver ist es, wenn Sie Ihren Chef wie einen A-Kunden behandeln, dem Sie mit Blick auf den Geschäftserfolg manche Kapriole nachsehen.** So wie Sie Kundenbedürfnisse respektieren, gehen Sie am besten auch beim Vorgesetzten Bedürfnissen auf den Grund und erfüllen diese, wenn möglich. So wie ein Kunde uns Selbstständigen 1:1 das Einkommen sichert, geht es Ihnen eigentlich mit Ihrem Chef auch. Er sorgt ebenfalls dafür, dass es Ihnen wirtschaftlich gut geht.

Geschichtenerzähler: »Wie ich einmal die XY AG rettete ...«

Der Chef redet und redet und hört gar nicht mehr auf. Der wöchentliche Jour fixe geht wie alle anderen Meetings vorwiegend dafür drauf, sich seine Heldengeschichten oder Probleme anzuhören. Sie wissen, wie es seinem Auto geht, wie es auf der Kenia-Safari vor drei Jahren war und warum es ein Weltunternehmen ohne seinen Einsatz heute kaum noch gäbe. All das haben Sie schon mehrfach gehört. Nur dazu, eigene Punkte vorzubringen oder dringend benötigte Entscheidungen herbeizuführen, kommt es leider nie. Wie können Sie diesen Redefluss stoppen?

Gar nicht. Wenn der Chef reden möchte, dann möchte er reden. Einer meiner früheren Vorgesetzten formulierte es so: »Das Gespräch ist vorbei, wenn ich es sage, und ich bestimme, worüber wie lange gesprochen wird.« Das ist eine klare Ansage, der man sich nur fügen kann. Deutlich wird auch, dass es sich bei diesem Verhalten oft um eine Machtdemonstration handelt. Und je stärker Sie sich wehren (»Um zum eigentlichen Thema zu kommen …« oder noch drängender »Mit Blick auf die Uhr würde ich jetzt aber doch gern mal zum Vorgang XY kommen«), desto stärker wird sein Bedürfnis, Ihnen zu zeigen, wer hier das Heft in der Hand hält. Klüger ist es, mit angemessener Bewunderung zu lauschen und sich für die interessanten Einblicke zu bedanken. Je sicherer Ihr Chef sich in der Rolle des Überlegenen fühlen kann, desto generöser wird er Ihnen das Wort erteilen. Atmen Sie also tief durch und stimmen Sie sich vor dem Gespräch auf das Unabänderliche ein. Mit mühsam unterdrückter Aggressivität kommen Sie nicht weiter, weil Ihr Chef Ihre Ungeduld spüren wird. Möglicherweise sind die Geschichten ja auch nicht ganz so nutzlos, wie Sie vor dem Hintergrund drängender eigener Probleme glauben, und Sie bekommen auf diese Weise anekdotisch mit, wie Ihr Chef und das Unternehmen ticken. Für dringende Entscheidungen müssen Sie eine Nebenstraße nehmen, etwa durch kurze Memos oder E-Mails, die Lösungsvarianten mundgerecht aufbereiten und es Ihrem Chef erlauben, das Ganze mit einem Satz zu erledigen (»Machen Sie b!«). Das empfiehlt sich übrigens auch, wenn nicht Machtgehabe, sondern Entscheidungsscheu hinter dem Wortschwall steht.

Geisterfahrer: »Wo es langgeht, bestimme ich!«

Manche Chefs haben ein relativ übersichtliches Weltbild, um es diplomatisch zu formulieren. Sie beziehen ihr Know-how möglicherweise aus einer speziellen Branche, kennen nur ein Unternehmen von innen, zehren von längst vergangenen Meriten und entscheiden alles auf dieser überschaubaren Basis. Ihnen ist sonnenklar, dass Ihr Vorgesetzter falsch liegt und dass seine Annahmen in die

Irre führen werden. Trotzdem beharrt er auf seiner Sichtweise und gibt Ihnen entsprechende Anweisungen. Was können Sie tun?

Vermeiden Sie die direkte Konfrontation – die führt nur dazu, dass Ihr Chef unbedingt recht behalten muss. Bemühen Sie Dritte, Zeugen, Studien, Internetrecherchen und sagen Sie:»Ah, interessante Punkte, die Sie da anführen. Ich habe gelesen, dass …« Oder:»Ich habe hier eine Studie, die untermauert …«,»Ich habe hier Hinweise, die darauf hindeuten, dass…«. Einem neutralen Dritten kann so ein Chef besser folgen, als wenn Sie ihm klarmachen wollen, dass er sich Ihrer Meinung anschließen soll. Das wird meistens nicht gut gehen. Sollte Ihr Chef Sie dennoch auf eine falsche Fährte zwingen, können Sie im Grunde nur noch Ihre eigene Position absichern, indem Sie Ihre Bedenken schriftlich dokumentieren, beispielsweise in einer Mail mit folgendem Tenor: »Ich habe verstanden, dass wir … tun sollen und Sie uns bitten möchten, die und die Schritte zu unternehmen. Ich weise noch einmal darauf hin, dass wir damit folgendes Risiko eingehen … . Es ist hochwahrscheinlich, dass wir folgende Probleme bekommen werden … . Aufgrund Ihres ausdrücklichen Wunsches werde ich Ihren Anweisungen dennoch folgen.«

Mehr können Sie meist nicht tun, auch auf die Gefahr hin, am Ende trotz einer schriftlichen Absicherung von Ihrem Chef zum Sündenbock gemacht zu werden. Möglicherweise können Sie sich mit Kollegen diskret verbünden, vielleicht einen internen neutralen Dritten einschalten, manchmal auch das Problem aussitzen. Eine Beschwerde bei der Geschäftsführung wird man Ihnen als Illoyalität ankreiden, und auch Kontrollgremien fühlen sich meist den höheren Stufen der Hierarchie verpflichtet. Manchmal ist ein diskret arbeitender Compliance-Bereich eine Hilfe, doch selbst hier ist Vorsicht geboten. Leider bleibt oft nur die Feststellung, dass jeder Chef das Recht hat, seine Fehler zu machen. Wenn er zu jenen Menschen gehört, die Erfolge für sich reklamieren und Misserfolge weiterschieben, wird ihm das sehr wahrscheinlich gelingen (außer es gibt schon mehrere Präzedenzfälle, die Zweifel an seiner Kompetenz geweckt haben). Ihre schriftliche Absicherung stärkt dann nur noch Ihre Position in der Verhandlung über Ihre Abfindung.

Angreifer: »Sie sind so ein Idiot, ich fasse es nicht!«

Ihr Chef neigt dazu, Ihnen vor anderen zu drohen, Sie anzuschreien oder Sie öffentlich bloßzustellen? Ich habe sogar schon von Vorgesetzten gehört, die Mitarbeitern ankündigten, sie in handliche kleine Stücke zu hacken. Wir müssen nicht darüber reden, dass so jemand sich innerlich ganz schön klein fühlen muss oder selbst massiv unter Druck steht. Souveränität sieht anders aus. Möglicherweise haben Sie es auch mit einem Choleriker zu tun, der regelmäßig Dampf ablassen muss.

Wenn Sie unflätig beleidigt oder angegriffen werden, hilft nur, Contenance zu bewahren – vielleicht mit der oben geschilderten Terrarium-Methode. Zurückzubrüllen gösse nur Öl ins Feuer. Es ist schwer, solche Vorfälle nicht persönlich zu nehmen, doch im Grunde geht es hier nicht um Sie, sondern darum, dass Ihr Vorgesetzter sich nicht im Griff hat. **Das eigentliche Problem hat Ihr Chef, nicht Sie**. Am besten versuchen Sie, elegant über den Ausbruch hinwegzuschweigen und sich im Stillen zu sagen »Oh, heute bin ich dran.« Geben Sie sich gelassen und warten Sie, bis der Sturm vorbeigezogen ist. Manchmal ist es einen Versuch wert, mit so einem Chef hinterher unter vier Augen Tacheles zu reden. Im Sinne von »Das war heute das letzte Mal, dass Sie mich vor versammelter Mannschaft langgemacht haben. Ich möchte Sie nur darauf hinweisen, beim nächsten Mal werde ich mich wehren, und da werden Sie nicht gut aussehen. Suchen Sie sich gerne jemand anders, ich stehe für dieses Spiel nicht mehr zur Verfügung.« Wenn die Beziehung zum Vorgesetzten ohnehin verfahren ist, haben Sie nichts zu verlieren und können Klartext reden. Sehr häufig funktioniert das, weil Menschen, die mit Beleidigungen ihre Macht demonstrieren müssen, auch Grenzentester sind. Sie probieren aus, mit wem sie es machen können, und lernen sehr schnell, wer sich nicht zum Opfer eignet. Ebenso gut kann es allerdings auch sein, dass Ihr Chef versucht, Sie anschließend loszuwerden, weil Sie sich seinem Schreckensregiment nicht klaglos fügen. Gehen Sie also erst zum Gegenangriff über, wenn Sie für sich entschieden haben, dass eine Zusammenarbeit mit so einem Chef für Sie auf Dauer ohnehin unerträglich ist. Dann können Sie dieses Spiel wagen und auf die 50/50-Erfolgswahrscheinlichkeit setzen. Falls es nicht gut geht, können Sie nur noch eine gute Abfindung verhandeln, denn echte Trennungsgründe, die für eine Kündigung reichen, wird Ihr Chef kaum anführen können. Insofern wird man ggfs. auf Sie zukommen und über Trennungsmodalitäten sprechen wollen, weil die Zusammenarbeit nicht weiter vorstellbar scheint. Und wenn keine gerichtsrelevanten Trennungsgründe vorliegen, dann haben Sie die beste Verhandlungsposition für eine hohe Abfindung.

Visionäre: »Bitte keine Details. Seien Sie doch kein Bedenkenträger!«

Ihr Chef ist einer von denen, die »groß denken« und glänzende Visionen malen und dabei einen großen Bogen um die schnöden Herausforderungen der Umsetzung schlagen? Wenn Ihr Vorgesetzter stets Grandioses vorhat, aber bitte nicht mit konkreten Fragestellungen belämmert werden möchte, suchen Sie sich Rat und Unterstützung am besten gleich an anderer Stelle. Bei Ihrem Chef werden Sie beides ohnehin nicht finden: Er möchte Lösungen, keine Probleme, und steht Ihnen als Sparringspartner im Alltagsgeschäft nicht zur Verfügung.

Das kann durchaus ein Vorteil sein. Ein solcher Chef steht Ihnen in der Regel nicht dabei im Wege, sich auf andere Art und Weise schlau zu machen, Seminare zu besuchen, Experten zu konsultieren, internen oder externen Erfahrungsaustauschgruppen beizutreten und Ihr Netzwerk auszubauen, um sich zu unterstützen. Er lässt Sie machen und gewährt Ihnen auch sonst große Entscheidungsfreiheit, solange Sie seine grandiosen Ideen wertschätzen. Diese Freiheit sollten Sie nutzen, um selbst Lösungen zu entwickeln, daran zu wachsen und den Weg zu gehen, den Sie für sinnvoll und richtig halten. Immer wieder gegen eine verschlossene Tür anzurennen und sich den Frust abzuholen wäre keine gute Alternative.

Zauderer: »Dazu kann ich noch nichts sagen.«

Sie haben einen Chef, der nicht gerne Entscheidungen trifft, der eher inkompetent und schwach ist. Grund kann ein schlechtes Standing im Unternehmen sein, aufgrund persönlicher Animositäten oder auch wegen schlechter Ergebnisse in der Vergangenheit. Oder Ihr Vorgesetzter ist aus Gründen zu seinem Job gekommen, die (manchmal sogar ihm selbst) nicht ganz nachvollziehbar sind, oder allzu nachvollziehbar für alle Beteiligten, weil er der Sohn/Enkel/Schwiegersohn vom Big Boss ist. Dann werden Sie stark sein müssen, denn: **Ein schwacher oder zögerlicher Chef wird nicht dadurch besser oder stärker oder kompetenter, dass Sie ständig an ihm »rütteln«.** Je mehr Sie ihn unter Druck setzen, umso unsicherer wird er werden, und der Teufelskreis schließt sich.

Diese Konstellation verlangt im Grunde einen diskreten Rollenwechsel: Schlüpfen Sie in die Rolle des Chef-Beraters, seien Sie der Kompetente. Stellen

Sie keine offenen Fragen, sondern machen Sie konkrete Vorschläge und strahlen dabei Sicherheit aus. Auch hier bewährt sich, Alternativen durch ein Multiple-Choice-Verfahren stark einzugrenzen. Je sicherer Sie die einzelnen Optionen präsentieren und je überzeugender Ihre Argumente für einen bestimmten Weg sind, desto eher wird sich Ihr Chef trauen, Ihrem Vorschlag zu folgen. Mit Kommentaren wie »Das ist eine tolle Option, die durch x und y abgesichert ist« oder »Mit … machen wir bestimmt nichts falsch und setzen die Vorstellungen des Vorstandes eins zu eins um« kommen Sie am weitesten. So können Sie einen schwachen Chef ganz gut steuern.

Was sich nicht lohnt, ist, sich immer wieder zu fragen, wie es nur sein kann, dass »so jemand« in »so einer« Position sitzt und warum das keiner außer Ihnen sieht. Ihr Chef wird einige gute oder passende Eigenschaften haben, die ihn genau dahin gebracht haben, wo er heute ist. Wer darüber entschieden hat, hat sich etwas davon versprochen, genau diese Stelle mit diesem Profil zu besetzen. Wir würden es vielleicht anders machen, aber es steht nicht in unserem Ermessen, darüber zu befinden, ob dieser Chef eine Fehlbesetzung ist. Dieses innere Aufreiben entspringt im Grunde einer gewissen Arroganz, wir wüssten oder könnten es besser. Es ist nicht zielführend und kostet Sie nur Nerven. Und ändern werden Sie Ihren Chef, wie wir oben gesehen haben, auch nicht.

Antreiber: »Sehen Sie zu, wie Sie es hinkriegen!«

Sie haben das Gefühl, an einen Sklaventreiber geraten zu sein, der ständig hinter Ihnen die Peitsche schwingt. Bevor Sie eine Sache erledigen konnten, haben Sie schon wieder drei neue Projekte auf dem Tisch, und aus jedem Meeting kommen Sie mit einer ellenlangen To-do-Liste heraus. Solche Chefs haben meist kein Interesse daran, zu erfahren, ob Sie das noch hinkriegen oder wie Sie es hinkriegen. Sie handeln stets nach der Devise: »Der Mensch ist wie eine Zitrone, nur unter Druck gibt er sein Bestes«.

Häufig ist diese Haltung gepaart mit Zynismus, der es nicht erträglicher macht. Auf die Frage, »Was soll ich denn zuerst machen, A oder B?« bekommen Sie dann Antworten wie: »Beides, und zwar genau in der Reihenfolge.« Gegenzusteuern ist schwierig, denn: **So ein Chef wird dazu neigen, ein Pferd so lange weiter voranzutreiben, bis es zusammenbricht, um sich dann ein neues Pferd zu kaufen,** das er wieder treiben kann.

Am ehesten können Sie bei seiner Motivation ansetzen. Geht es ihm um eine Machtdemonstration? Dann helfen Bewunderung und Anerkennung. Ist es Gedankenlosigkeit? Dann Sie können versuchen, an seine Heldenhaftigkeit zu appellieren, indem Sie beispielsweise sagen: »Ich brauche dringend Ihren Rat. Ich habe hier fünf wichtige Projekte, die jeweils eine Kapazität von x benötigen, und brauche jetzt von Ihnen die klare Entscheidung, mit welchem ich anfangen soll, denn alle fünf schaffe ich nicht gleichzeitig.« Möglicherweise ist er auch für Lösungsvorschläge offen, dafür, andere Mitarbeiter oder externe Berater oder Projektmitarbeiter einzubeziehen. Wenn jedoch Rücksichtslosigkeit die Ursache ist nach dem Motto »Hat mir früher auch nicht geschadet«, dann wird er unerbittlich sein, weil er an diese Arbeitsphilosophie glaubt. Manchmal hilft es, wirklich komplett zu kapitulieren und zu sagen »Ich kann nicht mehr«. Bevor Sie zusammenbrechen, sollten Sie die Notbremse ziehen und sich krank melden. Im Extremfall und in bestimmten Typenkonstellationen zwischen Chef und Mitarbeiter treiben solche Vorgesetzte ihre Mitarbeiter in den Burn-out, und dagegen hilft nur der rechtzeitige Ausstieg – sei es vorübergehend, sei es dauerhaft. Im Coaching mache ich allerdings auch die Erfahrung, dass die inneren Antreiber mancher Menschen gnadenloser sind als jeder Vorgesetzte. Sind Sie wirklich sicher, dass Ihr Chef all das zwingend von Ihnen erwartet? Oder freut er sich zwar, so ein Arbeitstier in seiner Abteilung zu haben, würde Sie aber niemals so sehr unter Druck setzen, wie Sie selbst es tun? (Mehr hierzu im 7. Kapitel »Die Anforderungen an sich selbst«.) Vielleicht geht Ihr Chef also einfach davon aus, dass Sie sich und Ihre Energie selbst steuern und sich schon zu helfen wissen und nicht alles 1:1 durchwinken? Und vielleicht unterstellt er auch, dass Sie eigenverantwortlich handeln und Ihr Verhältnis so gut ist, dass Sie sich schon melden würden, wenn Sie seine Hilfe brauchen oder Ihre Grenze erreicht ist.

Feierabendfeinde: »Der Tag hat 24 Stunden und dazu noch die Nacht.«

Ihr Chef kennt keine Grenzen und betrachtet Sie rund um die Uhr als sein Eigentum. Er schickt Ihnen nicht nur spätabends E-Mails, sondern ruft Sie gerne auch um 22 Uhr noch einmal an, um Themen loszuwerden, die ihm am Herzen liegen? Er respektiert weder Wochenenden noch Urlaubstage, wenn er Sie »mal kurz sprechen« möchte? Wenn Sie nicht aufpassen, absorbiert ein solcher Vorgesetzter Sie mit Haut und Haaren wie die »Raupe Nimmersatt« im Kinderbuch, und er macht es, solange er kann. Und sagt bei Ansprache des Konflikts womöglich noch ganz cool »Kann ich doch nicht ahnen, dass Sie nach 22 Uhr noch ans Telefon gehen, ich wollte nur eine Nachricht hinterlassen.« Je länger Sie das Spiel schon mitgespielt haben und je öfter er erfahren hat, dass Sie rund um die Uhr zu seiner Verfügung stehen, umso schwerer wird es, da wieder rauszukommen. Auf Verständnis können Sie (außer in wirklich dramatischen Situationen wie schwerer Krankheit oder Burn-out) nicht hoffen. Häufig wirkt es, sich Macht bei Dritten zu leihen, es beispielsweise auf Ihren Partner oder Ihre Partnerin zu schieben, der oder die Ihnen mit Scheidung gedroht hat, und in diesem Zusammenhang anzukündigen, dass Ihr Handy ab sofort am Feierabend und im Urlaub aus bleibt. Alternativ können Sie auch die zu pflegende Mutter oder ein Ehrenamt in der Kirche anführen. Es eignet sich alles, was Ihnen einen Heiligenschein verpasst und was man Ihnen schwer verweigern kann.

Trotz guter Gründe wird Ihr Chef wahrscheinlich mit Unverständnis reagieren und es persönlich nehmen. Das Risiko sollten Sie eingehen, denn in den meisten Fällen weiß er recht genau, wer ihm nützt und wer ihm die Arbeit macht. Er wird sich damit abfinden, und zwar umso schneller, je konsequenter Sie Ihre Ankündigung wahr machen. Das bedeutet im Klartext: **Wenn Ihr Chef Grenzen verletzt, müssen Sie selbst den Grenzzaun wieder aufrichten. Und meistens müssen Sie mit sich selbst und Ihrem inneren Antreiber mehr ringen als mit Ihrem Chef.** Es braucht Mut, den Zaun sichtbar aufzustellen und die mögliche kurze Konfrontation auszuhalten, aber es lohnt sich.

Spaßvögel: »Machen Sie sich doch mal locker!«

Vor einiger Zeit saß ich einem Finanzvorstand gegenüber, der von seinem Chef ins Coaching geschickt worden war mit dem Auftrag, »sich mal locker zu machen«. Bei der Auftragsklärung stellte sich heraus, dass dieser CEO es »irgendwie anstrengend« fand, von seinem Finanzmanager immer zu hören, was nicht ginge, welche Gesetze und Bilanzierungsregeln man zu berücksichtigen habe, wie die Zahlen im Bereich XY aussähen usw. »Mach dich locker« hieß also, »Lass mich Spaß haben mit dir!« Wenn Sie selbst das Geschäftsleben manchmal gar nicht spaßig finden, kann es anstrengend werden mit jemandem, der ganz entspannt im Hier und Jetzt unterwegs ist. Solche Chefs sind gerade in »hippen« Branchen

(Medien, Werbung, Show Business) nicht selten. Sie möchten sich vor allem in guter, gelöster Atmosphäre austauschen und nicht mit den Anstrengungen des grauen Alltags beladen werden. Sie sehen alles »easy« und haben kein Verständnis, wenn ihr Gegenüber besorgt die Stirn kraus zieht und in ihren Augen als Bedenkenträger daherkommt.

In solchen Fällen hilft nur, ein guter Marketingexperte in eigener Sache zu werden und seine Anliegen irgendwie »fluffig« zu verpacken. Bei manchen Themen, etwa bei den Quartalszahlen, ist das eine echte Herausforderung. Manchmal reicht schon ein wenig verbaler Zuckerguss nach dem Muster, »Faszinierend ist, wie unterschiedlich die Segmente sich entwickeln … Sie glauben nicht, was herauskommt, wenn man diesen Faktor herausrechnet!« usw. Will sagen: Wenn Ihr Chef keine »Erbsenzähler« und »Korinthenkacker« um sich haben mag, müssen Sie versuchen, ihm die Erbsenzähler-Argumente so zu servieren, dass sie positiv und visionär klingen. Vor allem interessant und nutzenstiftend muss es sein: »Wenn wir die Entwicklung der letzten Monate genau betrachten, lassen sich daraus super Erfolgsstrategien ableiten!« Meistens, und das ist das Gute an solchen Vorgesetzten, werden Sie nicht weiter mit ernsthaften Aufgaben und Vorgaben belästigt und können im Tagesgeschäft ganz gut Ihrem eigenen Fluss folgen.

So weit mein Plädoyer für mehr Gelassenheit im Umgang mit dem eigenen Chef. **Verrennen Sie sich nicht in negative Gefühle, erstarren Sie nicht in Frust und Ablehnung – damit tun Sie vor allem einem Menschen keinen Gefallen: sich selbst.** Vielfach eskalieren Probleme nicht deshalb, weil ein Vorgesetzter (oder ein Mitarbeiter) für sich genommen besonders ›schlimm‹ wäre, sondern aus einer unglücklichen Zweierkonstellation heraus. Da reibt sich dann der Gewissenhafte Tag für Tag am Visionär oder der besonders Arbeitsame am Hedonisten. Wer den Kokon eigener Werte, Präferenzen und Einstellungen verlassen und Respekt für die Werte, Präferenzen und Einstellungen seines Gegenübers entwickeln kann, erleichtert sich sein Leben erheblich und schöpft augenblicklich neue Kraft.

Manche schlichte Büroweisheit aus der Kaffeeküche bringt die Dinge auf den Punkt:

»Man kann sich den ganzen Tag ärgern,
aber verpflichtet ist man dazu nicht.«

Und es geht natürlich auch philosophischer:

»An Ärger festhalten ist, als wenn du ein glühendes Stück Kohle festhältst mit der Absicht, es nach jemandem zu werfen – derjenige, der sich dabei verbrennt, bist du selbst.«
Buddha

2. Die eigenen Mitarbeiter

»Hatte man eigentlich früher mehr Zeit für Führung?«

Wer tippt eigentlich Ihre Nachrichten, Protokolle etc.? Wer fischt aus Ihrem Postfach, sei es elektronisch, sei es analog, das Wichtige heraus? Wer kümmert sich um Ihre Reisekostenabrechnung? Wenn Sie im Geiste jetzt stoisch mit »Ich. Ich. Ich.« geantwortet haben, ist das einer der Gründe, warum man früher mehr Zeit für Führung hatte. In der guten alten Zeit (die sicher nicht nur »gut« war), erledigte so etwas die Sekretärin. Sie wimmelte ungebetene Besucher ab, erledigte die Korrespondenz, organisierte Dienstreisen und Termine und filterte Telefonate vor. Viele jüngere Führungskräfte kennen das nur noch aus gemütlichen Schwarz-Weiß-Filmen der Nachkriegszeit. Heute regiert das Zweifingersuchsystem, nach dem Motto »Hier tippt der Chef selbst!« Ist es altmodisch, sich das Sekretariat zurückzuwünschen? Die von Gewerkschaften beklagte »Verdichtung« der Arbeit betrifft schließlich nicht nur Mitarbeiter, sondern in gleicher Weise deren Vorgesetzte. Mit seinem Kommentar zur »Lehmschicht« im Konzern steht der einstige Siemens-Chef Peter Löscher symptomatisch für ein Denken, das auch die Führungsebenen schlanker machen wollte. So trifft eine Führungsgeneration, die immer weniger Zeit hat, auf eine Führungssituation, die immer komplexer und anspruchsvoller wird, die Anforderungen stellt wie Change Management, Health Management, globales Denken nach außen und Diversity im Innern. Und so stehen Chefs und Mitarbeiter gleichermaßen unter Druck, und Führungskräfte stellen sich die Frage, wie sie die anvertrauten Menschen gut führen und gleichzeitig die Fülle ihrer Aufgaben bewältigen können. In diesem Kapitel wird es darum gehen, die typischen Belastungen herauszuarbeiten, unter denen Führungskräfte in diesem Kontext leiden. Belastungen, die daraus resultieren, dass wir uns über bestimmte Mitarbeiter ärgern oder dass wir unangenehme Themen vor uns herschieben oder uns in Rangeleien mit bestimmten Mitarbeitertypen oder Konstellationen verstricken, die Kraft kosten.

Fakten & Zahlen

Wie gehe ich mit »schwierigen« Mitarbeitern um? Warum erfahre ich Dinge durch Dritte, die mir eigentlich meine Leute erzählen sollten? Wie schaffe ich es, unter Zeitdruck meinen Führungsaufgaben und eigenen Führungsansprüchen gerecht zu werden? Wie erkämpfe ich mir mehr Zeit für meine Arbeit, ohne ständig von Mitarbeitern unterbrochen zu werden? – Typische Fragen, die im Coaching auf den Tisch kommen, nicht selten mit dem verzweifelten Hinweis, dass man ohnehin nicht wisse, was man zuerst tun solle, und mit dem Wunsch, dass das eigene Team doch am liebsten einfach funktionieren und »Problemmitarbeiter« sich über Nacht in ein Staubhäufchen auflösen sollen. Dass Gespräche mit Mitarbeitern keine »Unterbrechung« der Arbeit, sondern originäre (Führungs-)Arbeit sind, ist dabei allen bewusst, nur ist der eigene Druck oft größer. Und bei allem, was auf dem Tisch liegt und von noch weiter oben aus der Hierarchie kommt, wird immer wieder die Entscheidung getroffen, Führung könne man vertagen oder mal eine Weile ausfallen lassen. Dass die Retourkutsche mit hoher Wahrscheinlichkeit kommt, ist auch allen klar. Der Teilnehmer eines Workshops für das Topmanagement eines Konzerns fragte mich in einem Workshop, erkennbar erschöpft und ratlos: **»Hatte man früher eigentlich mehr Zeit für Führung?«** Ja!

Dass die Zeiten hektischer geworden sind, darauf können sich Führungskräfte in trauter Runde rasch einigen. Doch woran liegt das? Welche Zahlen stützen dieses individuelle Empfinden? Über die Schattenseiten des Internets in einer globalisierten Geschäftswelt wird im vierten Kapitel noch ausführlicher zu reden sein. Eine Kehrseite der blitzschnellen Kommunikation ist eine tägliche Flut von Nachrichten: **Schätzungsweise 30 000 externe Nachrichten jährlich erhalten Führungskräfte,** so der Harvard Business Manager im September 2014.[12] In den Siebzigerjahren waren es nur 1000 pro Jahr, heute sind es mehr als 300 pro Tag! Längst nicht alle davon sind wirklich wichtig, aber sie alle kosten Aufmerksamkeit und rauben Zeit. Wer nicht aufpasst, verzettelt sich im vermeintlich Dringenden und kommt nicht mehr zum eigentlich Wichtigen, zu strategischen Aufgaben und Menschenführung. Dabei ist beides notwendiger denn je, denn in den meisten Unternehmen sind Umstrukturierungen heute an der Tagesordnung. So meldete die Unternehmensberatung Roland Berger 2012, zwei Drittel aller deutschen Unternehmen legten im laufenden Jahr Effizienzsteigerungsprogramme auf, 44 Prozent planten Änderungen am Geschäftsmodell und 42 Prozent wollten

Kosten senken.[1] Das alles will umgesetzt sein, und oft rollt schon das nächste Großprojekt auf die Verantwortlichen zu, bevor das aktuelle abgeschlossen ist. Hinzu kommt: Gerade in unruhigen Zeiten fordern auch die Mitarbeiter mehr Aufmerksamkeit, wenn man sie nicht in die Resignation oder gar an einen Mitbewerber verlieren will.

Auch die vergleichsweise niedrige Verweildauer der Führungskräfte in der jeweiligen Position trägt dazu bei, dass im Führungsalltag stetig neue Herausforderungen zu bewältigen sind, für die leitenden Mitarbeiter eines wechselnden Managers ebenso wie für die Führungskräfte, die selbst gerade einen Wechsel vollziehen. Der Unternehmensberater Georg Kraus rechnete 2010 vor, das Durchschnittsalter der CEOs der Dax-30-Unternehmen sei 53 Jahre. Die meisten von Ihnen seien etwa im Alter von 48 Jahren zum Vorstandsvorsitzenden berufen worden und hätten zuvor sechs Karrierestufen durchlaufen. Das mache pro Position im Schnitt 3,7 Jahre – ein Jahr für die Einarbeitung, eines für Grundsatzentscheidungen und Neuausrichtung, eines für Umsetzung der Maßnahmen. Anschließend sei der Manager schon wieder auf dem Absprung.[2] Wer sich dieser Karrieredynamik unterwirft, hat alle Hände voll zu tun, sich im neuen Umfeld zu positionieren, Strategien zu entwickeln und die richtigen Kontakte zu knüpfen. Wie viel Zeit bleibt da noch für persönliche Gespräche, um das Vertrauen seiner Mitarbeiter zu gewinnen?

In Krisenzeiten dreht sich das Personalkarussell sogar noch rascher, wie die Strategieberatung Booz & Company in ihrer »2012 Chief Executive Study« unter dem Titel »Time for New CEOs« ermittelte. Analysiert wurden die Toppositionen der 2 500 weltweit größten börsennotierten Unternehmen. In Deutschland räumte 2012 im Schnitt jeder zehnte Vorstandsvorsitzende eines der 300 größten börsennotierten Unternehmen seinen Stuhl, im Krisenjahr 2009 war es sogar jeder fünfte.[3] Auch wenn die Verweildauer von Geschäftsführern und Vorständen von Familienunternehmen etwas länger ist als die in Unternehmen im Streubesitz – im Schnitt 8,3 Jahre gegenüber 6,2 Jahren in Aktiengesellschaften[4] –, hat das mit der Arbeitswelt unserer Väter und Mütter, in der langgediente Mitarbeiter nach 30 oder 40 Jahren im selben Unternehmen mit goldener Uhr und Urkunde in den Ruhestand verabschiedet wurden, nur noch wenig zu tun.

Es ist wenig überraschend, dass sich im Kontext dieser wirtschaftlichen Prozesse auch der Blick auf Führung verändert. Dies beleuchtet ein Ergebnis aus der Studie »Wer führt in (die) Zukunft?«, die Sonja Bischoff in Zusammenarbeit mit der Deutschen Gesellschaft für Personalführung (DGFP) 2010 zum fünften Mal in Folge publizierte. In der groß angelegten Befragung stand 2008 erstmals »Ergebnisorientierung« auf Platz 1 der Merkmale eines »zukünftig erfolgreichen Führungsverhaltens«, für 32 Prozent der Männer und 14 Prozent der Frauen. 2003 hatten lediglich 12 Prozent der männlichen bzw. 9 Prozent der weiblichen Führungskräfte dieses Kriterium genannt, 1998 waren es gerade einmal 3 bzw. 2 Prozent gewesen. Man muss kein Prophet sein, um zu vermuten, dass die in der Studie genannten Komponenten ergebnisorientierten Führungsverhaltens inzwischen noch weiter in den Vordergrund gerückt sind: etwa »Kostenorientierung«, »wirtschaftlicher Erfolg«, »Effizienz«, »Erfüllung der Unternehmensziele« und »Ergebnisüberwachung/-kontrolle«.[5] Dieselbe Studie dokumentiert außerdem, dass eine (männliche) Führungskraft in mindestens der Hälfte aller Fälle mehr als zehn Mitarbeiter führt, in großen Organisationen (mehr als 1000 Mitarbeiter) trifft das sogar auf drei Viertel aller Chefs zu.[6] Doch wer über 20 oder sogar über 50 Mitarbeiter[7] führt, stößt bei Mitarbeitergesprächen, durchdachter Delegation und gezielter Förderung des Einzelnen rasch an seine Grenzen. Und die Anforderungen von Mitarbeitern in Sachen Betreuung, Aufmerksamkeit und Wertschätzung steigen.

Anteil der Führungskräfte, für die Ergebnisorientierung das wichtigste Merkmal erfolgreichen Führens war

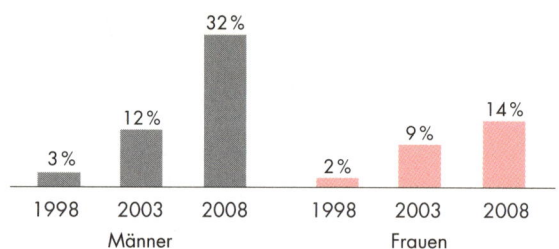

Knapp zusammengefasst bedeutet all das: **Immer mehr Chefs führen immer größere Teams und sind immer stärker darauf bedacht, rasch Ergebnisse vorzuweisen**, und das in einem wirtschaftlich immer dynamischeren Umfeld. Wie viel Zeit bleibt da noch, sich dem einzelnen Mitarbeiter zuzuwenden? Gleichzeitig stellt die »Generation Y«, also die nach 1980 geborenen Mitarbeiter, anspruchsvollere Anforderungen an ihre Chefs, wie ich in meinem Buch »Leadership 2.0« ausführlich beleuchtet habe. Diese Generation erwartet nicht nur Sinnerfüllung und Gestaltungsfreiräume von ihrem Job, sondern auch regelmäßiges Feedback, am liebsten »so oft wie möglich«, wie knapp 45 Prozent in einer Umfrage meinten. Mit einem einmaligen Jahresgespräch ist nicht einmal jeder Zehnte noch zufrieden.[8] Manche Führungskraft fragt sich da zu Recht, wie sie allen Ansprüchen im eigenen Team gerecht werden soll, den langsam auf die Rente zusteuernden Babyboomern, die zwischen 1955 und 1965 das Licht der Welt erblickten, den desillusionierten Fortschrittsoptimisten der Generation X (1965 bis 1979 geboren) und den Digital Natives der Generation Y, die moderne Arbeitsformen einklagen.

Wie führt man eigentlich »richtig«?

Die Titelfrage ist natürlich rhetorisch gemeint. Gäbe es das ultimative, einzig richtige Führungsrezept, hätte es sich vermutlich längst herumgesprochen. Gute Führung bleibt eine tägliche Herausforderung und basiert auf vielen kleinen und großen Verhaltensweisen. Der Führungserfolg hängt immer auch vom jeweiligen Umfeld ab sowie vom aktuellen Hierarchielevel. Während auf der ersten Führungsstufe noch sehr viel Sacharbeit gefragt ist, geht es umso mehr um Strategie, Orientierung, Sinnvermittlung und das Managen von Talenten, je höher Sie auf der Karriereleiter stehen. Zu all diesen Fragen habe ich mich in früheren Büchern ausführlich geäußert. Zielführende Kommunikation ist das Thema in »Mitarbeitergespräche sicher und kompetent führen«; typische Führungsfallen sind es in »Die 10 größten Führungsfehler und wie Sie sie vermeiden«; die besonderen Herausforderungen des 21. Jahrhunderts in »Leadership 2.0«. Hier dagegen soll es wieder um Sie gehen, darum, was Ihnen guttun kann. Wie also können Sie sich ein wenig Last von den Schultern nehmen und sich mit Ihrer Führungsrolle versöhnen, trotz chronischer Zeitknappheit und schwieriger Mitarbeiter?

Ja, die Zeiten sind härter geworden

Wenn Sie hin und wieder daran verzweifeln, was alles auf Sie einstürmt, stehen Sie mit dieser Erfahrung nicht allein da, selbst wenn das in wettbewerbsorientierten Umfeldern kaum ein Kollege zugeben mag. Der Führungsalltag ist tatsächlich anstrengender geworden. Denken Sie nur an die Zeit vor Internet, E-Mail und zuletzt Smartphone, das die Arbeitsabläufe noch einmal beschleunigt hat. Wie war Führung vorher organisiert? Ich selbst arbeite seit 1981, während des Studiums als Chefsekretärin in Teilzeit, danach seit 1986 mit eigenen Mitarbeitern in Führungsrollen. Wer von Ihnen ähnlich lange dabei ist, kann sich erinnern, es gab eine völlig andere Gemengelage. Die Führungsspanne war deutlich kleiner als heute und lag eher bei der gesunden und noch handhabbaren Anzahl von acht bis zehn Mitarbeitern. Chefs hatten Sekretärinnen, denen sie diverse organisatorische Aufgaben völlig überlassen konnten. Die Post kam als Post, mit viel Zeit zum Antworten. Kein Chef hatte eine Schreibmaschine, man diktierte, live oder mit einem Gerät. Nehmen Sie nur einmal die Zeit, die Sie heute selbst am Computer sitzen, Mails tippend oder auch Präsentationen erstellend, das gab es nicht. Man scribbelte oder diktierte seine Ideen, und jemand anders, der das deutlich besser und schneller konnte als man selbst, brachte die Ideen in Form. Man wurde bezahlt fürs Denken und Gestalten, nicht für das Tippen mit Zweifingersuchsystem oder das Erstellen von anspruchsvollen Powerpoint-Präsentationen. Es herrschte die klare Meinung, dass Chefs zu teuer wären für so etwas und ihre Zeit mit dem verbringen sollten, wofür sie gut bezahlt wurden. Ich frage mich, warum Unternehmen es zulassen, dass heute völlig überbezahlt Energie und Zeit verschwendet werden. Zählen Sie Ihre Stunden am Smartphone zusammen und stellen sich vor, was Sie in dieser Zeit an echter Führung, an Strategie, Orientierung, Feedback und Wertschätzung leisten könnten. Herrlich! Der Effekt wäre das Budget für eine Sekretärin allemal wert, Sie würden es an anderer Stelle wieder hereinholen, die Organisation verbessern und sehr wahrscheinlich die Gewinne steigern.

Ja, wir hatten früher mehr Zeit und vor allem mehr innere Ruhe zum Führen. Das ist ein Jammer, denn **viele Führungskräfte leiden genau unter dieser Spannung – gerne besser und mehr führen zu wollen, dafür aber einfach nicht die Zeit zu finden.** Die Folgen sind ein schlechtes Gewissen und Stress, der wiederum zulasten der Produktivität geht. Ein Teufelskreis. Und so kümmern wir uns im Alltag häufig nur noch um die Spitze des Eisbergs, um eskalierende Situationen, und werden dort aktiv, wo das Kind schon mit dem Oberkörper im Brunnen hängt. Eine wichtige Frage ist daher, wie Sie Mitarbeitern trotz Zeitnot mehr Wertschätzung und Nähe vermitteln können.

Sie müssen nicht immer Zeit haben, aber präsent sein

»Ständig« stünden Mitarbeiter und vor allem Mitarbeiterinnen bei ihm im Büro und würden rumdrucksen, erzählt mir der Finanzchef eines großen Mittelständlers. Er verstehe das nicht, sachlich sei doch alles geklärt. Er manage das perfekt mit Mails und Memos. »Es gibt dann auch nichts Richtiges zu klären, es geht um Lappalien«, berichtet er ratlos. Wie er damit umgehen solle? Auf Nachfrage erfuhr ich, dass »ständig« für ihn »jede Woche mindestens einmal« bedeutete.

Ich konnte mir lebhaft vorstellen, wie dieser Manager mit mühsam unterdrückter Ungeduld versuchte, seine Mitarbeiter möglichst rasch wieder aus dem Büro hinauszukomplimentieren, und damit sein Problem nur verschlimmerte. Menschen sind soziale Wesen. Wir alle haben ein großes Bedürfnis nach Aufmerksamkeit und Wertschätzung, auch und gerade von unserem Chef. Sie müssen ja selbst nur zum letzten Kapitel zurückblättern, um das bestätigt zu finden! Nicht zufällig zählt die *Frage »Interessiert sich mein/e Vorgesetzte/r oder eine andere Person bei der Arbeit für mich als Mensch?«* zu den sechs Kernfragen, an denen das Gallup Institut bei seinem jährlichen »Engagement Index« ein produktives Arbeitsumfeld misst. Auch zwei weitere Punkte zielen indirekt auf eine gute Beziehung zum Vorgesetzten: *»Habe ich in den letzten sieben Tagen für gute Arbeit Anerkennung und Lob bekommen?«* und *»Gibt es bei der Arbeit jemanden, der mich in meiner Entwicklung unterstützt und fördert?«*[9] Das bedeutet, Ihre Mitarbeiter erwarten, dass Sie Präsenz zeigen und ansprechbar sind. Entziehen Sie sich diesem Bedürfnis, werden einige still leiden und andere werden versuchen, sich Ihre Aufmerksamkeit trotzdem zu erkämpfen, etwa wie im Beispiel des Finanzchefs, indem sie mit einem kleinen Anliegen in Ihr Büro platzen, um wenigstens gelegentlich persönliche Resonanz vom Chef zu bekommen. Manche wollen Sie einfach nur »fühlen« und schauen, ob zwischen Ihnen alles im grünen Bereich ist.

Präsenz zeigen Sie durch reine Anwesenheit und gleichzeitig durch innere Verfügbarkeit. Wichtig ist der zweite Punkt! Es macht einen großen Unterschied, ob Sie zum Meeting gehen und dabei den Blick zwei Meter vor sich auf den Boden heften, in innerlicher Vorbereitung auf das gleich Kommende. Oder ob Sie diesen Weg mit offenem Blick gehen, dabei links und rechts grüßen, fünf Minuten mehr Zeit einplanen für das kleine ›Wie geht's?‹ am Wegesrand, für eine Nachfrage zum Wochenende, kurz: ob Sie bereit sind, sich anhalten und ansprechen zu lassen. Nutzen Sie kleine Zeitfenster und Möglichkeiten, um im Alltag für Ihre Mitarbeiter präsent zu sein, den Smalltalk nach dem Jour fixe, ein gemeinsames Mittagessen in der Kantine, einen kurzen Austausch auf dem Flur oder beim Kommen und Gehen. Schenken Sie Ihrem Gegenüber für diese wenigen Minuten Ihre volle Aufmerksamkeit, halten Sie Blickkontakt, konzentrieren Sie sich auf den anderen. Geben Sie ihm mit offenen Fragen Gelegenheit, sich wirklich mitzuteilen. Offene Fragen sind die sogenannten W-Fragen, idealerweise mit nicht mehr als fünf bis sieben Worten. »Was beschäftigt Sie?« »Wie kommen Sie denn bei XY voran?« »Wie geht es Ihnen?« Viele Vorgesetzte feuern Ja/Nein-Fragen ab und wundern sich dann, dass ihnen keiner was erzählt. Doch in geschlossenen Formulierungen wie »Kommen Sie voran?«, »Sind Sie im Plan?«, »Und, alles gut?« schwingt oft der eigene Zeitdruck schon im Unterton mit.

Beim Zuhören heißt es: Geduld haben, inneren Zeitdruck kontrollieren, damit man nicht schon mit den Fingern trommelt, während jemand sich gerade öffnen möchte. Das heißt auch: Nicht nebenbei auf das Smartphone schielen, nicht die Post sortieren, nicht die Tasche packen. Die investierte Zeit werden Sie an anderer Stelle einsparen, weil viele Missverständnisse und Konflikte so gar nicht erst entstehen und weil weniger Anlass besteht, mal eben mit einer »kurzen Frage« in Ihr Büro zu kommen. Durch aktives Zuhören, also Aufmerksamkeit und interessiertes Nachfragen, bekommen auch kurze Gespräche eine wesentlich größere Wirkung. Gleichzeitig spenden Sie damit Wertschätzung. Mein Rat lautet also: Setzen Sie auf Qualität statt auf Quantität. Reden Sie lieber ein einziges Mal »richtig« mit einem Mitarbeiter als fünf Mal zerstreut, ungeduldig und in Gedanken halb woanders. Über den Begriff der »Quality Time«, einer Zeit des bewussten Miteinanders zum Beispiel in der Familie, ist viel gespottet worden. Dennoch steckt darin ein sehr wahrer Grundgedanke: Die Anwesenheit alleine macht es nicht, entscheidend ist, wie die gemeinsame Zeit verbracht wird. Außer durch aufmerksame Begegnungen können Sie sich in puncto Führung auch durch klare Spielregeln dazu entlasten, wann Sie wie für Ihre Mitarbeiter ansprechbar sind und wann Sie ungestört sein möchten. Sodass die »offene Tür« dann auch wirklich bedeutet, dass Sie offen für Fragen sind. Das erspart Ihren Mitarbeitern Frusterlebnisse, und Ihnen beschert es die Sicherheit, bei geschlossener Tür wirklich ungestört denken oder arbeiten zu können.

Sie müssen nicht perfekt sein, aber berechenbar

In Büchern wie Blogs, Zeitschriftenbeiträgen oder Fachartikeln wird regelmäßig das Bild eines Traumchefs skizziert. Ein solcher Chef, eine solche Chefin ist kompetent und fair, menschlich zugänglich und entscheidungsfreudig, innovativ und weitsichtig, durchsetzungsstark und offen für Kritik, visionär und pragmatisch zugleich. Die Liste ließe sich verlängern. Leider habe ich den Ort noch nicht gefunden, an dem solche Superchefs gebacken werden. Jeder Mensch hat Fehler. Chefs sind auch nur Menschen. Also hat auch jeder Chef Fehler. Sie, ich, wir alle. **Weit unerträglicher als der Umgang mit jemandem, der Schwächen und Fehler hat, ist der Umgang mit jemandem, der meint, weder Schwächen noch Fehler zu haben (oder der dies zumindest vorgibt).** Das klingt so selbstverständlich, dass es schon an Banalität grenzt. Und doch reiben sich an irrealen Ansprüchen viele Führungskräfte auf. Nicht wenige meinen, mit der Maske des Supermenschen herumlaufen zu müssen und sich keine Schwäche erlauben zu dürfen. Doch Führen strengt an, wenn wir uns verstellen müssen und nicht bei uns sind, wenn wir das Gefühl haben, zu wenig und zu selten authentisch sein zu können.

Meine Erfahrung aus Jahrzehnten eigener Führung und eigenen Geführt-Werdens, aus zahllosen Coachings, Vorträgen und Seminaren ist: Innerhalb einer gewissen Bandbreite arrangieren sich Mitarbeiter mit ganz unterschiedlichen Chefs, solange sie nur wissen, woran sie sind. Die eigene Persönlichkeit, das Päckchen an Erfahrungen und Erfolgen, an Verletzungen und Selbstzweifeln, das jeder von uns mitbringt, prägt den eigenen Führungsstil unweigerlich mit. Wir können Techniken und Tools erlernen, wir können an unserer Gesprächsführung arbeiten, wir können uns um mehr Geduld bemühen und unsere Art zu planen und zu organisieren optimieren, aber eines können wir sicher nicht: Wir können nicht aus unserer Haut. Versuchen Sie es also besser erst gar nicht. Machen Sie sich lieber klar, wo Ihre Präferenzen liegen und wo Sie wunde Punkte haben, worauf Sie Wert legen und was Sie gar nicht mögen. Und teilen Sie das Ihren Mitarbeitern mit. Es ist kein Drama, ein Morgenmuffel zu sein oder Ad-hoc-Entscheidungen zu hassen, aber es ist gut, wenn Ihr Team das weiß und sich darauf einstellen kann. So muss es Ihre Verhaltensweisen dann wenigstens nicht persönlich nehmen.

Menschen zu mögen ist die halbe Miete

Es klang im letzten Punkt schon an: Sich selbst gut zu kennen und damit bewusst umgehen zu können ist meines Erachtens elementar für Führung. Manchmal sitzen mir im Coaching kreuzunglückliche Klienten gegenüber, für die die tägliche Begegnung mit Mitarbeitern, ihren Ansprüchen, Sorgen und kleineren oder größeren Wehwehen eine kraftraubende Zumutung sind. Oft sind dies hervorragende Fachleute, die aufgrund ihrer fachlichen Meriten befördert wurden und sich nun plötzlich mit Mitarbeitern »herumschlagen« müssen. Doch wer Menschen per se als anstrengend empfindet und sich insgeheim nach reibungslos funktionierenden Zahnrädchen sehnt, stößt früher oder später an seine Grenzen. Führung im engeren Sinne von Menschenführung erschöpft ihn. Wer Menschen mag, kann sich davon faszinieren lassen, wie unterschiedlich sie sind und welche Kapriolen die Zusammenarbeit mit ihnen immer wieder bereithält. Wer dagegen eher beim Tüfteln an Sachproblemen aufblüht, sieht in jemandem, der anders tickt (weniger ergebnisorientiert, weniger stringent beispielsweise), womöglich jemanden, der »falsch« tickt und sich eben ändern müsse. Das wiederum mündet dann in fruchtlose »Mitarbeiter-Erziehungsversuche«.

Sich derartige Denkfallen bewusst zu machen und den Blick auf die starken Seiten »anstrengender« Mitarbeiter zu richten, wirkt manchmal schon entlastend. **Oft konzentrieren wir uns unwillkürlich auf das, was uns nervt, und übersehen dabei Potenziale** in anderen Bereichen. Genau hinzuschauen und Menschen eher mit Aufgaben zu betrauen, die besser zu ihnen passen, ist ein möglicher Ausweg und noch dazu eine Kernaufgabe von Führung. Eine andere Lösung ist, sich einen Stellvertreter oder eine Assistenz mit mehr Talent fürs »Menschelnde« zu suchen, wenn man selbst eher nüchtern und zurückhaltend ist. Ein weiterer Weg, mit der menschlichen Seite von Führung umzugehen, kann sein, sich dann eben ganz »sachlich« und »nüchtern« mit der Frage auseinanderzusetzen, wie Sie unterschiedlichen Charakteren gerecht werden können. Das kann heißen: Bewusst zu schauen, wer braucht mehr Nähe, wer weniger. Für sich selbst festzuhalten, wer detailverliebter und gewissenhafter ist und wer eher ans große Ganze denkt. Sich Notizen zu machen, wer Kinder hat und wer nicht, und wie die heißen, wenn man sich so etwas partout nicht merken kann oder will. Damit es nicht so endet wie in der wunderbaren Szene bei Loriots »Papa ante Portas«, in der der Chef den Einkaufsleiter vor der Entlassung fragt: »Und, wie geht es Ihrem Kleinen? Sitzt er denn schon?« Und Loriot pikiert antwortet: »Mein Sohn ist 16, er sitzt *und* spricht.« Den Menschen freundlich und offen zu begegnen ist ein sehr guter Anfang. Und dabei vielleicht erstaunt festzustellen, wie viel Wertschätzung man zurückbekommt, wenn man selbst den ersten kleinen Schritt getan hat.

Nicht mal Jesus konnte es allen recht machen

Preisfrage: Kennen Sie eine Lichtgestalt der Weltgeschichte, die überhaupt nicht kritisiert wird? Ich wäre sehr überrascht, wenn Ihnen das gelänge! Ob Dalai

Lama, Mutter Teresa oder Albert Einstein: Zu jedem von ihnen lassen sich kritische Stimmen finden. Selbst der Prophet Jesus wird in der Bibel immer wieder von Schriftgelehrten und sogar Jüngern kritisiert und hinterfragt. Es wäre also schon ein echtes Wunder, wenn Ihnen als »normale« Führungskraft das nicht passierte. Wer an der Spitze steht, zieht mehr Aufmerksamkeit auf sich als jemand, der in der Gruppe verschwindet. Erfolg weckt bei manchen Menschen Neid und Missgunst. Außerdem werden Sie früher oder später unweigerlich Entscheidungen treffen müssen, die von Einzelnen als Zumutung empfunden werden.

Mit dem Phänomen des Jammerns und Klagens über den Chef habe ich mich in meinem Buch »Was Ihre Mitarbeiter wirklich von Ihnen erwarten« ausführlich beschäftigt. Damals hatte das Münchener geva-Institut eine Studie veröffentlicht, derzufolge Mitarbeiter im Schnitt schockierende vier Stunden pro Woche über ihre Vorgesetzten lästern.[10] Das klingt dramatisch, doch Vorgesetzte tun gut daran, nicht jede Klage persönlich zu nehmen. Jammern hat viele Vorteile: Es entlastet, es schweißt Abteilungen zusammen, es weist die Schuld für Missstände einem anderen zu und entlässt einen selbst aus der Verantwortung. Gejammert und gelästert wird also immer, schon, weil der reale Vorgesetzte häufig an der fiktiven Idealvorstellung eines »tollen Chefs« gemessen wird (siehe Kapitel 1 »Die Sehnsucht nach dem Über-Chef«). Hinzu kommt: Als Chef sind Sie zwangsläufig Projektionsfläche für allgemeine Unzufriedenheit, für die sie selbst nichts können – für Frust über die x-te Umstrukturierung in nur drei Jahren, über weiter oben entschiedene Sparmaßnahmen, über die Verlagerung von Geschäftsbereichen ins Ausland, über die Einstellung einer Produktlinie, über was auch immer. Der Vorstand, die ausländische Muttergesellschaft, vielleicht auch nur die Bereichsleitung, sie alle sind weit weg, während Sie greifbar sind und noch dazu der Überbringer der schlechten Nachricht. Der Ärger braucht ein Ventil, und das werden in vielen Fällen leider Sie sein, selbst wenn Sie die Entscheidung weder befürwortet noch gefällt haben. Unzufriedenheit auszuhalten ist sozusagen in Ihrem Gehalt mit eingepreist, und viele Stürme legen sich mit der Zeit von selbst.

Das heißt weder, dass jede Kritik von unten unberechtigt ist, noch, dass Sie den menschlichen Faktor in Change-Prozessen unterschätzen sollten (vgl. dazu auch »Soforthilfe für Umbruchsituation« im nächsten Kapitel). Es bedeutet allerdings, dass Sie sich von der Vorstellung verabschieden müssen, von allen gemocht zu werden. **Führen ohne kritisiert zu werden ist ungefähr so realistisch, wie Schwimmen ohne Wasser.** Nehmen Sie es, wie es kommt, und tanken Sie außerhalb des Jobs menschliche Wärme, Zuspruch und neue Energie, wenn

Ihnen der Wind gerade mal besonders kalt ins Gesicht bläst. Sich als Chef auch mal unbeliebt machen zu müssen und mehrere Tage am Stück »doof« gefunden zu werden ist mit Ihrem Gehalt abgedeckt.

Und ja, hier spielen Ihre Antreiber und Ihre eigene Disposition eine große Rolle. Sind Sie eher Nähe-orientiert, werden Sie damit hadern und sich anstrengen, um jeden mitzunehmen. Sie wünschen sich dann selbst bei unpopulären Entscheidungen, dass nach Ihren ausführlichen Begründungen alle sagen: »Klar, jetzt verstehen wir, was Sie meinen und sind völlig einverstanden und überzeugt.« Das jedoch ist eine Illusion, von der Sie sich schnell verabschieden sollten und damit Energie sparen können. In Kapitel 7 kommen wir noch genauer zu den inneren Antreibern. Dort finden Sie auch den Leitsatz »Sei gefällig.« Dieser macht Führung aber in schwierigen Zeiten sehr anstrengend, da beides miteinander kaum vereinbar ist.

Mehr Energie durch selbstbewusste Führung

Chefs haben viel zu tun, zweifellos. Doch die Arbeitsmenge allein ist es meiner Erfahrung nach nicht, die Führungskräfte erschöpft und ratlos macht. Viele meiner Klienten zermürbt vielmehr das Gefühl, ständig etlichen Aufgaben hinterherzuhecheln, nicht Herr der Lage, sondern von den Umständen Getriebener zu sein. Symptomatisch ist dies im mittleren Management, der viel zitierten Sandwich-Position mit Druck von oben und von unten und dem Manager/der Managerin in der Mitte dazwischen, als Hackfleisch sozusagen. Dabei sind einige der Belastungen, die sich auftürmen und mehr und mehr Energie rauben, hausgemacht. Häufig resultieren sie aus Aufschieben, Ausweichen und Wegducken. Um sie soll es in diesem Abschnitt gehen, darum, wie Sie durch selbstbewusste Führung das Heft des Handelns für sich zurückerobern.

Lösungen erarbeiten lassen, statt sich selbst abarbeiten

Zu den nützlichsten Sätzen im Führungsalltag gehören diese drei Fragen: »Was sagen Sie dazu?«, »Was werden Sie tun?« und »Was schlagen Sie vor?« Wenn Sie sich fühlen wie der Tellerjongleur im Zirkus, der von einer Stange zur nächsten hechtet, um alle Teller in rotierender Bewegung zu halten und einen Scherbenhaufen zu verhindern, wird es höchste Zeit, Verantwortung abzugeben. Hier geht es mir nicht um das kleine Einmaleins des Delegierens, das Sie in jedem guten Führungsratgeber nachlesen können. Es geht mir vielmehr um eine allgemeine Geisteshaltung, darum, Mitarbeitern in deren Verantwortungsbereich Lösungen zuzutrauen und ihnen diese Lösungen auch konsequent abzuverlangen, statt sich reflexhaft selbst den Kopf zu zerbrechen, sobald es irgendwo hakt. Die Frage ist also, ob Sie in solchen Situationen die Hauptenergie aufbringen oder ob Sie diese Energie Ihren Mitarbeitern abverlangen, auch hartnäckig, wenn es sein muss. Dabei ist es gleichgültig, ob es um notwendige Verhaltensänderungen (Kritikgespräche) geht oder um anstehende Aufgaben (Zielvereinbarungsgespräche).

Nehmen wir Kritikgespräche. Ein Mitarbeiter hat wiederholt Termine überzogen, Absprachen nicht eingehalten oder Aufgaben unzureichend erledigt. Sie besprechen das unter vier Augen mit ihm, konfrontieren ihn knapp, sachlich und konkret mit seinen Versäumnissen. Dann erkundigen Sie sich: »Was sagen Sie dazu?« Wichtig ist nun: Hören Sie sich eventuelle Ausflüchte und Rechtfertigungen gelassen an, aber lassen Sie sich dadurch nicht ablenken und auf Nebengleise locken, etwa in eine Diskussion darüber, warum die Software versagt hat, das Protokoll der entscheidenden Sitzung erst vor zwei Tagen kam oder was auch immer. Fragen Sie am Ende solcher Ausführungen schlicht: »Und was werden Sie tun, damit so etwas nicht wieder passiert?« Dreht der Mitarbeiter noch eine Rechtfertigungsschleife oder versucht er erneut, sich aus der Eigenverantwortung zu stehlen, spielen Sie den Ball noch einmal zurück: »Es geht hier nicht darum, was ich tun würde. Was schlagen Sie vor?« Hat der Mitarbeiter aktuell keine Idee, bietet sich die Frage an: »Bis wann können Sie eine Lösung entwickeln?« Um im Bild des Jongleurs zu bleiben: Lassen Sie den Mitarbeiter seinen Teller selber drehen.

»Was schlagen Sie vor?« bewährt sich auch, wenn ständig jemand mit einer »kurzen Frage« bei Ihnen im Büro steht und dies nicht Ausdruck eines Nähe-Bedürfnisses ist, sondern schlicht Ausdruck von Bequemlichkeit. Da könnte als Steigerung auch die Frage »Was haben Sie schon versucht, um die Antwort herauszufinden?« hilfreich sein, um ein Umdenken einzuleiten. **Wenn Sie Lösungen ausspucken wie ein gut geölter Automat, laufen Sie Gefahr, immer öfter in Anspruch genommen zu werden.** Warum sich selbst den Kopf zerbrechen, wenn es auch einfacher geht? Häufig ist dieses Mitarbeiterverhalten darauf zurückzuführen, dass eigene Lösungsvorschläge bei früheren Chefs nicht gefragt waren. Viele Mitarbeiter werden daher froh darüber sein, ernst genommen und in ihrer Kompetenz endlich gewürdigt zu werden – jemandem etwas zuzutrauen ist schließlich eine wichtige Form von Wertschätzung. Das heißt aber auch: Diese Methode funktioniert nur, wenn Sie tatsächlich Vertrauen in Ihre Mitarbeiter setzen und wenn Sie damit leben können, dass diese andere Wege zum Ziel nehmen als Sie selbst. Schwer wird dies, wenn Sie sich bisher in der Rolle des Machers gesonnt haben und stolz darauf waren, für jedes Problem eine Lösung aus dem Hut zu zaubern. So wie Stromberg in der gleichnamigen Serie, der es mit »Lass das mal den Papa machen« auf den Punkt brachte.

Sie wissen es natürlich: Auch beim Delegieren von Aufgaben kommt es vor allem darauf an, dass das angestrebte Ergebnis in Ruhe besprochen wurde und glasklar ist. Ein nebulöses »Machen Sie mal!« oder ein Briefing zwischen Tür und Angel geht in der Regel nach hinten los. Der Weg zum Ziel indes ist erst einmal Sache des Mitarbeiters. Ob und wie viel Hilfestellung Sie leisten müssen, hängt von dessen Erfahrung und Kompetenz ab. Wobei Hilfestellung nicht zwangsläufig bedeutet, dass Sie selbst aktiv werden müssen. Eine mögliche Reaktion auf die Klage, »Ich weiß nicht, wie ich da weiter vorgehen soll« könnte ja auch sein: »Wer könnte es denn wissen?« oder »Wer könnte Sie unterstützen?« **Wenn Sie Menschen etwas zutrauen, machen Sie sie groß. Führen Sie sie zu eng, halten Sie sie klein.** Das ist weder im Sinne Ihrer Mitarbeiter noch in Ihrem. Chefs, die »machen lassen«, leben entspannter!

Unangenehmes sofort!

Ein Mitarbeiter fand eines Tages einen Post-it-Zettel auf seinem Telefonhörer: »Bitte mal im Personalbereich melden«, hatte sein Vorgesetzter darauf notiert. Der Personalmanager erwartete ihn offenbar und fiel arglos mit der Tür ins Haus: »Ach ja, Sie wollen die Höhe Ihrer Abfindung wissen, setzen Sie sich.« Dem Betroffenen zog es den Boden unter den Füßen weg. Er wusste nicht, dass man sich von ihm trennen wollte, geschweige denn, warum. Die Geschichte ist wirklich so passiert, und sie zeigt, welchen Horror manche Chefs vor unangenehmen Gesprächen haben. Sich davor zu drücken und den schwarzen Peter ans Personalressort weiterzugeben ist nicht nur schlechter Stil. Es rächt sich überdies, denn es beschädigt die Loyalität des gesamten Teams, dem ein solcher Vorgang kaum verborgen bleibt. Und auch sich selbst tut man keinen Gefallen mit Wegducken oder Aufschieben: Beides belastet und raubt Energie.

Unangenehm sind vielen Führungskräften Kritikgespräche, Trennungsgespräche, Versetzungsgespräche und all die anderen Themen, bei denen sie mit einer hoch emotionalen, womöglich tränenreichen Reaktion des Betroffenen rechnen. Dabei spielt natürlich eine große Rolle, wie leicht es Ihnen generell fällt, Menschen etwas Kritisches zu sagen und die Emotionen anderer auszuhalten. Gehen wir davon aus, es fällt Ihnen schwer und es steht Ihnen bevor. Beim ersten Gedanken daran meldet sich sofort ein dicker fetter Schweinehund, der mit vielen guten Gründen dafür sorgt, dass Sie dieses Thema immer weiter vor sich herschieben. Er wird Ihnen einflüstern: »Heute ist ganz schlecht, der Kalender ist voll« oder »Nein, so kurz vor dem Wochenende macht es keinen Sinn«. Auch sehr wirksam: »Ach nein, der Mitarbeiter hat in zwei Wochen Urlaub. Das ist auch blöd« oder »Ich muss mich auf eine wichtigere Sache vorbereiten, da komme ich nur in schlechte Verfassung, wenn ich dieses Fass jetzt aufmache« und, und, und. Diese Gründe sind alle prima, aber sie führen oft dazu, dass es zu dem Gespräch über viele Tage nicht kommt. Ihr Unterbewusstsein weiß allerdings die ganze Zeit, dass der Termin noch aussteht, und hat diesen Punkt immer wieder auf der inneren Agenda, reagiert also immer wieder mit Stress (über die Entstehung und Auswirkungen von Stress lesen Sie im Kapitel 4 mehr). Um diesen Stress zu vermeiden, gilt es, den Stier so schnell wie möglich bei den Hörnern zu packen. Was kann dabei helfen?

Zum einen ist es nützlich, sich bewusst zu machen: **»Den« richtigen Moment für kritische Gespräche gibt es nicht.** Wir möchten uns innerlich wappnen und gut gerüstet in so ein Gespräch gehen, doch das funktioniert nicht. Der Druck wird immer größer, je länger Sie warten, ähnlich wie beim ersten Sprung vom Dreimeterbrett: Je länger Sie von oben runterschauen, desto mulmiger wird Ihnen. Ich spreche aus eigener Erfahrung. Nie werde ich vergessen, wie ich zu Beginn meiner Führungslaufbahn auf Weisung von oben und für mich selbst überraschend und gegen meinen erklärten Willen einer sehr fähigen und sympathischen Mitarbeiterin aus betrieblichen Gründen kündigen musste. Ich hatte gerade im Meeting mit meinem Vorgesetzten davon erfahren, als sie mich ansprach: »Na, wie war's?« Selbst noch wie benommen, behauptete ich ausweichend, »Och, wie immer«, und wartete zwei Tage auf die richtige Gelegenheit. Als ich schließlich damit herausrückte, war die Mitarbeiterin tief gekränkt, dass ich sie so lange im Ungewissen gehalten hatte. Sie ließ ihren Mann am nächsten Morgen eine Krankmeldung bringen und persönliche Sachen abholen, und ich sah sie nie wieder. Wäre es klüger und auch menschlicher gewesen, die Betroffenheit mit ihr zu teilen?

Zum Zweiten hilft mentale Vorbereitung. Fragen Sie sich, was genau Ihnen Sorgen macht und wie Ihr Worst-Case-Szenario aussieht. Für diesen schlimmsten aller Fälle entwickeln Sie im Vorfeld eine Strategie, legen sich also passende Argumente, Formulierungen, Haltungen etc. zurecht. Erfahrungsgemäß erleben wir eine Situation als weniger schlimm, wenn wir mental darauf vorbereitet sind und nicht eiskalt erwischt werden. Konkret können Sie sich die Stichworte notieren, die Sie unbedingt platzieren wollen. Antizipieren Sie Fragen des Mitarbeiters und recherchieren Sie eventuell erforderliche Informationen. Terminieren Sie das Gespräch so, dass Sie hinterher genug Luft im Kalender haben. Nichts ist schlimmer, als ein heikles Gespräch unter Zeitdruck zu führen. Nach Murphy's Gesetz kommt dann ein richtiger Hammer fünf Minuten vor Ende, und Sie können nicht mehr angemessen darauf reagieren. Und die Emotionen? Knapp gesagt: Akzeptieren, aushalten und sich Kommentare verkneifen. Was will man auch Sinnvolles sagen, wenn jemand weint oder tobt, etwa, weil er oder sie entlassen wurde? Das kann nur schaler Trost sein oder nach hinten losgehen wie beim Chef, der in einer solchen Situation allen Ernstes und in bester Absicht meinte: »Sooo schlimm ist das doch gar nicht. Stellen Sie sich mal vor, Sie hätten jetzt auch noch Krebs!« Dem entgeisterten Mitarbeiter klappte die Kinnlade herunter. Ich denke, Chefs sollten trainieren, auch mal nicht weiterzuwissen, ihre eigene Ohnmacht auszuhalten und abwarten zu können, bis Emotionen abklingen und Sachlichkeit wieder möglich ist. Empathisches Schweigen ist da oft genug.

Nach welchem Detailfahrplan Kritik- oder Feedbackgespräche gelingen, ist in meinen anderen Büchern ausführlich erläutert. Und wenn Sie ein unangenehmes Gespräch geführt und erfolgreich beendet haben, vergessen Sie nicht, sich dafür zu belohnen. So speichert Ihr Unterbewusstsein, dass es sich lohnt, solche Aufgaben nicht mehr aufzuschieben, und Sie »verlernen« langsam Ihren persönlichen Horror davor.

Wenn alles zu viel wird: Ich bin dann kurz weg

»Ich dachte, ich drehe durch«, »Ich konnte keinen klaren Gedanken mehr fassen«, »Mir stand der kalte Schweiß auf der Stirn und mein Herz raste« – fast jeder Manager hat Momente im Job, wo er weder ein noch aus weiß, Momente, in denen alles zusammenkommt: Zeitnot, schlechte Tagesform, schlechte Nachrichten, Misserfolge, womöglich noch private Sorgen. Oft ist es der berüchtigte weitere Tropfen, der in einer länger anhaltenden Phase großer Belastungen schließlich das Fass zum Überlaufen bringt. **An durchdachte Führung ist in so einer Situation nicht zu denken.** Die klügste Reaktion in einer akuten Stresssituation ist schlicht, sich auszuklinken und erst einmal wieder zu sich zu kommen. Besonnen handeln und entscheiden können Sie ohnehin nicht mehr, und es ist weit besser, das anberaumte Mitarbeitergespräch oder die Abteilungssitzung zu vertagen, als Dinge zu tun oder zu sagen, die Sie später bitter bereuen. Erfinden Sie eine plausible Ausrede (Magendarmgrippe im Anflug, Auto wird abgeschleppt, höllische Zahnschmerzen) und gehen Sie. Es hat sich herumgesprochen: Gute Führung beginnt mit der Selbstführung, und manchmal muss man sich selbst aus dem Verkehr ziehen. Weitere Tipps:

- Bei kleineren Anfällen von Panik kann schon helfen, sehr langsam ein- und auszuatmen und sich abzulenken, indem man nach dem Ausatmen von zehn bis null rückwärts zählt, nach dem Muster einatmen – ausatmen – »zehn« – einatmen – ausatmen – »neun« – einatmen … .
- Bei stärkeren körperlichen Reaktionen wie Schwitzen und Herzrasen hilft körperliche Anstrengung, ein langer flotter Spaziergang, Joggen, Garten umgraben. Bewegung hat die Wirkung, Stresshormone abzubauen (mehr zum Umgang mit Stress lesen Sie in Kapitel 4).
- Wenn Sie sich beruhigt haben – das kann nach ein paar Stunden sein, aber auch zwei Tage weit weg vom Alltagsstress erfordern –, können Sie Ihre Handlungsoptionen durchdenken. Was ist wirklich wichtig und steht momentan an erster Stelle? Wie sind die anderen Prioritäten? Viele Menschen können ihre Gedanken besser sortieren, wenn sie alle Punkte aufschreiben, am besten an einem ruhigen Ort und mit der Hand, also ohne Ablenkung durch PC, Smartphone und Aktenordner.
- Will sich der Knoten nicht lösen, hilft manchmal ein Gespräch mit einem Außenstehenden, dem Sie die Konstellation ohne Preisgabe vertraulicher Details schildern. Das kann auch jemand sein, der mit der Materie wenig vertraut ist. Schon durch das Erzählen lichtet sich manchmal der Nebel im eigenen Kopf auf wundersame Weise. Außerdem stellen unbefangene Gesprächspartner manchmal genau die richtigen Fragen und thematisieren die Punkte, die man selbst im stressbedingten Tunnelblick notorisch übersehen hat.
- Wenn die Beziehung zu Ihrem Chef stimmt, können Sie ihn um ein Gespräch und um seinen Rat bitten.

Geht es nicht um einen momentanen Ausnahmezustand, sondern darum, dass Sie längere Zeit unter großem Druck stehen und nicht so gut für Ihre Mitarbeiter da sein können, wie Sie eigentlich möchten, sprechen Sie das offen an. Das heißt: Kommunizieren Sie, dass Sie im Moment extrem eingespannt sind und um Verständnis bitten, dass Sie sich in den nächsten Wochen erst einmal um die aktuellen Baustellen kümmern müssen und nur in allerdringendsten Notfällen ansprechbar sind. In einer guten Arbeitsatmosphäre ist so etwas ohne Weiteres möglich, und mit offenen Karten zu spielen ist allemal besser, als Ihre Mitarbeiter zu verunsichern, weil Sie so »rätselhaft« (von abwesend bis abweisend) wirken. Bei einem guten Klima werden Sie in diesen Zeiten nicht nur »geschont«, sondern aktiv unterstützt werden. Mitarbeiter werden sich mit Angeboten, Ihnen einen Kaffee zu holen, oder sich mit einem unaufgefordert aufgeräumten Konferenzraum nach einem Meeting etc. nützlich machen und auf ihre Art zeigen, dass sie auch für Sie da sind.

Nein, Sie sind nicht das Abteilungs-Google!

»Wie war das noch mal?«, »Wie ging das noch mit …?«, »Können Sie mir kurz sagen, wann …?«, »Ich brauch' mal eben …« Wenn Sie solche Sätze häufiger hören, geht es Ihnen wie dem Manager, der einmal zu mir sagte, er käme sich vor wie das wandelnde Abteilungslexikon. Vorstände sind davon erfahrungsgemäß weniger betroffen als mittlere Manager, und besonders anfällig sind jene Chefs, deren Beförderung noch nicht allzu lange zurückliegt und die sich anfangs ganz wohl in der Rolle des Bescheidwissers fühlten.

Wenn Sie auch zu jenen gehören, die glauben, dass man jederzeit für seine Mitarbeiter ansprechbar und verfügbar sein muss, ist die Führungsrolle für Sie sicherlich sehr anstrengend. Ich erlebe immer wieder, dass Klienten und Klientinnen der Meinung sind, sie wären genau dafür da, alle auftretenden Fragen sofort und umgehend zu beantworten, damit die Mitarbeiter weiterarbeiten können. Was sich mit dieser Grundhaltung einschleicht, ist nicht nur die unaufhaltsame Unselbstständigkeit des Teams, sondern auch eine gemütliche Bequemlichkeit: Bevor man selbst recherchiert oder jemand anderen fragt, geht man schnell mal eben zum Chef. Der wird dauernd in seiner Arbeit unterbrochen und kommt erst nach 18:00 Uhr, wenn langsam Ruhe einkehrt, zu anderen Aufgaben.

Abgrenzung ist hier die Lösung und dringend angezeigt. **Trainieren Sie, Ihre Tür wirklich geschlossen zu halten und einfach nur für sich zu arbeiten, ohne ein Meeting zu haben.** Denn, seien wir ehrlich, manchmal sind Unterbrechungen ja auch ganz willkommen, weil sie uns von ungeliebten oder anstrengenden Dingen abhalten. Stellen Sie Spielregeln auf, in welchen Fällen zu welcher Zeit und wie man Sie erreichen kann. Dies könnte zum Beispiel sehr gut die Zeit zwischen 13:30 und 14:00 Uhr sein, wenn das Mittagstief sowieso keine konzentrierten Höchstleistungsaufgaben erlaubt, oder die Zeit kurz vor Feierabend, bevor die Mitarbeiter das Haus verlassen. Der Vormittag sollte Ihrem konzentrierten Arbeiten vorbehalten sein, wie wir im Kapitel Stress noch genauer beleuchten werden. Sagen Sie Ihren Mitarbeitern offen, dass Sie nicht mehr jederzeit ansprechbar sein können oder wollen, weil Sie dann nicht zu Ihrer eigenen Arbeit kommen und endlos im Büro bleiben müssen. Erklären Sie freundlich, dass drei »kurze Fragen« pro Mitarbeiter pro Tag für Sie Dutzende Unterbrechungen bedeuten und dass es nicht darum geht, Mitarbeiter »loswerden« zu wollen, sondern am Stück notwendige Aufgaben erledigen zu können.

Auch die Art der Informationsbeschaffung ist ein wichtiges Thema. Eine Spielregel könnte hier sein, zunächst einmal selbst im Intranet oder in anderen Quellen nachzuschauen, wenn das nicht fruchtet, einen Kollegen zu fragen, und erst, wenn beides erfolglos bleibt, auf den Chef zuzugehen. Da die allerwenigsten Dinge stante pede geklärt werden müssen, kann dies auch mit einer Mail oder einer Papiernotiz geschehen. Nur wenn tatsächlich »Gefahr im Verzug« ist, sollten Sie sofort greifbar sein. Welche Fälle dies sein könnten, ist je nach Job unterschiedlich. Definieren Sie daher konkrete Beispielfälle für Ihre Mitarbeiter, damit alle den gleichen »Messschieber« für eine Dringlichkeit im Kopf verankern. Wenn Sie ein kompetent besetztes Vorzimmer haben, lassen Sie Ihre Assistenz die Anfragen filtern und nach Lücken im Tagesplan schauen. Je eher Sie eine solche Lösung vereinbaren und umsetzen, umso besser für alle Beteiligten. Dann geht es Ihnen nicht wie einer Teilnehmerin in einem meiner Seminare, die aufgrund dauernder Unterbrechungen geradezu Aggressionen gegen ihre Mitarbeiter entwickelte und sich nicht anders zu helfen wusste, als vor ihrer Bürotür ein rotweißes Baustellen-Plastikband zur Absperrung zu spannen. So weit sollte es nicht kommen, denn das sieht nicht wirklich souverän aus.

Erwartungsmanagement: Wie hätten Sie's gern?

Mitarbeitern erscheint die Chefrolle oft in rosarotem Licht: selber entscheiden, anderen sagen, was zu tun ist, mehr Freiraum, mehr Prestige, mehr Gehalt, einfach herrlich! Wer selbst auf dem Chefsessel angekommen ist, merkt schnell, dass das mit der Freiheit so eine Sache ist. Eine Fülle von Aufgaben und Ansprüche von allen Seiten – Mitarbeitern, Kunden, Vorstand, Nachbarabteilungen, Compliance, Vertrieb … – führen dazu, dass viele Führungskräfte sich eher gefesselt als befreit fühlen. Selbst ganz oben an der Spitze, als CEO, ist man nicht wirklich unabhängig, sondern natürlich den Stakeholdern verpflichtet und den Argusaugen von Medien und Öffentlichkeit ausgesetzt. **Die Crux persönlicher (Gestaltungs-)Freiheit ist: Man bekommt sie nicht geschenkt, man muss sie sich auch nehmen.** Das gilt auch für die Führungsrolle. Ob Sie sich als Getriebener der Umstände oder aktiv Gestaltender fühlen, ist auch eine Frage Ihres Selbstverständnisses und Ihres Mutes. Selbstbewusste Führung bedeutet, die Führungsrolle anzunehmen. Damit meine ich: Hinschauen, was möglich und machbar ist, und sich in diesem Rahmen die Position gestalten und danach ein klares Erwartungsmanagement betreiben.

- Seinen Mitarbeitern klar kommunizieren, was man von ihnen möchte und was nicht,
- wie und wann Sie ansprechbar sind,
- ob Sie Mail oder Memo bevorzugen,
- wie schnell man mit Ihrer Reaktion rechnen kann,
- wo Sie in cc gehören und wo nicht,
- welche Infos Sie erwarten,
- wie der wöchentliche Jour fixe vorbereitet sein sollte und, und, und.

Werden Sie sich klar über Ihre Bedürfnisse und Ansprüche und kommunizieren sie diese – freundlich, aber hartnäckig. Und gehen Sie bitte nicht davon aus, dass alles nach einmaliger »Ansage« funktioniert, Sie werden die eine oder andere Wiederholungsschleife drehen müssen.

Auch nach oben sind die Handlungsspielräume häufig größer, als sie gerade den »Sandwich-Managern« im Alltagsdschungel erscheinen. Durchdachten Lösungsvorschlägen, die potenziell auch seinen eigenen Erfolg mehren, wird sich kaum ein Vorgesetzter verweigern. Der Preis dafür: Sie müssen sich aus der Deckung trauen und Position beziehen. Aber auch das gehört zur Führungsrolle dazu. Sich klar werden über die eigenen Ziele und Erfolgskriterien, die Sie mit Ihrer Position verbinden, und Strategien entwickeln, wie diese Ziele zu erreichen sind. Ob Sie sich als Erfüllungsgehilfe oder namenloses Rädchen im großen Getriebe fühlen oder als Gestalter Ihrer Aufgabe, das haben Sie auch selbst in der Hand.

Was tun bei »schwierigen« Mitarbeitern?

»Nehmen Sie die Menschen, wie sie sind, andere gibt's nicht«, empfahl der Vollblutpolitiker Konrad Adenauer. Im folgenden Abschnitt soll es nicht darum gehen, wie Sie träge Mitarbeiter zum Arbeiten motivieren, den Ängstlichen Mut machen oder den Intriganten die Stirn bieten, sondern um etwas Grundsätzlicheres: Wie verhindern Sie, dass anstrengende Mitarbeiter Sie Tag für Tag (zu) viel Kraft kosten?

»Low Performer«: Sie entscheiden, ob Sie sich ärgern

In beinahe jedem Team gibt es Mitarbeiter, die einem graue Haare wachsen lassen. Entweder man hat sie von seinem Vorgänger geerbt oder selbst bei ihrer Einstellung Kompromisse gemacht und gehofft, es werde mit der Zeit besser. So etwas passiert einem, bevor man die Gelegenheit hatte zu lernen, dass Dinge auf Dauer selten besser werden. Im Gegenteil: Die Probleme, die sich in der Probezeit und da oft schon in den ersten Wochen andeuteten, verschärfen sich hinterher in der Regel. Ein Mitarbeiter, der die Probezeit »bestanden« hat, macht so weiter wie bisher, wenn er kein kritisches Feedback erhalten hat. Er fühlt sich verständlicherweise auf der richtigen Seite. Viele dieser »problematischen« Mitarbeiter sind irgendwann unkündbar, aufgrund langer Betriebszugehörigkeit oder weil sie eine Altersgrenze erreicht haben, jenseits derer eine Entlassung arbeitsrechtlich unmöglich ist. Schon die bekannte Gauß'sche Normalverteilung lässt zudem in jeder Abteilung neben einigen sehr guten und vielen durchschnittlichen Mitarbeitern einen kleinen Anteil von sogenannten »Low Performern« erwarten, mit deren Leistung wir trotz aller Führungsimpulse nicht zufrieden sind.

Was passiert normalerweise, wenn ein Chef zehn Mitarbeiter führt, davon zwei echte Stars und Leistungsträger, sieben, die ordentlich ihre Arbeit tun und durchschnittliche bis gute Leistungen erbringen, und einen, der, salopp gesagt, nichts auf die Reihe kriegt? Genau: Die Führungskraft arbeitet sich nach Kräften an dem einen »Low Performer« ab. **Zehn Prozent des Teams bekommen 90 Prozent Ihrer Aufmerksamkeit.** Das geht nicht nur auf Kosten der Leistungsträger, die in Sachen Wertschätzung oft zu kurz kommen, obwohl sie auch noch die Defizite des leistungsschwachen Mitarbeiters ausgleichen. Es frustriert auch die große Mehrheit des Teams, weil auch hier Impulse und das Ausloten von eigenen Entwicklungsmöglichkeiten auf der Strecke bleiben. Und anstatt den »Problemfall« aus dem Team zu entfernen oder wenigstens entschieden *mit* ihm zu reden, wird viel Zeit damit verbracht, *über* ihn zu reden, zu lamentieren, wie schwer das Problem zu lösen ist und wie nervtötend dazu.

Und damit sind wir beim eigentlichen Problem. Was hier stattfindet, ist eine grandiose Verschwendung von Energie. Sich zu ärgern kostet Sie Energie, sich in Gesprächen im Kreis zu drehen kostet Sie Energie, und selbst das Gefühl, wieder einmal Ihre Energie zu verschwenden, kostet Sie Energie – Energie, die Sie anderswo viel sinnvoller einsetzen könnten. Die Lösung ist so einfach, dass sie schon wieder überraschend ist: Hören Sie auf, sich zu ärgern! Wer zwingt Sie dazu? Eine wirksame Möglichkeit der Selbsthilfe besteht darin, die gedankliche Nabelschnur zu durchtrennen und sich selbst (oder sogar dem Mitarbeiter) zu sagen: »Dafür stehe ich nicht mehr zur Verfügung!« Wenn sich ein Problem erkennbar nicht ändern lässt, fahren Sie am besten damit, wenn Sie es künftig ignorieren, sich nicht auseinandersetzen, die immer gleichen kleinen Ärgernisse einfach an sich abtropfen lassen. Das gilt nicht nur für Mitarbeiter, sondern für jeden nervigen Zeitgenossen im Berufsleben. **Richten Sie den Blick auf diejenigen, mit denen es gut läuft, statt sich von denen, mit denen es notorisch *nicht* läuft, den Tag verderben zu lassen.** Dadurch gewinnen Sie Energie, statt sie zu verlieren.

Natürlich sollten Sie ein Thema nicht ad acta legen, bevor Sie sinnvolle Handlungsmöglichkeiten ausgeschöpft haben. Sie sollten wissen, ob ein Mitarbeiter seinen Aufgaben nicht gerecht werden *kann* oder ob er es nicht *will*. Wenn der Mitarbeiter überfordert ist, leidet er womöglich selbst an seiner Situation und ist offen für eine Weiterqualifizierung, eine Veränderung seines Aufgabenbereiches oder andere Formen der Unterstützung. Wenn ein Mitarbeiter Dienst nach Vorschrift schiebt oder dem Unternehmen sogar schadet, etwa indem er Kunden vergrault, sollten Sie klären, ob Sie eine Chance haben, sich von ihm zu trennen. Normalerweise wird Ihnen die Personalabteilung oder ein Fachanwalt für Arbeitsrecht hierzu professionell Auskunft geben. Mit den Experten können Sie weitere Optionen ausloten, etwa eine Versetzung, eine Vorruhestandslösung, Altersteilzeit oder Ähnliches. Der Kreativität sind da keine Grenzen gesetzt. Allerdings brauchen Sie bei bestimmten Mitarbeitern (Betriebsräten, Mitarbeitern älter als 55 Jahre etc.) deren Zustimmung, denn ohne einen Aufhebungsvertrag können Sie sich so leicht nicht trennen. Um die arbeitsrechtliche, strategische Seite solcher Fälle soll es hier aber gar nicht gehen. Die Frage ist, was Sie für sich tun können, um sich nicht aufzureiben. Stellen Sie also am Ende fest, dass die Dinge nicht zu ändern sind, lohnt es sich, mit dem Betroffenen ein letztes

Gespräch zu führen im Sinne von »Ich hätte mich gerne von Ihnen getrennt, es funktioniert aber nicht. Ich akzeptiere das. Insofern schauen Sie bitte, dass Sie das Bestmögliche leisten können, was in Ihrer Macht steht.« Und danach machen Sie bildlich gesprochen den Aktendeckel zu und wenden sich lohnenderen Aufgaben zu. Ein interessantes Phänomen ist übrigens, dass diese Mitarbeiter dann ihr Verhalten oft doch noch etwas ändern und sich bemühen, ein Teil des Teams zu bleiben oder zu werden. So ganz im Abseits mag offenbar kaum einer stehen.

Den nötigen emotionalen Abstand gewinnen Sie, wenn Sie sich kurz in die Lage des betreffenden Mitarbeiters hineinversetzen. Er kann nichts dafür, dass er so ist, wie er ist – es sei denn, es handelt sich um bewusstes und absichtsvolles Fehlverhalten. Das wäre eine andere Thematik. Der Mitarbeiter hat sich selbst nicht eingestellt und sitzt nun einmal auf dem Arbeitsplatz, den er hat. Auch für seinen Kündigungsschutz aus Alters- oder sonstigen Gründen kann er erst einmal nichts. Irgendetwas an ihm wird zu der Zeit, als man ihn einstellte, richtig gewesen sein, und Ihre Vorgänger haben vielleicht versäumt, ihn in der Form zu führen und zu fördern, dass er heute ein gut geeigneter Mitarbeiter für die Stelle wäre. Für Sie ist es das Klügste, loszulassen und das Unabänderliche zu akzeptieren. Sollte Ihnen das nicht gelingen, hinterfragen Sie vielleicht einmal: **Was gibt es Ihnen, sich immer wieder aufzuregen?** Überlegenheitsgefühle? Einen Adrenalinkick? Gemeinsamkeitsgefühle mit denen, die auch so denken wie Sie?

»Stuhlsäger«: Warum sich Angst nicht lohnt

Wer Mitte Vierzig, Anfang Fünfzig ist, hat es vielleicht schon am eigenen Leib erfahren: Man spürt die ersten Zipperlein, braucht Lesebrille und Einlagen und stellt fest, dass es nach einer durchgefeierten Nacht Tage dauert, bis man wieder richtig fit ist. Erstmals beginnt man zu ahnen, wie es sein könnte, alt zu werden. Und während man selbst anfängt, darüber nachzudenken, wie man mit seinen Kräften haushalten kann (wenn man klug genug dafür ist), drängen die Jungen, Karrierehungrigen nach – topfitte 25-, 30-Jährige, die noch nicht für Kinderbetreuung und andere Familienpflichten in Anspruch genommen werden und gerade im Job richtig durchstarten wollen. Da kann man nur verlieren, oder?

Vor zehn Jahren wäre diese Befürchtung berechtigt gewesen. »Nur noch Schrott« überschrieb der *Spiegel* Anfang 2003 sehr drastisch einen Artikel über die Jobchancen erfahrener Führungskräfte, die mit über 50 arbeitslos wurden.[11] **Inzwischen dämmert es immer mehr Unternehmen, dass sie sich den**

Jugendwahn früherer Jahrzehnte nicht mehr leisten können. Eine Studie zur »Demografie 2020« der GFK SE geht davon aus, dass den Unternehmen am Ende des Jahrzehnts 20 Prozent weniger Führungskräfte unter 50 Jahren zur Verfügung stehen werden. Gegenüber 2006 hatte sich der Führungskräfteanteil der über Sechzigjährigen im Jahre 2011 bereits fast verdoppelt.[12] »Immer häufiger korrigieren Unternehmen bei der Suche nach Führungskräften ihre Vorstellungen, was das Alter betrifft«, sagt auch Personalberater Rolf E. Stokburger und stützt sich auf eine Studie der European Business School unter dem Titel »Recruiting 2020«.[13]

Die Zahlen sind das eine, Ihre persönliche Befindlichkeit ist das andere. Mit Wertschätzung für Ihren Erfahrungsvorsprung, für Ihre Routine und Gelassenheit können Sie am ehesten rechnen, wenn Sie sich nicht in eine Wagenburgmentalität flüchten, sondern Offenheit und Flexibilität ausstrahlen. Die Zeiten werden nicht einfacher für Unternehmen, und in Zukunft werden wir beides brauchen, die Spontaneität, technische Versiertheit und die Internationalität der Digital Natives sowie den Weitblick der »alten Hasen«. Im Idealfall addieren sich diese Stärken, statt sich in Grabenkämpfen zu neutralisieren. Und sollte Ihr Unternehmen doch noch so fahrlässig sein, Erfahrungswissen und Souveränität zu unterschätzen, wird es Ihnen ohnehin nichts nützen, zu mauern und die Jüngeren auflaufen zu lassen. Gehen Sie lieber in die Offensive, mobilisieren Sie früh Ihre Kontakte und strecken Sie Ihre Fühler aus. Allerdings überschätzen meiner Erfahrung nach viele Führungskräfte die Gefahr, abgehängt oder gar »abgesägt« zu werden, vielleicht aus der eigenen Verunsicherung durch erste Symptome des Älterwerdens heraus.

Das gilt unabhängig vom Alter auch für die verbreitete Angst vor Überfliegern unter den eigenen Mitarbeitern, die einem womöglich gefährlich werden und danach trachten könnten, an Ihrem Stuhl zu sägen. Nach über 30 Jahren im Personalmanagement weiß ich: Das passiert in höchstens fünf Prozent der Fälle, und dann ist es entweder von oben eingefädelt oder der ›Sägende‹ bekommt ein richtiges Problem. Zur Ablösung von Führungskräften kommt es eher, wenn Leistung und Image der Abteilung nicht stimmen. Sie tun daher gut daran, sich mit den Besten zu umgeben und sich darüber zu freuen, wenn Ihre Wahl richtig war. **Der Glanz von »Stars« in Ihrer Abteilung fällt auch auf Sie als Chef zurück.** Für die bestmögliche Leistung im Unternehmen zu sorgen und dafür, dass toller Nachwuchs für morgen und übermorgen ausgebildet wird, zeugt von eigener Stärke und Souveränität. Wenn man Topleute beschäftigt, hat man überdies die Ruhe, sich um seine eigentlichen Themen zu kümmern, denn man weiß: Der Laden läuft. Unnütze und übertriebene Sorgen dagegen sind echte Energieräuber und führen zu nichts.

»Ich krieg' so einen Hals!«:
Wie Sie mit eigenen Antipathien umgehen können

Wenn schon der Anblick eines Mitarbeiters genügt, um Ihren Blutdruck in die Höhe zu treiben, und wenn die Aussicht auf einen Termin mit dieser Person Ihnen vollends die Laune verdirbt, ist das ein weiteres Energieleck, das nur Kraft kostet und nichts einbringt. Sympathie und Antipathie sind emotionale Reflexe, gegen die auch Führungskräfte natürlich nicht gefeit sind. Den einen bringt schon die schleppende Redeweise seines Gegenübers auf die Palme, den anderen die Nonchalance eines Luftikus, den dritten dagegen nüchterne Penibilität. Was hinter solchen Reaktionen steckt, ist den Betroffenen selbst häufig nicht bewusst. **Interessante Erkenntnisse aus der Psychologie besagen, dass wir häufig Menschen ablehnen, die das ausleben, was wir uns selbst versagen.** Wer den Luftikus nicht ausstehen kann, neidet ihm vielleicht die Leichtigkeit, die er sich selbst verbietet. Auch heikle Erfahrungen mit ähnlichen Personen können dazu führen, dass wir jemanden herzlich unsympathisch finden – etwa, wenn der Luftikus fatal an den Vater erinnert, der die Familie früh im Stich ließ. Genauso irrational verteilen wir auch unsere Sympathien: Wir mögen Menschen, weil sie uns ähnlich sind, uns schmeicheln, uns nützen, oder einfach, weil sie attraktiv sind und wir vom guten Aussehen fahrlässig auf andere positive Eigenschaften schließen, so die ernüchternden Befunde der Psychologen.[14]

Arbeiten Sie sich im Fall der Antipathie also nicht an Ihrem Frust ab, sondern fragen Sie sich, was genau Sie so unwillig und reizbar macht. Was »triggert« dieser Mensch bei Ihnen an und was lässt Sie vielleicht ungerecht werden? Was tragen Sie ihm möglicherweise nach, das Sie einem sympathischeren Mitarbeiter sofort verzeihen würden? Im Coaching nutzen wir daneben eine einfache Übung, um Sympathiekonflikte zu bearbeiten. Stellen Sie sich bei Ihrer nächsten Begegnung vor, Sie sehen die Person zum ersten Mal und hätten die Chance eines neuen ersten Eindrucks, eines unbelasteten Neustarts. Welche positiven Merkmale fallen Ihnen auf? Mancher ist erstaunt, was er mit frisch geputzter Brille alles wahrnimmt. Und falls auch das nichts hilft und der Betreffende ein rotes Tuch für Sie bleibt, wenden Sie dieselben Kniffe an, wie oben beim Problemchef beschrieben, den Terrarium-Trick etwa oder das Reframing. Vielleicht wurde Ihnen dieser Mensch ja geschickt, damit Sie ein bisschen Geduld lernen? Souverän mit den eigenen Gefühlen umzugehen hilft jedenfalls, Energielecks zu stopfen. Denn neue Kraft steht Ihnen auch dadurch zur Verfügung, dass Sie Ihre Kräfte nicht mehr sinnlos dort verschwenden, wo Sie ohnehin nichts ändern können.

Menschen zu führen ist eine so spannende und vielfältige Herausforderung, dass man nie aufhört, immer noch dazuzulernen. Auch am Ende dieses Kapitels zwei Impulse, zunächst ein augenzwinkernder für alle, die noch mit ihrer Führungsrolle hadern:

»Ich bin für klare Hierarchien. Gott hat ja auch nicht zu Moses gesagt: ›Hier Moses, ich hab da mal was aufgeschrieben, was mir nicht so gut gefällt. Falls du Lust hast, schau doch da mal drüber.‹
Nein, da hieß es: Zack, 10 Gebote!«
Serienheld Bernd Stromberg

Und ein Trost für alle, die sich manchmal »pflegeleichtere« Mitarbeiter wünschen:

»Es gibt zwei Arten von Arbeitern, aus denen nie etwas Richtiges wird: diejenigen, die *nie* tun, was man ihnen sagt, und diejenigen, die *nur* tun, was man ihnen sagt.«
Christopher Morley

3. Innere Konflikte

»Kann ich das noch vertreten und
mich morgen trotzdem im Spiegel anschauen?«

Bleiben oder gehen? Stillhalten oder aufbegehren? Mitmachen oder protestieren? Kaum eine Führungskraft, die sich nicht irgendwann solche Fragen stellt. Ein Unternehmen ist ein kompliziertes Machtgefüge, und nicht immer fällt es einem leicht, mit offiziellen Vorgaben oder auch halboffiziellen Ansinnen angemessen umzugehen. Auch in diesem Kapitel geht es um Energieräuber, in diesem Fall um innere Konflikte, die Sie umtreiben. Themen, die Sie schlaflos machen und über den Flur wandern lassen. Fragen, die leider nicht so schlicht mit Ja oder Nein zu beantworten sind, weil immer ein Rattenschwanz von Konsequenzen daran hängt. Insofern kann es hier leider keine Patentrezepte geben, aber ein paar Ideen, wie Sie sich Ihrer persönlichen Wahrheit annähern und welche Fragen Ihnen weiterhelfen können. So viel vorweg: »Die« richtige Entscheidung gibt es in den allerseltensten Fällen. Das Leben wird vorwärts gelebt und rückwärts verstanden, wie der Philosoph Sören Kierkegaard wusste.[1] Manchmal ist man aber selbst hinterher nicht klüger, weil man nicht wissen kann, wie sich die Dinge entwickelt hätten, hätte man sich »damals« anders entschieden. Insofern muss jeder seine eigene Entscheidung in Dilemma-Situationen treffen – die, die sich nach Abwägung aller Faktoren für ihn oder sie in dem Moment, wo er sie treffen muss, »richtiger« anfühlt. Abstrakte Werte bringen einen vielfach nicht weiter, weil nicht wenige innere Konflikte in Wertkonflikten wurzeln, etwa dem zwischen Loyalität zum Unternehmen und persönlicher Ehrlichkeit oder dem zwischen Fürsorge für einzelne Mitarbeiter und Verantwortung für das wirtschaftliche Überleben der Organisation. Entlasten kann neben der Einsicht, es nie allen und nie alles recht machen zu können, der Austausch mit betroffenen Kollegen oder professionellen Außenstehenden wie Coaches. Und auch die Frage, wie viel Distanz zum Berufsgeschehen einem guttut, kann den Weg zu mehr Energie in der Führungsrolle weisen.

Fakten & Zahlen

In der Welt der Imagebroschüren und Compliance-Kataloge wäre dieses Kapitel überflüssig. Sie und ich kennen das: Nahezu jedes Unternehmen bekennt sich heute zu Werten wie »Nachhaltigkeit« und gesamtgesellschaftlicher Verantwortung. **Google spuckt auf die Frage »Werte im Unternehmen« binnen 0,27 Sekunden 13 Millionen Treffer aus.** Beliebt sind auch Thesen wie »Werte schaffen Werte« (5 Mio. Fundstellen) oder Aufforderungen wie »Werte leben« (knapp 8 Mio. Einträge). Jenseits der Hochglanzbroschüren wird das Bild diffuser. Während ich dieses Kapitel schreibe, sorgt die Meldung für Aufsehen, die Münchener Staatsanwaltschaft klage Jürgen Fitschen, seit 2012 Co-Chef der Deutschen Bank, und seine Vorgänger Rolf Breuer und Josef Ackermann des versuchten Prozessbetrugs an. Im Kirch-Prozess sollen die Topmanager versucht haben, Schadensersatzzahlungen durch falsche Aussagen abzuwenden, möglicherweise auf Anraten ihrer Anwälte. Solche Vergehen werden mit Freiheitsstrafen zwischen sechs Monaten und zehn Jahren geahndet.[2] Alles andere als ein Kavaliersdelikt also, doch wer sich erinnert, dass es im Rechtsstreit zwischen dem Medienunternehmer und seiner Bank um mehr als zwei Milliarden Euro Schadensersatz ging, ahnt auch, unter welchem Druck die handelnden Personen standen.

Zweifellos gelten Recht und Gesetz auch für Unternehmen, und das ist gut so. Gleichzeitig jedoch wollen Aktionäre Dividenden sehen, das Topmanagement Umsatzzuwächse und Kosteneinsparungen, Vorgesetzte aller Ebenen die Erreichung festgelegter Ziele. Zwar haben drei von vier deutschen Unternehmen mit mehr als 500 Beschäftigten inzwischen ein Compliance-Programm, wie die Beratungsgesellschaft PricewaterhouseCoopers (PWC) in ihrer Studie »Wirtschaftskriminalität und Unternehmenskultur 2013« ermittelte. Doch gleichzeitig gibt Studienleiter Steffen Salvenmoser zu Protokoll: »Besonders bedenklich ist (…), dass gerade bei Korruption die Signale von der Führungsebene nicht immer eindeutig sind. So sind viele der befragten Compliance-Beauftragten der Ansicht, dass in ihrem Unternehmen noch immer vor allem das Ergebnis zählt, auch wenn es nicht ganz regelkonform zustande gekommen ist.« Damit sind wir in der Realität angekommen, und da geraten Führungskräfte häufig in ein moralisches Dilemma. Was tun, wenn ein Auftrag ohne Schmiergeld an die Konkurrenz ginge? Wie handeln, wenn der eigene Vorgesetzte Preisabsprachen ganz normal findet? Immerhin jedes vierte Unternehmen geht davon aus, in den vergangenen beiden Jahren mindestens einen Auftrag an Wettbewerber verloren zu haben, die solche Praktiken nicht scheuten. PWC beziffert den durchschnittlichen Schaden durch Wettbewerbsdelikte wie Diebstahl vertraulicher Kunden- und Unternehmensdaten, wettbewerbswidrige Absprachen oder den Verstoß gegen Patent- und Markenrechte auf 20 Millionen Euro pro Unternehmen.[3]

Hinzu kommt, dass die moralische Grauzone ja nicht erst bei justiziablem Fehlverhalten beginnt. Was, wenn der Chef sagt: »Sehen Sie zu, dass Sie die Frau X loswerden. Egal wie!«? Fast die Hälfte der Führungskräfte im mittleren Management der Finanzbranche haben Probleme damit, Vorgaben durchsetzen zu müssen, die gegen eigene Wertvorstellungen verstießen, meldete das *Handelsblatt* im September 2013 und nannte Entlassungen als Beispiel. Die Zeitung stützte sich dabei auf eine Studie der *Cologne Business School*. Danach sagen zwei von drei Befragten, die größte Schwierigkeit ihres Jobs sei, Vorgaben der Unternehmensleitung umzusetzen.[4] Wir konnten in 2015/16 erschrocken miterleben, wie selbst eine Weltmarke wie VW ins Trudeln gerät, weil mithilfe einer Software Abgaswerte bei Dieselfahrzeugen manipuliert worden sind. Im Zuge der Aufklärung zeigt sich jetzt – im Jahr 2016 –, dass das Topmanagement offenbar darüber informiert war und nicht einschritt. Die Führungskultur war so beschaffen, dass die Anordnung »Bekommt die Abgaswerte in den Griff« in der nun bekannt gewordenen Form »umgesetzt« wurde, auch weil man sich offenbar nicht traute, dem Vorstand zu sagen: »Vergesst Eure Ziele, sie sind mit legalen Mitteln nicht machbar.«

Schon vor der Finanzkrise Ende des letzten Jahrzehnts veröffentlichte der Soziologe Eugen Buß eine qualitative Studie unter dem Titel »Die deutschen Spitzenmanager. Wie sie wurden, was sie sind« (2007).[5] Ein Kapitel ist Fragen der Moral und Ethik gewidmet. Ergebnis: Für ein Drittel der Konzernlenker ist Moral ein hohes handlungsleitendes Gut, etwa ein weiteres Drittel steht moralischen Fragen im Business ambivalent gegenüber, das restliche Drittel bezeichnet der Managementsoziologe als »moralisch indifferent«. Moralische Ambivalenz äußert sich in Aussagen wie: »*Ich glaube nicht, dass die deutsche Wirtschaft eine gehobene Moral hat. Ich weiß, dass wir manche Dinge tun und manche Dinge tun müssen, die nach strengen moralischen Maßstäben gemessen nicht richtig sind. Ich würde es nicht hinausposaunen.*« Typisch für moralische Indifferenz ist diese Haltung: »*Ich hege große Zweifel, ob man immer gleich mit den großen moralischen Hämmern kommen kann. Es darf nicht so sein, dass jeder einen Ethikkatalog vor sich her trägt. Mich stört die Scheinmoral, dass wir eigentlich eine moralische Institution sein und nebenbei aus Versehen Gewinne machen sollen. Diese Art von Scheinmoral ist nicht meine Welt.*«[6]

13 Prozent der Spitzenmanager gehen sogar noch weiter: Sie sind der Mei-

nung, Wirtschaft und Moral seinen gänzlich unvereinbar. Es ist also durchaus nicht unwahrscheinlich, dass in manchen Unternehmen moralische Kulissen geschoben werden, während die eigentliche Praxis dahinter etwas anders aussieht, allen Wertediskussionen zum Trotz. Sich solchen Entwicklungen entgegenzustemmen erfordert großen persönlichen Mut. So ist es erstaunlich, dass Courage bei den regelmäßigen Führungskräftebefragungen der *Wertekommission/Initiative Werte bewusste Führung e.V.* einen abgeschlagenen letzten Platz belegt und weiter vorn die eher »heiligen« Eigenschaften überwiegen. Und es passt zu dem, was ich erlebe und auch als angestellte Managerin erlebte, es gibt wenig Mutige, die offen querdenken und für Werte kämpfen:

Wertekommission: Zentrale Wertebegriffe von Führungskräften 2006–2014[7]

	2006	2010	2013	2014
1	Verantwortung	Vertrauen	Vertrauen	Integrität
2	Vertrauen	Verantwortung	Integrität	Vertrauen
3	Respekt	Integrität	Verantwortung	Verantwortung
4	Integrität	Respekt	Respekt	Respekt
5	Nachhaltigkeit	Nachhaltigkeit	Nachhaltigkeit	Nachhaltigkeit
6	Mut	Mut	Mut	Mut

Die Ethik-Beraterin Annette Kleinfeld bringt das Dilemma auf den Punkt: **»Wenn Manager ethisch sensibilisiert sind, brauchen sie immer noch eine Organisation, in der man auch ethisch handeln kann.«** Nachdenklich stimmt, dass einer gemeinsamen Studie der Technischen Universitäten in Karlsruhe und München 2010 erst vier Prozent der Boni in den 300 wichtigsten börsennotierten Unternehmen an wertorientierte Kriterien gebunden waren.[8] Dieses Bild wird dadurch ergänzt, dass die Wertekommission im Bereich der »HR-Orientierung« die stärkste Diskrepanz zwischen persönlichen Werten und Unternehmenswerten lokalisiert. In Sachen »Wertschätzung und Personalentwicklung« würden viele Führungskräfte demnach gern mehr tun, als in ihrer Organisation möglich ist.[9]

Dabei ist es Managern durchaus nicht gleichgültig, was die Öffentlichkeit von ihnen hält. Auf dem Höhepunkt der Finanzkrise 2009 beklagten 87 Prozent von ihnen, das öffentliche Bild ihrer Zunft habe sich verschlechtert. 60 Prozent sagten, ihr persönlicher Rechtfertigungsdruck habe sich erhöht.[10] Andere Wertkonflikte und moralische Dilemmata schaffen es seltener bis in die Presse, etwa der Wissensvorsprung von Führungskräften in Umbruchsituationen, die beunruhigten Mitarbeitern nicht sagen dürfen, wie es um das Unternehmen steht. Daneben gibt es auch noch die ganz persönlichen Sorgen, die schlaflos machen können: die Angst um den eigenen Arbeitsplatz etwa, oder die Ratlosigkeit, welcher Weg in einer schwierigen Unternehmenssituation der richtige ist. »Angst ist die Zwillingsschwester von Macht. Wer ganz oben ist, hat viel zu verlieren. Und je höher jemand aufsteigt, umso einsamer ist er. Er kann sich oft mit keinem mehr austauschen und muss alles in sich hineinfressen«, gibt der Angstforscher Winfried Panse zu bedenken.[11] Panse ist Professor für Betriebswirtschaftslehre und Personalwesen an der FH Köln und veröffentlichte schon vor knapp 20 Jahren ein Buch zum »Kostenfaktor Angst«. Und schließlich können auch private Krisen wie eine schwere Erkrankung Manager in tiefe Konflikte stürzen: Dürfen sie Schwäche zeigen? Oder sollen sie es halten wie Steve Jobs, der bei seinen Auftritten auch dann noch eisernen Optimismus versprühte, als er längst schwer vom Krebs gezeichnet war? Um all diese Fragen wird es auf den folgenden Seiten gehen.

Wie viel Identifikation mit Job und Unternehmen tut Ihnen gut?

»Steve Jobs arbeitete für Apple.« Ein merkwürdiger Satz, oder? »Steve Jobs *war* Apple.« Das fühlt sich richtiger an. Eine größere Identifikation mit dem Unternehmen als im Fall des legendären Apple-Gründers ist kaum vorstellbar, Person und Marke verschmolzen geradezu, und mancher wundert sich bis heute, dass das Unternehmen auch nach Jobs' Tod erfolgreich geblieben ist. Ich nehme an, diese Identifikation existierte nicht nur in der Fremdwahrnehmung, sondern Jobs selbst wird das auch so empfunden haben. Sonst schleppt man sich nicht schwerkrank auf die Bühne. Ich weiß, dass viele Manager Hymnen auf Steve Jobs inzwischen nicht mehr hören können. Aber ist Jobs in diesem Fall wirklich ein Vorbild? Zu Klienten, die mit Fieber ins Büro gehen oder gar eine Krebsoperation verschieben wollen, »weil das jetzt, wo der Produkt-Launch ansteht, nicht gut passt« (O-Ton eines Vertriebsdirektors), sage ich manchmal, wenn alle anderen Argumente versagen: »Am Ende bekommen wir alle nur einen Kranz mit Schleife, das ist Ihnen bewusst, oder?« Selbst Apple-Gründer Jobs war ersetzbar. Und über Sie und mich würde nach drei Wochen der Trauer und des angemessenen Bedauerns am Arbeitsplatz vielleicht kaum noch jemand Worte verlieren. Die Show muss weitergehen. Oder wie häufig wandern Ihre Gedanken zu Kollegen, die aus Altersgründen, wegen eines Stellenwechsels oder wegen schwerer Krankheit vor einigen Monaten aus dem Unternehmen ausgeschieden sind? Es schadet nichts, sich das hin und wieder vor Augen zu führen.

Zwischen Überidentifikation und Gleichgültigkeit

Die Identifikation mit der eigenen Arbeit und, meist damit verbunden, auch mit dem Unternehmen ist eine heikle Gratwanderung. Überidentifikation kann dazu führen, dass wir Dinge tun, die nicht gut für uns sind, oder Maßnahmen ergreifen, die uns in Gewissenskonflikte stürzen, weil sie gegen Moral und Anstand oder sogar gegen Recht und Gesetz verstoßen. Völlig in seiner Arbeit aufzugehen kann der Grund dafür sein, Raubbau an Körper und Seele zu betreiben und zu bleiben, wo wir besser gehen sollten. Das andere Extrem – sich kaum mit seiner Arbeit und dem Unternehmen zu identifizieren – kann innere Leere und Lustlosigkeit hervorrufen, uns zynisch machen. Burn-out und Bore-out, beide sind wenig erstrebenswert. **Doch wo genau verläuft die »gesunde« Grenze zwischen »Alles tun fürs Unternehmen« und »Die nötige Distanz wahren«?** Eine allgemeine Antwort darauf gibt es nicht. Die Grenzziehung hängt davon ab, wie wichtig Arbeit generell in unserem Leben ist, welche Werte für uns zählen und in welcher Lebensphase wir uns befinden. Ein Single am Karrierestart denkt und gewichtet anders als eine Familienernährerin mit zwei Kindern in der Ausbildung und einer Hypothek auf dem Haus. Moralischer Rigorismus, die gleiche Messlatte für alle, wäre lebensfern.

Die Selbstverwirklichungsfalle

Ein weiterer Faktor, der innere Konflikte begünstigt: In den letzten Jahrzehnten ist die Erwerbsarbeit immer stärker mit (Lebens-)Sinn aufgeladen worden. Wir sprechen ganz selbstverständlich von »Selbstverwirklichung« im Beruf als höchster Form der Motivation, lesen Gallup-Studien zur »emotionalen Bindung« der Arbeitnehmer an ihre Firma, betrachten uns als »Lebensunternehmer« mit der Aufgabe, unsere individuellen Möglichkeiten und

Talente optimal auszuschöpfen. All das birgt sicherlich Vorteile gegenüber der Arbeitswelt unserer Großeltern, die viel stärker von Härte und Pflichterfüllung geprägt war als die unsrige. In einer Arztfamilie wurde man Arzt, in einer Unternehmerfamilie übernahm man die Firma, und in einer Arbeiterfamilie war man froh, überhaupt irgendwie über die Runden zu kommen. Aber die Sinnaufladung von Arbeit erzeugt auch Druck. Was, wenn man sich nicht übermäßig »verwirklicht« in dem, was man tut? Hat man versagt, wenn man einer jungen hippen Beraterin widerspricht, die in einem erfolgreichen Buch postuliert »Work is not a job«?[12] **Ist es möglicherweise auch die Überfrachtung von Arbeit mit Lebenssinn, die zur Burn-out-Inflation führt?** Wenn Arbeit nicht mehr das halbe Leben ist wie früher, sondern das ganze, kippt unser Leben unweigerlich aus der Balance. (Mehr zu diesem Thema lesen Sie im vierten Kapitel.) Arbeit ist in erster Linie eine Möglichkeit, seinen Lebensunterhalt zu sichern. Wenn sie darüber hinaus noch der Erfüllung oder Selbstverwirklichung dient, fein. Wenn nicht, könnte man vielleicht manches entspannter sehen und die Arbeit nicht mit zu vielen Verknüpfungen aufladen, was sie einem noch alles bescheren soll.

Authentizität und Rollendistanz

Wie viel innere Distanz zum Geschehen am Arbeitsplatz tut uns also gut? Gern wird »Authentizität« als Rezept für den Lebenserfolg angepriesen. Unklar bleibt, was dabei unter dem Begriff jeweils genau verstanden wird. Meint »authentisch«, jederzeit ohne »Verstellung« den eigenen Werten, Wünschen und Vorstellungen zu folgen? In jeder Situation offen seine Meinung zu sagen und dazu zu stehen? Aus seinem Herzen eben keine Mördergrube zu machen? Das entspräche der Duden-Definition, die authentisch mit »wahr«, »echt« oder »unverfälscht« übersetzt. Doch mit dieser Haltung bleibt man wahrscheinlich Sachbearbeiter und wäre als anstrengend, wenn nicht gar als Querulant bekannt. Karriere macht man mit radikaler Authentizität nicht, wie jeder weiß, der mit den Machtspielen und Machtfaktoren in Unternehmen vertraut ist. Die erfolgreichen Manager und Managerinnen, die ich kenne, sind ehrgeizig. Sie haben Werte und Grundsätze, verfügen allerdings auch über hohe soziale Kompetenz und strategisches Geschick. Wer es nach oben schafft, weiß in der Regel, welches Verhalten in einer Situation sehr wahrscheinlich erfolgreich sein wird, und ist bereit, dieses Verhalten auch gezielt einzusetzen. Er kann die

Bedürfnisse und Interessen anderer abschätzen, und vor diesem Hintergrund reflektiert er sein Handeln. Und das bedingt hin und wieder eben auch: aus seinem Herzen eine Mördergrube zu machen, nicht sagen zu dürfen oder zu wollen, was man denkt oder weiß.

Ich kenne niemanden, der auf eine erfolgreiche Karriere zurückblickt und auf seinem Weg immer »ganz er selbst«, »ganz sie selbst« sein konnte. Das bedeutet jedoch nicht zwangsläufig Verstellung. Wer sich ständig verstellen muss, (ver)braucht eine Menge Kraft, um eine Maske aufrechtzuerhalten. Darum geht es nicht, doch eine gewisse Rollendistanz kann verhindern, dass man sich am Arbeitsplatz schutzlos zeigt, angreifbar macht und innerlich aufreibt. Wir schlüpfen täglich in ein Rollenmäntelchen, das uns durch den Tag trägt. Mit dem Styling allein verbieten sich manche Dinge, die wir zu Hause täten, von rumfläzen bis zu lässig sein. Dass wir eine Rolle eingenommen haben, die sich von der zu Hause unterscheidet, erkennen Sie an einer ganz einfachen Übung. Beobachten Sie einmal, wie es sich anfühlt, wenn Ihre Frau, Ihr Mann oder Ihr Kind Sie von der Arbeit abholt und in Ihr Büro kommt. Wenn Sie sich dort küssen und unterhalten, fühlt es sich anders an als »draußen«, weil zwei Rollen aufeinandertreffen. Der Beruf kann Ihnen sehr wichtig sein, ohne dass Sie sich ihm mit Haut und Haaren verschreiben und als Person von ihm auffressen lassen. **Rollendistanz spart Energie und ist gesund, solange die von Ihnen gewählten Rollen zu Ihnen passen.** Sie müssen im Job nicht alles zeigen und preisgeben. Sie werden gerade als Führungskraft auch dafür bezahlt, in einem oft komplizierten Umfeld eine Funktion auszuüben und Ergebnisse zu erzielen. Dabei werden Sie gelegentlich Dinge tun müssen, die Sie nicht gern tun. Sie werden hin und wieder zu Handlungen gezwungen sein, die Ihnen Magenschmerzen bereiten. Und Sie werden, wenn Sie Pech haben, in eine Situation kommen, wo Sie sagen: »Das nicht! Jedenfalls nicht mit mir.« Wo die Grenzen verlaufen, kann nur einer entscheiden. Sie.

Mehr Energie durch Kompromissbereitschaft und Realismus

Soll einen die »Renaissance der Werte«, die beispielsweise das *Handelsblatt* Ende 2010 beschwor, freuen oder eher misstrauisch machen?[13] Es ist natürlich kein Zufall, dass gerade im Gefolge der Finanzkrise Werte verstärkt zum Thema wurden, und der Verdacht liegt nahe, dass immer dann besonders ausführlich über moralische Grundsätze debattiert wird, wenn es mit dem moralischen Handeln hapert. Dabei sind Wertekonflikte im Unternehmen unvermeidbar, etwa der zwischen Nachhaltigkeit und Gewinnstreben oder der zwischen Loyalität zu seinen Mitarbeitern und Loyalität zum Unternehmen als Ganzes: Soll man in Schwellenländern unter fragwürdigen Arbeitsbedingungen produzieren lassen oder wirtschaftliche Einbußen hinnehmen und damit vielleicht das wirtschaftliche Überleben riskieren? Soll man sich in einer Unternehmenskrise vor seine Mitarbeiter stellen oder die »Low Performer« benennen und ihre Entlassung befürworten? Entscheidet man sich bei der Frage, wer gehen muss, für den alleinstehenden Leistungsträger, der erst kurz im Team ist, damit der Familienvater, der Dienst nach Vorschrift macht, bleiben kann? Abstrakte Wertekataloge helfen da wenig weiter. Der Psychologe und Personalexperte Michael Paschen rückt in einem Artikel im September 2014 den »Mythos weiße Weste« zurecht. Paschens Credo: Wer Macht hat und Entscheidungen trifft, kann nie nur Nutzen stiften. In einer Welt begrenzter Ressourcen verursachen viele Entscheidungen zwangsläufig ethische Kosten, etwa wenn der eigene wirtschaftliche Erfolg Arbeitsplätze bei einem Mitbewerber kostet. **»Wer führt, kann niemals zu 100 Prozent schuldfrei und rein bleiben«**, konstatiert Paschen lapidar.[14] Natürlich rechtfertigt das nicht jede Schweinerei, es enthebt einen auch nicht von der Verpflichtung, in heiklen Situation zu hinterfragen, ob das eigene Tun richtig ist. Führungskräfte müssen sich schon den Anspruch gefallen lassen, dass ihr Tun nicht nur eigenen Karriereinteressen verpflichtet ist, sondern das Wohl von Mitarbeitern, Kunden, Umwelt und Gesamtgesellschaft im Auge hat. Dennoch kann das Zurechtrücken unrealistischer Idealvorstellungen einem manche Last von den Schultern nehmen. Die Welt ist eben nicht schwarz und weiß, sondern hat viele Nuancen. Kompromisse sind keine Niederlagen, sondern oft unvermeidlich. H. Edward Wrapp, der jahrelang an der Harvard Business School lehrte, hat Management einmal als »zielorientiertes Durchwursteln« bezeichnet[15]; Psychologen sprechen von »Ambiguitätstoleranz«, wenn es darum geht, Widersprüche und Mehrdeutigkeiten im Denken und Handeln auszuhalten. Was bedeutet das im Einzelfall? Lassen Sie uns gemeinsam einige typische innere Konflikte und »Sinnfragen« näher beleuchten, die mir im Coaching häufig begegnen.

Überleben im »Haifischbecken« (Einsamkeit)

Werfen wir zunächst einen Blick auf die viel zitierte Einsamkeit in Führungsetagen und darauf, wie sie zustande kommt. Für das Klima auf der Chefebene behilft man sich gern mit drastischen Metaphern wie der vom erbarmungslosen Haifischbecken oder dem Hinweis auf die »Luft, die nach oben dünner wird«. Auf Kollegialität und menschliche Wärme kann man also nicht unbedingt hoffen, wenn man aufsteigt. Man war gewarnt. Aber etwas theoretisch zu wissen ist das eine; es am eigenen Leib zu erfahren ist etwas anderes. **Nicht wenige Führungskräfte – auch Männer! – leiden unter der Einsamkeit in der Führungsfunktion.** Diese Isolation ist dann besonders groß, wenn im Unternehmen Konkurrenz und Misstrauen vorherrschen, wenn es keine systematische Personalentwicklung gibt (der Personalbereich also nichts tut, um Führungskräfte gezielt zu stärken und zu vernetzen) und wenn der eigene Chef sich für Unterstützung und Hilfe ebenfalls nicht zuständig fühlt. Generell gilt: Je weiter oben man angekommen ist, umso weniger wird man geführt und unterstützt. Hinzu kommt, dass viele Führungskräfte auch deswegen aufsteigen, weil sie bisher als Einzelkämpfer in der Lage waren, auch schwierige Themen mit sich selbst auszumachen. Doch irgendwann bekommt der Schutzpanzer erste Risse, und es fällt einem immer schwerer, dem Druck alleine standzuhalten. Mancher fragt sich, ob er seinem Job noch gewachsen ist bzw. weiter in dieser Form gewachsen sein will.

Auswege

- Sich menschliche Wärme, Unterstützung und Feedback außerhalb des Berufs suchen, beim besten Freund, in der Beziehung oder auch bei einem professionellen Coach. Der Coach kann eine wichtige Stütze in besonders schwierigen beruflichen Phasen sein, ein Sparringspartner, der hilft, Entscheidungen abzuwägen und mit sich selbst ins Reine zu kommen. Trost und Ablenkung spenden dagegen private Kontakte. Wenn Sie die in der letzten Zeit vernachlässigt haben, betrachten Sie Einsamkeitsgefühle als warnenden Hinweis, Ihr Leben besser auszubalancieren.
- Investieren Sie Zeit und Gefühle in Ihr Privatleben, damit es Sie (noch oder wieder) wärmen und stützen kann. Männer tun sich damit meiner Erfahrung nach schwerer als die meisten Frauen, etwa nach dem Motto »Indianer kennen keinen Schmerz, Indianer fallen gleich tot um«. Häufig höre ich auch,

dass sie ihre Partnerin nicht mit ihren Sorgen unnötig belasten wollen. Dabei kann man nur feststellen, dass es nicht klug ist, seine Frau zu unterschätzen, die einen besser kennt als die meisten anderen und spüren wird, dass etwas nicht stimmt. Wenn man sie zu spät einbezieht, bekommt man erst richtig Ärger mit ihr. Im schlimmsten Fall suchen Manager Zuflucht bei Alkohol und anderen Drogen (mehr zum »Doping auf der Chefetage« im fünften Kapitel). Das kann menschlichen Zuspruch und Austausch natürlich nicht ersetzen. Je einsamer Ihr Berufsleben ist, desto wichtiger ist es, Menschen zu haben, die einem auch unangenehme Wahrheiten sagen. Isolation fördert Hybris, die wird irgendwann gefährlich, und die durch die Medien geführte Liste darüber gestolperter Topmanager von Schrempp über Welteke und Wiedeking bis Zumwinkel ist lang.

»Und, wie fühlt man sich so als Heuschrecke?« (Rechtfertigungsdruck)

Auf dem Höhepunkt der Finanzkrise erschien in einer Tageszeitung ein Cartoon, in dem ein Mann im Anzug auf dem Bürgersteig steht und ein Schild hoch hält. Darauf steht: »Banker sucht Frau!« Zwei Passantinnen schauen entsetzt, und die eine sagt zur anderen: »Also, sooo tief will man nun wirklich nicht sinken!« Vorbei die Zeiten, in denen Mütter stolz berichteten, ihr Sohn oder ihre Tochter arbeite bei der Großbank XY. Das Image der Banker sei »im freien Fall«, meldete die *Welt* Anfang 2014 unter Berufung auf eine *GfK*-Studie. Nur noch 39 Prozent der Bevölkerung vertrauen ihnen, während Feuerwehrleute, Ärzte oder Ingenieure hohes Ansehen genießen.[16] Auch Politiker, Offiziere oder Rechtsanwälte haben es schwer. In der »Allensbacher Berufsprestige-Skala 2013« rangieren sie auf den unteren Plätzen: Vor Politikern haben nur 6 Prozent der Befragten Achtung, bei Offizieren sind es 9 Prozent, bei Anwälten 24 Prozent. Allerdings stehen Pfarrer und Geistliche auch nicht viel besser da – nur 29 Prozent der Umfrageteilnehmer zählen ihren Beruf zu den fünf am meisten von ihnen geachteten. Banker bilden auch hier das Schlusslicht mit 3 Prozent.[17] Das Meinungsforschungsinstitut Forsa schließlich fragte nach dem Ansehen von Managern allgemein. Auch ihr Image hat in den letzten Jahren tiefe Kratzer bekommen. Nur noch 29 Prozent der Bevölkerung halten »Manager« für einen angesehenen Beruf.[18]

Spöttische Bemerkungen bei Nachbarschaftsfesten oder privaten Feiern an sich abprallen zu lassen ist das eine, mit eigenen Gewissensbissen umzugehen das andere. Oft schwingt in den mehr oder weniger boshaften Frotzeleien über Manager Neid auf die mit, die es weiter gebracht haben, Schadenfreude über ihr Straucheln oder auch der Wunsch, sich über die Mächtigen zumindest moralisch erheben zu können. Sich das klarzumachen lässt einen manches besser ertragen. Schwieriger wird es, wenn Sie selbst mit den Praktiken in Ihrer Branche hadern, sich für das, was täglich im Büro passiert, schämen. Einerseits das Geld mitzunehmen, andererseits das eigene Unternehmen schrecklich zu finden, eine solche Doppelzüngigkeit ist auf Dauer nicht gesund für die Seele.

Auswege

- Ein Ausweg kann sein, die eigenen Änderungsmöglichkeiten auszuloten und auszuschöpfen, statt still zu leiden oder zynisch zu werden. Könnten Sie in Ihrem eigenen Bereich etwas zum Guten verändern? **Manchmal ist die selbst gewählte Anpassung größer als die, die ein Unternehmen tatsächlich fordert.**
- Wenn Sie mit Veränderungen auf Granit stoßen: Könnten Sie zu einem anderen Unternehmen wechseln, das einen besseren Ruf hat? Oder leiden Sie so sehr, dass Sie ernsthaft über einen Ausstieg in ein ganz anderes berufliches Szenario nachdenken wollen? Sobald Sie etwas unternehmen, lässt das Gefühl der Ohnmacht nach, und Sie bekommen neue Energie.

»Das soll alles gewesen sein?« (Sinnfragen)

Über die »Midlife-Crisis« lässt sich leicht spotten, doch mit Anfang Vierzig quälen sich tatsächlich viele Menschen mit der Frage, ob das in ihrem Leben schon alles gewesen sein soll. Oft haben sie einiges erreicht, verfügen über Routine und Erfahrung. Langeweile setzt ein, es kommt nichts Neues mehr, womöglich wird man sogar von Jüngeren überholt. Gleichzeitig wird die eigene Endlichkeit bewusst, durch eigene Zipperlein oder schlimmer, durch die ersten Todesfälle im Freundes- und Bekanntenkreis. Was lange Zeit als Luxusproblem oder Mythos galt, ist inzwischen empirisch belegt: Ab Mitte Dreißig nimmt die Lebenszufriedenheit im Schnitt ab, mit Mitte Vierzig erreicht sie einen Tiefpunkt, danach geht es wieder aufwärts. Diese »U-Kurve des Glücks« fanden die Ökonomen David Blanchflower und Andrew Oswald bei der Auswertung von mehr als einer Millionen Datensätze auch international bestätigt.[19] Was tun also, wenn Sie einen Horror davor haben, womöglich noch 20 Jahre ins selbe Büro zu fahren und sich mit denselben Inhalten herumzuschlagen? Dass andere verständnislos den Kopf schütteln und Sie um sicheren Arbeitsplatz und gutes Gehalt beneiden, macht Sie selbst auch nicht zufriedener. Alles hinwerfen? Noch mal ganz neu anfangen? Schließlich kann man immer mal wieder von Chefärzten lesen, die plötzlich Truck fahren, oder von ehemaligen Werbemanagerinnen, die inzwischen eine Jugendherberge leiten und damit vermeintlich ihr Glück gefunden haben. Ein Problem ist: **Die wenigsten Unzufriedenen haben eine klare Vorstellung davon, was sie tatsächlich tun möchten.** Der Psychologe Christopher Rauen hat das einmal als »Weg-von-Gedanken« bezeichnet: Man weiß nicht, was oder wohin man will. Man weiß nur, dass man dort weg will, wo man ist.[20]

Auswege

- Der Gedanke »überall ist es besser als hier« ist menschlich verständlich – aber gefährlich. Anderswo kann es durchaus (noch) schlimmer sein, stellt mancher fest, der überhastet die Brocken hinwirft oder die Stelle wechselt. Krisenstimmung ist ein schlechter Berater. Ich empfehle Klienten, sich wenigstens für ein paar Tage auszuklinken und erst mal zur Gelassenheit zurückzufinden.
- Hilfreich ist auch, sich die Frage nach dem Hinschmeißen noch mal zu stellen, wenn man gerade ein frisches Erfolgserlebnis im Job hat. Erstaunlich, wie oft dann plötzlich alles wieder strahlt und glänzt, was vorher so trüb aussah. Auch dies kann ein Hinweis auf das sein, was einen unzufrieden macht und was man ändern möchte.
- Möglicherweise kann man seinen Job mit neuen Inhalten anreichern, indem man die Initiative ergreift, neue Projekte anstößt oder im Unternehmen wechselt.
- Manchmal genügt es schon, die alten Dinge auf neue Weise und mit frischem Blick zu tun. Fatalerweise verlieren wir mit wachsender Routine den Blick für das, was wir leisten und erreicht haben. Oft übersehen wir auch, was wir in den letzten Jahren alles Neues gelernt und getan haben. Wer nimmt sich im Alltag schon die Zeit zu reflektieren, wo er heute schlauer ist als vor zwölf Monaten?
- Außerberufliche Initiativen, ehrenamtliches Engagement, die Wahrnehmung von Funktionen in Netzwerken oder Verbänden können zu neuen Erfahrungen, neuen Kontakten und neuer Lebensfreude führen.

- Wenn Sie ernsthaft ans »Aussteigen« denken, kann Ihnen ein Perspektivwechsel wertvolle Erfahrungen verschaffen: Investieren Sie doch Ihren Urlaub, um in dem Bereich zu hospitieren oder mitzuarbeiten, von dem Sie heimlich träumen. Möglicherweise kehren Sie ernüchtert an Ihren Arbeitsplatz zurück und können wieder wertschätzen, was Sie tun.

Psychologen warnen zu Recht davor, einfach das hinzuwerfen, was man hat und kann. Dem stehen in vielen Fällen nicht nur Sachzwänge (finanzielle Belastungen, Verantwortung für die Familie) entgegen: Sie geben damit häufig auch Ihre eigentlichen Stärken auf und fangen wieder als Lehrling an – um möglicherweise festzustellen, dass Ihnen die Rolle als alter Hase doch besser gefällt als die eines Azubis. Es ist kein Zeichen von Schwäche, nach Abwägung aller Möglichkeiten zu dem Schluss zu kommen, dass man selbst nicht der »Vom-Chefarzt-zum-Kapitän-der-Landstraße«-Typ ist. Das zu erkennen und danach zu handeln spricht vielmehr für Ihre Souveränität, und es beendet die inneren Kämpfe, ob das im Job tatsächlich alles war. Die kosten auf Dauer nur sinnlos Energie, wenn sie nicht in Taten münden.

»Man kann doch keine Beförderung ablehnen!« (Karriereentscheidungen)

Dem Deutschland-Chef eines internationalen Anlagenbauers wird die Gesamtleitung für mehrere europäische Länder angeboten – zweifellos ein Aufstieg, der mehr Prestige bedeutet und sich auch finanziell auszahlt. Trotzdem sieht der Mann, der im Coaching vor mir sitzt, nicht glücklich aus: »Da bin ich womöglich nur noch Frühstücksdirektor. Aber einfach ablehnen geht wohl nicht.« Der Manager hatte hierzulande viel bewegt und fürchtete, in der neuen Position zu weit weg vom operativen Geschäft zu sein. Mit solchen Überlegungen war mein Klient vielen seiner Führungskollegen voraus. Die meisten lassen sich von Statuszuwachs und höherem Gehalt beeindrucken, ohne lange zu überlegen, was sich inhaltlich auf der nächsten Führungsebene ändern wird. Grundsätzlich gilt: Je weiter man nach oben kommt, desto politischer wird die Aufgabe. Man wird immer weniger fürs Machen und Umsetzen bezahlt und immer mehr für strategische Ausrichtung, Knüpfen von wichtigen Businesskontakten und Repräsentationsaufgaben. Das muss man wollen und mögen.

Auswege

- Natürlich kann man Beförderungen auch ablehnen. Wenn Sie in dem aufgehen, was Sie tun, ist das eine durchaus plausible Überlegung. Sie werden dann auch bereit sein, den möglichen Preis zu zahlen, nämlich vielleicht nicht so schnell noch einmal gefragt zu werden. Oder sich später darüber zu ärgern, dass Sie *dass* ja auch gekonnt hätten, was derjenige tut, der den Job an Ihrer Stelle angenommen hat.

- Bevor Sie abwinken, loten Sie erst einmal aus, ob Sie sich die neue Position nicht so auf den Leib schneidern können, dass Sie Ihnen doch Freude macht. Schließlich wachsen mit der Karrierestufe auch Ihre Einflussmöglichkeiten. Mein Klient im Beispiel oben schaute sich die angebotene Aufgabe näher an und entwickelte dabei so viele Ideen, dass er schließlich zusagte und es bis heute nicht bereut hat.

- Neben geschäftlichen sind auch private Ablehnungsgründe legitim: Wenn Sie Ihren Kindern keinen weiteren Schulwechsel zumuten wollen oder endlich in einem Umfeld angekommen sind, in dem Ihre Familie und Sie sich rundum wohlfühlen, darf das Ihre Entscheidung durchaus beeinflussen. Lebensglück ist schließlich mehr als nur Berufserfolg, das kommt gerade in immer mehr Köpfen an.

- Wenn Sie dazu neigen, sehr streng mit sich zu sein, hilft die alte Übung, die eigene Grabrede zu schreiben. Was wird von Ihnen bleiben? Die wenigsten Menschen wünschen sich für diese Situation ausschließlich eine Aufzählung beruflicher Meriten.

- Wem das zu pathetisch ist, der greift vielleicht eine interessante Idee der Zeitschrift *Capital* auf. Die veröffentlichte schon 2008 einen interaktiven »Karrierekalkulator«, mit dem man auf Euro und Cent ausrechnen konnte, was vom hohen Gehalt, vom Dienstwagen und von anderen Statussymbolen noch bleibt, wenn man einsame Abende auf Dienstreisen, entgangene Urlaubstage, Ärger und Stress, Konflikte mit dem Partner etc. auf Heller und Pfennig einpreiste. Dieser Kalkulator ist nicht mehr im Netz, aber vielleicht rechnen Sie selbst: Auf was müssten Sie verzichten, wenn Sie zusagen? Auf welchen Preis summiert sich das für Sie? Wie viel »kostet« Sie beispielsweise eine Woche ohne Privatleben? 1000 Euro? 2000 Euro? Wie viel ein entgangener Geburtstag Ihres Kindes?

- Gerade der schwierige Spagat zwischen Job und Privatleben führt immer wieder zu inneren Konflikten. Was tun, wenn die wichtige Konferenz in den USA just auf die Einschulung Ihres Jüngsten fällt? Wie entscheiden, wenn der seit vielen Monaten geplante Segeltörn mit der ganzen Familie gerade dann ansteht, wenn eine externe Unternehmensberatung Ihre Abteilung evaluieren soll? Was geht vor? Eine simple, aber **eine wirkungsvolle Entscheidungshilfe ist die Frage: Wie werde ich in zehn Jahren darüber denken?** Was wird Ihnen dann mehr leid tun: einen einmaligen, nicht wiederholbaren Tag im Leben Ihres Kindes verpasst zu haben oder eine wichtige berufliche Veranstaltung?

»Stehe ich auf der Abschussliste?« (Die Angst vor Jobverlust)

Die Zeiten sind unruhig, die Umsätze rückläufig, man munkelt, dass »Köpfe rollen« werden. Oder: Der eigene Vorgesetzte hat das Unternehmen verlassen, der Neue wird vielleicht eigene Leute installieren wollen. Oder: Das letzte wichtige Projekt brachte nicht die beabsichtigten Resultate, ging vielleicht sogar gründlich schief. Manchem rauben solche Situationen den Schlaf: Wie sicher ist der eigene Job noch? Einige Indizien, die verraten, ob es tatsächlich eng werden könnte:

- Meetings mit Ihrem Chef werden wiederholt abgesagt, gar nicht erst terminiert oder auffällig oft vergessen.
- Sie können nichts mehr recht machen, es wird nur noch an Ihnen herumgenörgelt.
- Ihr Chef stellt Grundsatzfragen zu Ihrem Aufgabenbereich und zweifelt plötzlich und unbegründet an Ihrer Loyalität.
- Sie bekommen nicht mehr die gleichen Einladungen wie gleichgestellte Kollegen, scheinen von einem Verteiler verschwunden zu sein und erhalten erst auf eigene ausdrückliche Nachfrage Zugang.
- Bei Veranstaltungen, Firmenfeiern sitzen Sie am Katzentisch und/oder mit vermeintlichen »Losern« zusammen.
- Ihr Chef zeigt sich nicht mehr gern mit Ihnen und weicht Ihnen in größeren Runden aus.
- Ihr Chef stellt Sie öffentlich bloß.
- Ihre Kollegen beginnen Sie zu meiden, lachen nicht mehr beim Small-Talk vor dem Meeting mit Ihnen, haben wieder mal »keine Zeit«, gemeinsam in die Kantine zu gehen …. In Ungnade gefallen zu sein scheint irgendwie auszustrahlen. Niemand will sich anstecken oder im entscheidenden Moment auf der »falschen Seite« stehen.

Je mehr Punkte zusammenkommen, desto kribbeliger werden Sie vermutlich, und das vielleicht zu Recht.

Auswege

- Wenn Sie sich immer öfter schlaflos im Bett wälzen, wird es Zeit, den Worst Case ins Auge zu fassen und nüchtern zu überlegen, was wäre wenn. Welche Fehler oder Vergehen kann man Ihnen konkret anlasten und vor allem wie gut belegen? Wie ist Ihre finanzielle Situation? Wie sehr sind Sie darauf angewiesen, rasch wieder ein Einkommen zu erzielen? Wie bewerten Sie Ihre Chancen auf dem Arbeitsmarkt? Welche Trennungsmodalitäten sind wahrscheinlich? Haben Sie sich irgendetwas zuschulden kommen lassen oder stehen die Chancen auf eine Abfindung und baldige Freistellung gut? Wie könnten Sie mit der plötzlichen freien Zeit umgehen? Wer wird Sie auffangen?
- Lassen Sie sich in arbeitsrechtlichen Fragen beraten, und zwar von einem Fachanwalt für Arbeitsrecht, und gehen Sie nicht vorschnell auf Bedingungen ein, sollte man Ihnen tatsächlich die Trennung antragen. Meistens geht deutlich mehr, als zu Beginn angeboten wurde, sofern Ihre Weste rein ist (mehr dazu siehe unten).
- Wenn Existenzängste Sie packen oder die Angst, ohne Arbeit nicht sein zu können, **denken Sie darüber nach, Ihr Leben im Hintergrund so umzubauen, dass ein Jobverlust nicht mehr existenziell wäre** – weder im finanziellen noch im psychologischen Sinne. Stellen Sie die Weichen so, dass Ihre innere Freiheit wachsen kann. Ich staune immer wieder, wie knapp auf Kante genäht das Familienbudget vieler Manager ist und wie sehr sie ihr ganzes Leben auf eine einzige Karte setzen: den Erfolg im Beruf und oft auch noch auf einen Ernährer oder eine Ernährerin fokussiert.

Haben Sie den Worst Case einmal zu Ende gedacht und Ihre Weichen gestellt, lassen sich Drucksituationen im Job mit weniger Panik und mehr innerer Klarheit betrachten und gestalten.

Man will Sie tatsächlich loswerden!
(Trennungsmodalitäten verbessern)

Nehmen wir an, Sie sind ziemlich sicher, dass Ihnen die Kündigung droht, weil viele der genannten Indizien auf Sie zutreffen oder weil Sie einen wohlmeinenden Tipp eines Insiders bekommen haben: Je nach Typ werden Sie dann Ihren Chef mit der Frage konfrontieren wollen, ob Ihre gemeinsame Zeit sich dem Ende nähert, oder gelassen abwarten, bis man aktiv auf Sie zukommt. Letzteres kann man nur empfehlen, denn es treibt die Abfindung in die Höhe. Geben Sie weiter Ihr Bestes und halten Sie erst einmal still!

Wenn sich ein Unternehmen entschieden hat, aus irgendwelchen nicht arbeitsrechtlich relevanten Gründen einen Manager, eine Managerin zu entlassen, läuft es fast immer auf einen Aufhebungsvertrag hinaus. Und je weniger man in Händen hat, je weniger konkretes Material oder Druckpotenzial, umso teurer würde es. Um die Abfindung dann gering zu halten, wird fast immer veranlasst, dass die Möglichkeit einer Kündigung geprüft wird, und das bedeutet, in Schmutzwäsche zu wühlen. In manchen Unternehmen fallen dann die Wertehaltungen, und man veranlasst die IT, die Log-Datei Ihres Computers herauszugeben und zu schauen, mit wem Sie was gemailt haben, wann Sie Unterlagen an Externe gesendet oder auf einen Stick kopiert haben. Man prüft Ihre Reisekosten, die Bewirtungsbelege, die Gläser Wein, die getrunken wurden, prüft Ihre Telefonlisten und schaltet sich auf Ihren Computer, um zu schauen, was da sonst noch so liegt. Nein, es ist nicht erlaubt, und ja, leider passiert es ohne »richterlichen Beschluss«. Man besucht Ihren Facebook-Account, schaut sich Ihre Fotos an und prüft alles, um etwas Kompromittierendes zu finden oder eine Story zu stricken, die so viel Sprengstoff enthält, dass Sie von Ihrer Forderung nach einer hohen Abfindung ablassen und schneller bereit sind, geräuschlos zu gehen.

Auswege

- Tun Sie selbst so lange wie möglich, als liefe alles »super« – umso weiter muss die Gegenseite ausholen und Ihnen klarmachen, dass man sich trennen will. Und wenn kein sachlicher, nachweisbarer Grund vorliegt, wird es wenigstens schön teuer, und Ihre Abfindung verschafft Ihnen Luft zum Atmen. (Wie man es teuer macht und welche Strategien da helfen, ist in meinem Buch »Wenn der Arbeitgeber kündigt« ausführlicher beschrieben.)
- Arbeiten Sie generell so, dass Ihnen niemand etwas anhängen kann. Trennen Sie private Aufwendungen von geschäftlichen in strengster Gründlichkeit, nutzen Sie den Firmen-Mail-Account nur für Dienstliches, nutzen Sie nur Ihr privates Handy für Privates und achten Sie vor allem auf Klassiker wie Reisekostenabrechnungen und sonstige Spesen.
- Achten Sie auch darauf, keine Daten von Ihren Firmencomputern zu kopieren oder zu versenden, die vertraulich sind. Insofern ist »sauber bleiben« die beste Versicherung für sich selbst.

»Das sinkende Schiff verlassen?« (Gehen in der Krise)

»Dass es bergab geht, war mir spätestens klar, als es hieß: Die Putzkolonne kommt ab sofort nur noch jeden zweiten Tag«, erzählte mir ein Teamleiter aus einem mittelständischen Unternehmen einmal. Andere schwören auf die Abschaffung der Schokoladenkekse im Meeting als Krisendetektor. Wenn Sie weiter oben auf der Karriereleiter angekommen sind, haben Sie ohnehin Zugang zu verlässlicheren Informationen, wie es um das Unternehmen bestellt ist. Was tun, wenn sich die dunklen Wolken am Horizont zusammenballen? Die Fühler ausstrecken oder loyal zum Arbeitgeber stehen und sich erst recht reinhängen, versuchen, die Lage zum Guten zu wenden? Die Menschen reagieren in so einer Situation sehr unterschiedlich, so auch bei einem Unternehmen, das wirtschaftlich ins Trudeln geraten war und nur durch den Einstieg einer Investmentgesellschaft stabilisiert werden konnte. Damit war zu befürchten, dass der Konzern über kurz oder lang zerschlagen würde. Einige der leitenden Manager begannen daraufhin sofort, sich nach einer neuen Stelle umzusehen, andere empfanden das als Verrat und als unmoralisch. Man könne doch die eigenen Mitarbeiter nicht einfach im Stich lassen, sobald es schwierig werde?!

Auswege

Es gibt keine eindeutige Antwort auf die eben formulierte Frage. Natürlich wird für Mitarbeiter eine schwierige Phase noch einmal sehr viel schwieriger, wenn die Abteilung führungslos und damit sozusagen schutzlos ist. Die Ängste der Menschen werden immens wachsen, wenn Sie als Chef durch Ihren Abgang zeigen, dass Sie wenig Vertrauen in die Zukunft haben. Andererseits sind Führungskräfte keine Märtyrer.

- Es bewährt sich, in einer solchen Situation nach dem ersten Schrecken einen kühlen Kopf zu gewinnen und nüchtern zu überlegen, wie stark die eigene Position durch die Umstrukturierung gefährdet wird. Je unverzichtbarer Ihre Expertise für den wirtschaftlichen Erfolg des Unternehmens ist, je näher Sie am Kunden arbeiten und je erfolgreicher Sie bislang waren, desto wahrscheinlicher ist es, dass der Sturm an Ihnen vorbeizieht. Doch Garantien gibt es keine.
- Es empfiehlt sich eine nüchterne Risikoabwägung. **Zu bleiben kann ein Risiko sein, aber auch ein Stellenwechsel ist immer ein Risiko mit der Möglichkeit des Scheiterns.** Gleichzeitig werden die möglichen Chan-

cen in einer Phase der Veränderung notorisch übersehen: In jeder Krise gibt es neben Verlierern auch Gewinner.

- Ratsam ist, das Gespräch mit dem eigenen Chef zu suchen, wenn ein vertrauensvolles Verhältnis besteht und man unsicher ist, wie gut die eigenen Karten sind. Vorgesetzten ihrerseits kann man nur raten, den Stars in ihrer Abteilung klar zu signalisieren, dass man sie halten möchte. Ich habe die Erfahrung gemacht, dass gerade die begehrten Leistungsträger in einer Krisensituation als Erste gehen, zum einen, weil sie anderswo Chancen haben, zum anderen aber auch, weil sie das Heft des Handelns entschlossener in der Hand behalten wollen als trägere Naturen. Das Hadern mit der Unsicherheit oder auch die Empörung darüber, dass man so in der Luft hängt, veranlasst manchen zu übereilten Schritten. Der Chef solcher Mitarbeiter fällt dann womöglich aus allen Wolken: »Aber Sie hätte es doch ohnehin nicht betroffen!«

- Werden Sie sich klar darüber, wem Sie sich am meisten verpflichtet fühlen, dem Unternehmen oder der eigenen Familie etwa, mit möglichen Entscheidungskriterien wie drei Kindern in der Ausbildung oder einem kränkelnden Partner.

- Loten Sie aus, wie hoch Loyalität und Pflichterfüllung in Ihrer persönlichen Werteskala rangieren. Höher als Erfolg oder Unabhängigkeit oder Sicherheit? Sich bewusst zu werden, mit welchem Wertekostüm man durchs Leben geht, lässt klarer sehen und hilft, das eigene Grübeln und Schwanken abzukürzen. Dazu gibt es professionelle Instrumente wie etwa das *Reiss-Profil der Lebensmotive*, das anhand eines umfangreichen Fragebogens Aufschluss darüber gibt, welches die Kernwerte (»Lebensmotive«) eines Menschen sind. Grundlage sind insgesamt 16 empirisch validierte Werte, zu denen »Macht«, »Anerkennung«, »Idealismus«, »Familie«, »Status« oder »Emotionale Ruhe« zählen.[21] Am Ende dieses Abschnitts finden Sie außerdem einen Wertekatalog als erste Annäherung an Ihren persönlichen Werte-Kompass.

- Natürlich kann in eine Abwägung auch einfließen, wie gut das Unternehmen bisher zu Ihnen war und was Sie ihm verdanken oder vielleicht auch nicht verdanken.

- Auch der Blick darauf, was Sie alles noch lernen, wenn Sie bleiben, kann interessant sein. Schwierige Unternehmensphasen sind zugleich hilfreiches Kapital für die weitere Entwicklung: der Umgang mit kritischer Presse und »Heuschrecken« sowie Unternehmensberatern, das Führen durch eine Krise, die

Beobachtung, wie sich Kollegen und Managementteams verhalten, wie man eine Krise noch drehen kann, wie Kunden bei Laune zu halten sind, wenn die Stimmung und die Budgets nicht gut sind. Alles das würde beim Bleiben in Ihren imaginären Kompetenzrucksack wandern und für später eventuell relevant werden.

- Und letztlich entscheidet Ihr eigener Marktwert darüber, welches Risiko Sie eingehen, wenn Sie lange bleiben und erst spät suchen. Sind Sie so gut, renommiert und interessant für andere, dass die Jobsuche kein Thema wird? Dann können Sie bleiben. Und wer weiß, genau das könnte für den jetzigen Arbeitgeber so überzeugend sein, Sie später zu befördern, wenn die Krise überstanden ist, eben weil Sie so loyal dablieben, als man Sie brauchte.

Eine »richtige« Entscheidung kann es also in so einer Situation kaum geben, sondern nur eine, die sich für Sie nach Abwägung aller Faktoren »richtiger« anfühlt. Und zu der sollten Sie stehen und sich später daran erinnern, dass Sie nach bestem Wissen und Gewissen entschieden haben, damit Sie nicht im Rückblick mit sich selbst hadern und das nervige »Hätte« Ihre Gedanken besetzt. Vielleicht schreiben Sie sich sogar in ein paar Stichworten auf, was Sie bewogen hat, Ihre Entscheidung so zu treffen, damit Sie es nicht vergessen.

Grundsätzlich gilt: **Um in Dilemma-Situationen so zu entscheiden, dass man hinterher mit sich »im Reinen« ist und dauerhaft ruhig schlafen kann, sollte man Klarheit über die eigenen Kernwerte haben.** Was ist für Sie nicht verhandelbar? Wo verläuft Ihre ganz persönliche rote Linie? Wenn Sie nur drei Werte in Ihren Alltag retten könnten, welche wären das? Das klingt theoretischer, als es ist: Das Grummeln im Bauch oder das Ziehen in der Brust zeigt uns im Allgemeinen ganz deutlich an, wann wir gegen unsere Überzeugungen handeln. Wir müssen nur wieder lernen, (wieder) auf unsere innere Stimme zu hören. Wenn Sie sich Ihrer ureigensten Werte wieder bewusst werden wollen, können Sie im ersten Anlauf auf ein großes Blatt Papier schreiben, was Ihnen wichtig ist und woran Sie Ihr Leben wie an einem Kompass ausrichten wollen. Im zweiten Anlauf reduzieren Sie das Ganze auf die zehn wichtigsten Werte, im dritten auf die drei allerwichtigsten. Als Anregung hier eine Liste möglicher Werte, wie sie in zahlreichen Wertekatalogen zusammengestellt werden:[22]

Abenteuer	Abwechslung	Anerkennung
Begeisterung	Bescheidenheit	Disziplin
Ehrlichkeit	Erfolg	Effektivität
Ehrgeiz	Fairness	Familie
Fleiß	Freiheit	Freundschaft
Gehorsam	Genauigkeit	Gerechtigkeit
Gewaltlosigkeit	Gewissenhaftigkeit	Großzügigkeit
Harmonie	Humor	Idealismus
Integrität	Klugheit	Loyalität
Macht	Mitgefühl	Mut
Nachhaltigkeit	Nächstenliebe	Ordnung
Pflichtgefühl	Reichtum	Respekt
Schönheit	Sicherheit	Sparsamkeit
Stabilität	Status	Teamwork
Toleranz	Treue	Unabhängigkeit
Unbestechlichkeit	Vertrauen	Zufriedenheit

Übrigens: Es lohnt sich, seine Werteliste immer mal wieder zur Hand zu nehmen. Orientiert man sich noch an dem, was man einst für elementar hielt? Dabei können Werte und deren Gewichtung sich mit der Lebenserfahrung und mit dem Lebensalter ändern, doch das ist etwas anderes, als orientierungslos und ohne (Werte-)Kompass durch den Alltag zu treiben.

»Eine Krankheit kann ich mir jetzt nicht leisten!«

Fassungslos machte mich ein Klient, der mir von seiner Krebsdiagnose berichtete und auf die Frage, wann denn die Operation anstünde, meinte: »In zwei Monaten. Vorher habe ich keine Zeit!« Der Vertriebsmanager wollte eine wichtige Produkt-Neueinführung nicht verpassen. Drei Wochen später bekam er so heftige Schmerzen, dass er von heute auf morgen im Operationssaal lag. Das Unternehmen hat es überlebt, das neue Produkt auch und mein Klient am Ende glücklicherweise ebenfalls. Sein Körper hatte ihm die Entscheidung abgenommen, nach dem Motto: »Sagt die Seele zum Körper: Sag du's ihm! Auf mich hört er ja nicht.«

Zur Gesundheit kommen wir im fünften Kapitel noch ausführlich. Deshalb hier nur die Frage, wer es Ihnen am Ende dankt, wenn Sie Ihre Gesundheit opfern? Dazu genügt im Zweifelsfall eine verschleppte Grippe oder ein trotz diverser Warnsignale immer wieder verschobener Arzttermin. **Vielfach steckt hinter unserem fordernden Pflichtgefühl in Wahrheit die Angst, entbehrlich zu sein.** Womöglich merkt der Arbeitgeber bei längerer Abwesenheit, dass es auch ohne einen geht oder dass der Stellvertreter den Job genauso gut macht? Empfänglich dafür sind vor allem Menschen, deren Selbstwertgefühl in der Kindheit durch eine harte oder extrem fordernde Erziehung ein schwerer Schlag versetzt wurde, Menschen, die von klein auf gelernt haben, dass nur der etwas zählt und wert ist, der etwas leistet. Hier kann man nur ermuntern, sich selbst ein guter Freund zu sein. Mehr zu den inneren Antreibern im Kapitel 7.

Auswege

- Gehen Sie mit sich nicht liebloser um, als mit einem echten Freund. Sorgen Sie nicht nur für andere, sorgen Sie auch für sich selbst!

»Stellen Sie sich mal nicht so an!« (Gewissensverstöße)

Sie werden von Ihrem Chef angewiesen, etwas zu tun, das gegen Moral und Anstand, gegen die eigenen Compliance-Richtlinien oder sogar gegen Gesetze verstößt. Sie sollen beispielsweise jemanden entlassen, und zwar möglichst so, »dass wir die Abfindung sparen«. Oder Sie sollen Daten über einen leitenden Mitarbeiter beschaffen und dazu Log-Dateien personenbezogen auswerten, um dem Vorstand Munition für eine Entlassung zu liefern. Man setzt Sie unter Druck, den Gesellschaftsvertrag mit einer neuen Tochterfirma zu unterschreiben, obwohl Sie diese Übernahme für einen schweren Fehler halten. Sie werden mehr oder weniger direkt aufgefordert, Angaben in einem Kreditantrag zu fälschen, damit die Bank mitspielt. Usw., usw.

Auswege

- Sie sollten sich bewusst sein: **Ein Vorgesetzter, der zu solchen Mitteln greift, wird auch mit Ihnen nicht zimperlich umgehen, wenn es für seine Zwecke erforderlich sein sollte.** Er wird Sie fallen lassen wie die sprichwörtliche heiße Kartoffel, wenn Gesetzesverstöße auffliegen. Und er wird womöglich die nächste Unanständigkeit von Ihnen verlangen, wenn Sie sich einmal als williges Werkzeug erwiesen haben. Weigern Sie sich, werden Sie sehr wahrscheinlich teuer dafür bezahlen, mit Kaltstellung, Verleumdung, Entlassung. Es lohnt sich daher auszuloten, ob es noch einen dritten Weg gibt.

- Wenn Ihnen die offene Konfrontation zu gefährlich erscheint, schauen Sie, ob Sie die Angelegenheit kreativ aushebeln können. Können Sie den Mitarbeiter, der unschön rausgekickt werden soll, unter vier Augen warnen und ihm nahelegen, sich selbst nach einer neuen Stelle umzuschauen, da sonst eine Schlammschlacht droht? Können Sie Ihre Kontakte spielen lassen, um ihn bei der Jobsuche zu unterstützen? Können Sie im entscheidenden Moment »erkranken«, um bestimmte Unterschriften nicht selbst leisten zu müssen? Lässt sich ein Problem aussitzen, etwa indem Sie das Ansinnen der personenbezogenen Datenauswertung wiederholt »vergessen«?
- Finden Sie im Unternehmen Verbündete, um bestimmte Maßnahmen gemeinsam zu verhindern? Wie stark ist zum Beispiel die Revision oder Compliance-Abteilung in Ihrem Unternehmen? Könnten Sie sich dort vertrauensvoll hinwenden, um Schlimmeres für das Unternehmen abzuwenden, ohne sich selbst zu gefährden? Was ist mit dem Personalbereich, sitzt dort jemand Vertrauenswürdiges, der Rat weiß? Das kann Ihre Position stärken; allerdings sollten Sie sich bewusst sein, dass Sie sich trotzdem ins Abseits manövrieren können und dass Sie immer damit rechnen müssen, dass andere »einknicken«.
- Druck erzeugt Stress und Stress führt zum Tunnelblick. Beraten Sie sich mit einem Anwalt oder Coach, wenn Sie das Gefühl haben, es gibt keinen Ausweg.

Setzen Sie bei all dem nicht zu große Hoffnung darauf, dass man Ihnen Zivilcourage und die Aufdeckung eklatanter Missstände dankt: »Bei uns sind Whistleblower (…) zumeist immer noch auf sich alleine gestellt. Oft erfahren sie weder persönliche Unterstützung noch gesellschaftliche Anerkennung. Wer den Mund aufmacht, riskiert Ausgrenzung und Mobbing durch Vorgesetzte und Kollegen und mangels klarer und umsetzbarer rechtlicher Regeln oft auch die berufliche Existenz«, warnt das deutsche »Whistleblower Netzwerk e.V.« auf seiner Homepage.[23] Prominente Beispiele sind nicht nur Edward Snowden, sondern auch die Altenpflegerin Brigitte Heinisch, die auf unzureichende Pflege von Heimbewohnern hinwies und jahrelang gegen ihre darauf erfolgte Kündigung prozessierte, oder die Amtstierärztin Margrit Herbst, die sich weigerte, an BSE erkrankte Rinder zur Fleischverarbeitung freizugeben und der nach einem Fernsehinterview fristlos gekündigt wurde.[24] Nein zu sagen erfordert Mut, und den will oder kann sich nicht jeder leisten. Da schließt sich der Kreis zur (finanziellen) Unabhängigkeit von oben.

Mit Ohnmacht umgehen

Es gibt nicht für alles eine Lösung, und es gibt Situationen, in denen auch der begabteste Manager ohnmächtig zuschauen muss, wie die Dinge ihren Lauf nehmen. Niemand ist trotz bester Leistung heute davor geschützt, seinen Job zu verlieren, Opfer einer Mobbingattacke zu werden, von einem skrupellosen Vorgesetzten zu Dingen gedrängt zu werden, die mit dem eigenen Gewissen nicht vereinbar sind, oder auch mitsamt seiner Abteilung von einer fernen Muttergesellschaft für überflüssig erklärt zu werden, weil sich die globale Strategie geändert hat. Plötzlich findet man sich im Abseits wieder, ohne persönlich »schuld« daran zu sein. Die Dinge liegen außerhalb der eigenen Kontrolle. Mit dieser Erfahrung des Kontrollverlustes können Menschen generell nur schwer umgehen, erfolgsgewohnten Machern fällt es doppelt schwer. Im schlimmsten Fall führt das wiederholte Erlebnis, keinen Einfluss darauf zu haben, was geschieht, zu Resignation und Apathie. Psychologen wie Martin Seligman sprechen in solchen Zusammenhängen von »erlernter Hilflosigkeit«, einer Generalisierung von Negativerfahrungen nach dem Motto: »Ist doch egal, was ich tue. Hat ja alles keinen Sinn!«[25] **Das Leben jedoch spielt sich irgendwo zwischen den beiden Polen ab, der Kontrolle über das Geschehen einerseits und dem unkontrollierbaren Einfluss von Zufällen und unglücklichen Umständen andererseits** (oder auch glücklichen Umständen, mit denen wir uns jedoch nur zu gern abfinden und die wir nicht selten zu persönlichen Erfolgen umdeuten). Mal neigt sich das Pendel zum ersten Pol, mal neigt es sich zum zweiten. Eine reife Haltung dazu besteht darin, schicksalhafte Nackenschläge auszuhalten, ohne sich von ihnen entmutigen zu lassen, und den Blick für die eigenen Handlungsmöglichkeiten zu bewahren. Wie sagte schon John Lennon?: »Life is what happens to you while you are busy making other plans.« Und manche Pläne gehen eben doch auf, glücklicherweise.

Auswege
- In Phasen der Ohnmacht hilft es, sich in Erinnerung zu rufen, wie man frühere Schicksalsschläge überstanden hat und dass es schon einmal weiterging in einer Situation, die zunächst ausweglos erschien.

- Auch beobachten, ohne zu bewerten, ist eine wirksame Erste-Hilfe-Reaktion: Was geht in mir vor, wie verhalte ich mich unter Stress, was ist meine Sorge dahinter? Nicht werten, nicht mit sich schimpfen, nicht hadern, erst mal wie einen trägen Fluss vorbeiziehen lassen und darauf schauen wie ein teilnehmender Beobachter im eigenen Leben. Das bringt einen wieder näher an sich selbst und sorgt für mehr Klarheit im Nebel der Emotionen.

Weitere Hinweise, wie Sie es schaffen können, den Stürmen des Lebens besser zu trotzen, finden Sie im fünften Kapitel, wo wir auch der Frage nachgehen, wie man seine seelische Widerstandskraft (»Resilienz«) stärkt.

Soforthilfe für Umbruchsituationen

Umstrukturierungen gehören in vielen größeren Unternehmen beinahe zum Alltag, wie zu Beginn des zweiten Kapitels anhand aktueller Zahlen illustriert wurde. Hier noch eine Zahl, die belegt, wie umfassend heute Firmen umgebaut und fusioniert werden: 2012 betrug das weltweite Volumen der Mergers und Akquisitionen die atemberaubende Summe von über 2 Billionen Dollar, 2066 Milliarden, um genau zu sein.[26] Stehen derart umfassende Veränderungen bevor, sind dies gleichzeitig Phasen großer Unsicherheit für die Betroffenen. Wie Sie selbst damit klarkommen war bereits Thema. Auf den folgenden Seiten geht es um Konflikte, die sich daraus im Umgang mit Ihren Mitarbeitern ergeben können. Dass die weichen Faktoren, vor allem gute Kommunikation, in solchen Umbruchphasen wichtig sind, hat sich inzwischen herumgesprochen. Viele Fusionen scheitern oder bringen zumindest nicht die erhofften Synergie-Effekte. Dabei spielt häufig eine Hauptrolle, dass es nicht gelingt, die Mitarbeiter »mitzunehmen«. Einfach ist das nicht, sind doch für Führungskräfte Dilemmata programmiert.

Sie wissen etwas, das Ihre Mitarbeiter nicht wissen dürfen

In Veränderungsprozessen oder Restrukturierungen gibt es zwangsläufig Phasen, in denen Sie einen gewaltigen Informationsvorsprung vor Ihrer Mannschaft haben. Informationen – insbesondere brisante – werden stufenweise von oben nach unten durchgereicht, und so vergehen manchmal Wochen oder gar Monate, bevor Sie offen sprechen dürfen. Mitarbeiter wittern das. Sie haben ein gutes Gefühl dafür, dass der Chef etwas weiß, sie sehen es ihm an, beobachten ihn sehr genau, wenn er aus wichtigen Meetings kommt. Und je offener und zugänglicher Sie sonst für Ihre Mitarbeiter sind, umso eher werden sie wissen wollen, was eigentlich los ist. Eine solche Situation wird von Vorgesetzten oft als sehr belastend empfunden, gerade von jenen, die sonst sehr zugewandt sind, sehr nah am Team und sehr offen in ihrer Kommunikation. Was können Sie tun, wenn Sie zu diesen Chefs gehören?

Kurz gesagt: Es gilt, diese Situation auszuhalten. Sie ist Teil der Führungsrolle und Teil Ihres Gehalts. Geheimnisträger zu sein ergibt sich häufiger im Laufe einer langen Karriere. Entlastend wirkt, sich mit gleichgestellten Kollegen auf demselben Informationsstand auszutauschen. Das ist Ihre Bezugsgruppe für dieses Thema, wenn der Austausch mit Ihrem Team tabu ist. Auch mit den verantwortlichen und eingeweihten Projektmitarbeitern oder Ihrem Chef können Sie das Gespräch suchen. Wenn Ihre Mitarbeiter bohren und nachhaken, bleibt Ihnen im Wesentlichen, darauf zu verweisen, dass Sie (noch) nichts sagen dürfen, und zu versichern, dass Sie Ihr Team sofort informieren werden, wenn der Zeitpunkt gekommen ist. Es spricht aus meiner Sicht auch nichts dagegen, offen zu sagen, wenn es eine Informationssperre, einen sogenannten »Maulkorb«, gibt. »Wir haben eine Sperrfrist bis XY; vorher wird über dieses Thema nicht geredet. Ich bitte, das zu respektieren und mich nicht weiter zu bearbeiten, weil Sie aus mir nichts herausbekommen werden.« Sehr häufig muss man in diesen Phasen eine Geheimhaltungserklärung unterschreiben, und auch dies kann man Mitarbeitern deutlich machen, ohne sie zu verängstigen. Bieten Sie gleichzeitig an, für alle anderen Fragen als Ansprechpartner zur Verfügung zu stehen, Trost zu spenden, zuzuhören, alles gern, nur leider mit Informationen im Moment nicht weiter aufwarten zu können. Nach einer so klaren Äußerung bringen die Mitarbeiter in der Regel Verständnis auf und hören vielfach sogar auf zu grübeln, weil sie wissen, bis zum Zeitpunkt XY gibt es keine Neuigkeiten. Wie gut diese Strategie funktioniert, hängt stark vom Maß des Vertrauens ab, das in Ihrer Abteilung herrscht. Ad-hoc-Vertrauen einzuklagen bringt dabei wenig. Wenn Sie aber in guten Zeiten durch Fairness und wertschätzende Führung auf Ihr Vertrauenskonto eingezahlt haben, können Sie in schwierigen Zeiten auf dieses Guthaben zurückgreifen. So bleibt also zusammenfassend etwas, das zum Erhalt Ihrer persönlichen Glaubwürdigkeit beiträgt: **Sie sagen nicht alles, was Sie wissen, aber alles, was Sie sagen, ist wahr.**

Sie sind selbst nicht überzeugt von den Veränderungen

Es kann sein, dass Sie in Ihrer Führungsrolle Veränderungen managen und Neuerungen einführen müssen, von denen Sie selbst nicht überzeugt sind. Sie glauben beispielsweise nicht, dass das mit großen Hoffnungen aufgelegte Großprojekt ein Erfolg sein kann oder dass eine wichtige Vorstandsentscheidung die Weichen richtig stellt. Wenn Ihre Magenschmerzen sehr groß sind, sind Sie aufgefordert, die eigenen Bedenken im Vorfeld zu äußern, möglichst sachlich und ohne Entscheidungsträger persönlich anzugreifen. Möglicherweise können Sie externe Präzedenzfälle oder einschlägige Studien anführen, um die direkte Konfrontation zu vermeiden. Auch der Hinweis, dass Sie eine einmal getroffene Entscheidung selbstverständlich mittragen werden, dass Ihnen einige Punkte jedoch Kopfzerbrechen machen und Sie diese gern anbringen würden, ist strategisch klug. Doch trotz aller Diplomatie wird man Sie möglicherweise als Bedenkenträger oder Bremsklotz empfinden oder titulieren, darauf müssen Sie sich einstellen. Häufig fällt eine solche Reaktion umso heftiger aus, je unsicherer die Entscheidungsträger insgeheim selbst sind, ob sie das Richtige tun.

Ist die Entscheidung erst einmal gefallen, gilt für Führungskräfte aller Hierarchiestufen und damit auch für Sie schlicht: Mitgehangen, mitgefangen. In einer hierarchisch aufgebauten Organisation muss man sich darauf verlassen können, dass getroffene Entscheidungen so vermittelt werden, dass Mitarbeiter sie verstehen und engagiert umsetzen. **Ein Unternehmen, in dem immer wieder nach einer getroffenen Entscheidung Grundsatzdiskussionen vom Zaun gebrochen werden, blockiert sich selbst.** Für Sie bedeutet das: Auch wenn Sie nach wie vor nicht überzeugt sind, ist es Ihr Job, sich mit der Entscheidung anzufreunden oder die Angelegenheit zumindest leidenschaftslos durchzuwinken. Vor Illoyalität in solchen Fragen kann ich nur warnen: Das öffentliche Hinterfragen von Maßnahmen oder das Einweihen von Mitarbeitern in seine eigenen heimlichen Zweifel hat schon oft den Ausschlag für personenbedingte Aufhebungsvereinbarungen gegeben. Stehen Sie loyal zum Unternehmen und schauen Sie, was Sie tun können, damit Ihr Team gut durch den Veränderungsprozess geführt wird. Ihren eigenen Frust müssen Sie natürlich nicht herunterschlucken, nur ist der Kreis der Kollegen oder Mitarbeiter nicht der richtige Ort, seinem Ärger Luft zu machen. Sollten Sie ein sehr vertrauensvolles Verhältnis zu Ihrem Chef haben, kann der ein Ansprechpartner sein. Mehr als Trost dürfen Sie sich allerdings nicht erhoffen, denn zu ändern ist ein größeres Projekt meistens nicht mehr. Ansonsten suchen Sie sich externe Gesprächspartner wie gute Freunde oder einen Coach, oder schreiben Sie sich Ihre Sorgen in einem Tagebuch von der Seele. Bewältigen Sie Ihre Zweifel also so diskret wie möglich – in Ihrem eigenen Sinne und zu Ihrer eigenen Sicherheit.

Sie wissen selbst nicht weiter

Als noch belastender wird es in Veränderungssituationen oft empfunden, wenn Mitarbeiter mit vielen Unsicherheiten, Fragezeichen und Unklarheiten auf ihre Chefs zukommen und man selbst als Vorgesetzter leider auch keine Antworten hat. Sollten Sie schon vergeblich versucht haben, über Ihren eigenen Chef Aufschluss zu bekommen, gilt es, diese Spannung auszuhalten. Das ist teilweise ausgesprochen hart, weil man die eigene Unsicherheit aushalten muss und gleichzeitig noch als Blitzableiter für den Frust und die Angst des Teams fungiert, einfach, weil man derjenige aus der Chefriege ist, der greifbar ist. Am besten erklären Sie Ihren Mitarbeitern ehrlich, dass Sie leider noch keine Antwort haben und genauso in der Warteschleife hängen wie die Mitarbeiter. Dies kann man neutral und loyal zum Unternehmen tun und dabei gleichzeitig authentisch sein. Sie können darüber hinaus versprechen, sich aktiv um eine Antwort zu bemühen und diese baldmöglichst nachzuliefern: »Wann immer ich etwas erfahre, das uns weiterhilft, werde ich es Sie sofort wissen lassen. Darauf haben Sie mein Wort.« Auch in dieser Situation hängt Ihre Glaubwürdigkeit stark davon ab, wie viel Vertrauen Sie bisher erworben haben. Sind Sie bislang ein glaubwürdiger Chef gewesen, haben Sie gute Chancen, Krisen gemeinsam mit Ihrem Team gut zu meistern.

Adressat für die eigene Unsicherheit und die eigenen Fragen ist auch hier wieder der Projektleiter, Ihr direkter Chef oder wer immer Ihnen innerhalb der Organisation helfen kann, Antworten zu finden. Es scheint eine geradezu tröstliche Illusion zu sein, dass jede Unternehmensebene annimmt, die Ebene darüber kennt bestimmt den Weg und weiß die Antworten. Das ist sehr menschlich, denn wir vertrauen uns nur ungern jemandem an, der den Weg durch den Wald nicht kennt. Dennoch müssen wir in Umbruchsituationen akzeptieren, dass es Zeiten gibt, in denen alle Ebenen bis hinauf zur Spitze keine fertigen Antworten auf neue Probleme oder Veränderungen haben. Das auszuhalten gelingt in vertrauensvollen Team- und Unternehmenskulturen deutlich besser als in Unternehmen, in denen die Angst umgeht. Insofern ist Vorbeugung hier eine gute Strategie. **Wer in Schönwetterphasen ein gutes Miteinander etabliert, braucht in stürmischen Zeiten weniger Energie, um die Mannschaft an Bord und auf ihren Posten zu halten!**

Vom Versuch, es allen recht zu machen …

Ein Vater geht mit seinem Sohn auf den Markt, um einen Esel zu kaufen. Sie sind erfolgreich und machen sich mit dem Tier auf den Heimweg. Bald kommt ihnen ein Wanderer entgegen, der sie auslacht: »Ihr habt einen Esel und geht beide zu Fuß?!« Also lässt der Vater seinen Sohn aufsitzen und geht neben ihm. Kurz darauf begegnen sie einem weiteren Wanderer, der zu dem Jungen sagt: »Schämst du dich nicht, auf dem Esel zu sitzen und deinen alten Vater laufen zu lassen?!« Der Sohn steigt ab und lässt seinen Vater aufsitzen. Doch auch der nächste Wanderer ist nicht zufrieden. Er wendet sich an den Vater: »Wie kannst du den Jungen laufen lassen, wo du selbst erwachsen und kräftig bist!« Also sitzen beide auf. Schließlich kommt ihnen wieder jemand entgegen: »Schämt Ihr Euch nicht, beide faul auf dem Esel zu sitzen und den eine so schwere Last tragen zu lassen?!«

Daraufhin entschließen sich Vater und Sohn, den Esel an eine Stange zu binden und ihn gemeinsam nach Hause zu tragen. Spätabends kommen sie völlig erschöpft dort an. Die Mutter öffnet die Tür: »Was seid Ihr für Dummköpfe! Konnte der Esel etwa nicht selbst zu seinem Stall laufen?«

(Nach Hodscha Nasreddin, einem türkischen Erzähler im 13./14 Jh.)

4. Zeitdruck und Stress

»Ich werde von meinem Kalender und meinen Terminen beherrscht!«

Wer eine Führungsaufgabe übernimmt, tut das oft auch mit dem Wunsch nach mehr Freiraum – nicht länger Mitarbeiter sein, der tun muss, was man ihm sagt, sondern Chef, der sagt, was zu tun ist. Doch wird beim nächsten Karriereschritt wirklich alles besser? Jede Stufe auf der Karriereleiter bringt nicht nur neue Möglichkeiten, sondern auch neue Zwänge. Das Terminkorsett wird immer enger geschnürt, das Leben ist über Monate mit Sitzungen und Konferenzen verplant, persönliche Freiräume müssen mühsam erkämpft werden. Die neuen Technologien, allen voran das Smartphone, haben die Situation noch einmal verschärft: Jetzt kann die Arbeit ihre Krakenarme in die letzten privaten Winkel ausstrecken, wenn wir nicht aufpassen. Bücher über Zeitmanagement, effizientes Arbeiten etc. gibt es wie Sand am Meer, doch im täglichen E-Mail-Sturm und Meeting-Marathon stößt das klassische Zeitmanagement an Grenzen. In diesem Kapitel schauen wir zum einen, woran es liegt, dass Führungskräfte zu Gehetzten werden, und wie Sie sich Freiräume zurückerobern können. Wir beleuchten das Thema Burn-out mal von einer anderen Seite und fragen, was hinter der aktuellen Burn-out-Inflation steckt. Andererseits wird es um viele kleine Lösungsansätze gehen, wie man den Stress im Berufsalltag reduzieren kann, wie man Ausgleichsfelder findet, wie man sich selbst besser ausbalanciert. So viel vorweg: Eine neue Zauberformel, die den Stress einfach verschwinden lässt, die gibt es leider nicht. Die Wahrheit ist, wenn Sie sich nicht bewegen, zumindest ein bisschen, wird sich leider nichts bewegen. Schauen Sie deshalb, ob für Sie unter der Vielzahl von Ideen etwas dabei ist, was genau Ihnen helfen kann, Entlastung zu finden, statt Vorschläge vorschnell unter der Kategorie »geht bei mir nicht« abzuheften. Interessant ist: Wenn es gehen muss, dann geht es auch – z. B. wenn Sie wegen einer Erkrankung ausfallen und Tage oder gar Wochen offline sind. Und welche Überraschung, wenn Sie zurückkommen: Ihr Laden steht noch!

Fakten & Zahlen

Wie ist es mit Ihnen? Sind Sie gestresst? Wenn Sie gerade nicken, befinden Sie sich in großer Gesellschaft. Nach einer Studie der *Techniker Krankenkasse* aus dem Jahr 2013 bejahen 80 Prozent der Manager diese Frage. 38 Prozent sagen sogar »Ich fühle mich erschöpft und ausgebrannt«. Damit geht es Führungskräften in puncto Stress noch einmal schlechter als dem Bevölkerungsdurchschnitt. »Nur« 57 Prozent aller Befragten sagen, sie seien gestresst, und 28 Prozent empfinden sich als ausgebrannt.[1] Wir leben offenbar in einer gestressten Gesellschaft, wie auch der »Stressreport Deutschland« belegt. Für diese bisher umfangreichste Studie zum Thema Stress, erstellt von der Bundesanstalt für Arbeitsschutz und Arbeitsmedizin (BAuA), wurden um die Jahreswende 2011/2012 fast 18 000 Arbeitnehmer zu psychischen Anforderungen, Belastungen und Stressfolgen ihres Arbeitsalltags befragt. Das Ergebnis: Fast jeder Fünfte fühlt sich überfordert; und 43 Prozent der Berufstätigen in Deutschland stimmen der Aussage zu, »Stress und Arbeitsdruck haben in den letzten zwei Jahren zugenommen.«[2] Auch diese Studie kommt zu dem Schluss, dass Führungskräfte besonders belastet sind, und verweist warnend darauf, dass gestresste Chefs es an Unterstützung ihrer Mitarbeiter fehlen lassen und damit selbst zum Stressfaktor werden.[3] Der *Deutsche Gewerkschaftsbund* hat sich ebenfalls dem Thema gewidmet und 2011 einen »DGB-Index Gute Arbeit« unter der Überschrift »Arbeitshetze – Arbeitsintensivierung – Entgrenzung« veröffentlicht, für den bundesweit über 6000 Beschäftigte befragt wurden. Der Befund ist auch hier eindeutig: 52 Prozent müssen »sehr häufig oder oft gehetzt arbeiten«, 63 Prozent geben an, seit Jahren »immer mehr in der gleichen Zeit leisten« zu müssen. Und auch hier kristallisiert sich heraus, dass Vorgesetzte auf allen Skalen stärker betroffen sind als Mitarbeiter ohne Führungsverantwortung: Sie fühlen sich sehr häufig oder oft gehetzt (60 % gegenüber 49 % bei den Nicht-Vorgesetzten), haben öfter den Eindruck, in immer weniger Zeit immer mehr schaffen zu müssen (71 % gegenüber 60 % bei den Nicht-Vorgesetzten), müssen sehr häufig oder oft außerhalb der Arbeitszeit erreichbar sein (40 % gegenüber 23 %), können schlechter nach der Arbeit abschalten (39 % gegenüber 31 %), machen häufiger zehn und mehr Überstunden pro Woche (29 % gegenüber 16 %) und gehen häufiger krank zur Arbeit (57 % gegenüber 46 %).[4] Nun wissen Sie also, Sie befinden sich in bester Gesellschaft. Nur ein kleiner Trost. Kaum überraschend, dass immer mehr Kollegen den Spruch kennen: »Das Hamsterrad sieht nur von innen aus wie eine Karriereleiter.«

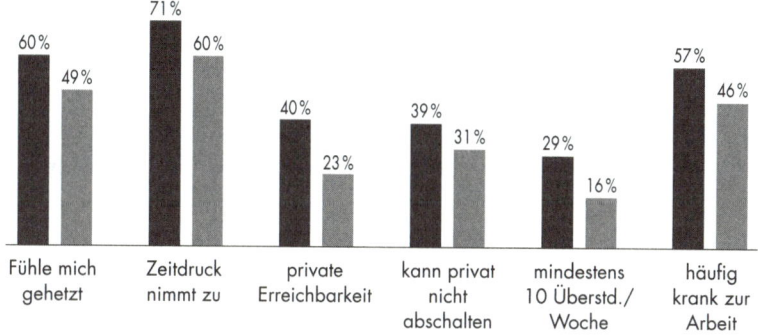

Mehrbelastung von Führungskräften
dunkelgrau = Führungskräfte   hellgrau = Nicht-Vorgesetzte

60% / 49%	71% / 60%	40% / 23%	39% / 31%	29% / 16%	57% / 46%
Fühle mich gehetzt	Zeitdruck nimmt zu	private Erreichbarkeit	kann privat nicht abschalten	mindestens 10 Überstd./ Woche	häufig krank zur Arbeit

Interessant ist, dass Führungskräfte in Sachen Stress selten im Fokus der Unternehmen stehen. Sie werden eher allein gelassen, ganz so, als würde man denken, »die sind schon groß, die können das alles«. Mehr noch: Unternehmensbefragungen zur Mitarbeitergesundheit und zu psychischen Belastungen am Arbeitsplatz münden regelmäßig in zusätzliche Anforderungen an Führungskräfte, die aufgefordert sind, sich im Sinne des »Corporate Health Managements« künftig so zu verhalten, dass die Belegschaft gesund bleibt. Und die Chefs selbst? Ich fürchte, häufig läuft es so wie bei einem meiner Kunden. Dort durften die Führungskräfte zwar an der Mitarbeiterbefragung teilnehmen, und der Vorstand war anschließend entsetzt, dass die Ergebnisse auf Leitungsebene teilweise dramatischer waren als in der übrigen Belegschaft. Doch man war ratlos, wie man darauf reagieren sollte. Für die Mitarbeiter wurden Programme aufgelegt (Coachings, Seminare, Gesundheitschecks, Abendveranstaltungen etc.), für die Führungskräfte wurde das Thema erst einmal auf Eis gelegt. Der naheliegende Zusammenhang, dass es gesunde Führungskräfte braucht, um »gesunde Führung« zu gewährleisten, wurde nicht hergestellt. Die Führungskräfte waren frustriert und fühlten sich nicht ernst genommen in ihrer Not.

Dabei versäumt es kaum eine Studie, den Zusammenhang von Stress und der Zunahme psychischer Erkrankungen herzustellen. Im Vorwort zum Stressreport 2012 schreibt die damalige Arbeitsministerin Ursula von der Leyen: »Die Zahlen zeigen, dass die psychische Gesundheit am Arbeitsplatz kein Randthema ist: 2012 waren in Deutschland psychische Störungen für mehr als 53 Millionen Krankheitstage verantwortlich. Bereits 41 Prozent der Frühberentungen haben psychische Ursachen. Die Betroffenen sind im Durchschnitt erst 48 Jahre alt. Das können wir nicht hinnehmen. Wir wollen, dass Menschen länger gesund arbeiten können.« Auch dieser Befund ist längst bekannt und wird in Studien regelmäßig bestätigt: Psychische Erkrankungen verursachen inzwischen nach Muskel- und Skeletterkrankungen die meisten Krankheitstage und liegen laut DAK Gesundheitsreport gleichauf mit Atemwegserkrankungen. Dabei spielt eine Rolle, dass psychisch Erkrankte (zu denen auch an Burn-out oder Erschöpfungsdepression Leidende zählen) im Schnitt sechs bis acht Wochen ausfallen und nicht ein paar Tage wie bei einer starken Erkältung. Psychische Krankheiten verursachen so neben dem seelischen Leid auch hohe finanzielle Kosten, selbst wenn sie nur knapp 6 Prozent aller Krankheitsfälle ausmachen.[5]

Doch was genau ist »Stress«? Und was sind seine Ursachen? Beiden Fragen werden wir weiter unten nachgehen, hier nur eine Grobdefinition. **Von Stress wird im Allgemeinen gesprochen, wenn zwischen den wahrgenommenen Anforderungen an eine Person und ihren subjektiven Möglichkeiten, diese Anforderungen zu bewältigen, eine Diskrepanz besteht.**[6] Dieses Ungleichgewicht setzt den Einzelnen psychisch unter Druck und löst eine Art Alarmzustand im Körper aus, der bei längerer Dauer gesundheitsschädlich ist. Damit ist klar, dass Stress neben objektiven auch subjektive Komponenten hat. Vermutlich kennen Sie jemanden mit dem sprichwörtlichen »dicken Fell«: Da kann die Hütte brennen und der Betroffene bleibt die Ruhe selbst, während dem Kollegen im Nachbarbüro in der gleichen Situation der kalte Schweiß auf die Stirn tritt. Neben physikalischen Stressoren (z. B. Lärm, Hitze), körperlichen Stressoren (z. B. Schmerz, Hunger) gibt es soziale Stressfaktoren (wie Isolation oder Konkurrenz) und Leistungsstressoren. Letztere spielen im Beruf eine große Rolle. Der Stressreport Deutschland fasst die wichtigsten schlagwortartig mit »viel gleichzeitig, schnell und auf Termin, immer wieder neu« zusammen. Spitzenreiter bildet die Kategorie »verschiedenartige Arbeiten gleichzeitig zu betreuen«, neudeutsch »Multitasking«. Davon sind Führungskräfte zu 70 Prozent betroffen und damit erneut stärker als der Durchschnitt der Arbeitnehmerinnen und Arbeitnehmer (58 Prozent). Dasselbe gilt für zwei weitere wichtige Stressoren, nämlich »starken Termin- und Leistungsdruck« (für 61 Prozent der Vorgesetzten ist das ein Thema, gegenüber 52 Prozent im Gesamtdurchschnitt) sowie Störungen und Unterbrechungen bei der Arbeit (55 Prozent der Vorgesetzten sind betroffen, gegenüber 44 Prozent im Gesamtdurchschnitt). **Mit der Größe der Führungsspanne steigt erwartungsgemäß auch der Stresspegel:** Vorgesetzte mit mehr als zehn

Mitarbeitern nennen zu 79 Prozent Multitasking, zu 68 Prozent starken Termin- und Leistungsdruck und zu 64 Prozent Störungen und Unterbrechungen. All das führt zu langen Arbeitszeiten: Jede fünfte Führungskraft arbeitet mehr als 48 Stunden, ein weiteres Viertel zwischen 40 und 48 Stunden pro Woche, 73 Prozent der Chefinnen und Chefs arbeiten auch samstags, 46 Prozent auch an Sonn- und Feiertagen.[7]

Dabei ist Stress durchaus nicht nur negativ: »Stress im Job spornt mich an«, sagen in der TK-Studie zur »Stresslage der Nation« fast zwei Drittel der 18–25-jährigen. Mit dem Alter sinkt dieser Anteil kontinuierlich, zunächst auf 54 Prozent in der Lebensspanne 26–35 Jahre, dann auf 45 Prozent in der Spanne 36–55 Jahre und schließlich auf 38 Prozent bei den über 56-jährigen. Allgemein gesprochen: Je nach Lebensphase gehen wir unterschiedlich mit dem Stress um. Und wo ein Dreißigjähriger es noch liebt, zu powern, beginnt ein Mittvierziger möglicherweise unter den anhaltend hohen Leistungsanforderungen zu leiden und hat überdies mehr familiäre Verpflichtungen. Dennoch: Arbeit an sich ist nicht schädlich, auch herausfordernde Arbeit nicht. Arbeitslose sind Studien zufolge gestresster als Manager.[8] Zum Stressfaktor wird die Arbeit, wenn der Betroffene das Gefühl hat, die Dinge wachsen ihm über den Kopf und er muss Tag für Tag rudern, um nicht unterzugehen. Und es ist keineswegs nur der Job, der stresst: So sagen 80 Prozent der leitenden Angestellten »Ich bin gestresst«, aber nur 70 Prozent bestätigen die Aussage »Mein Job stresst mich«.[9] Ganz offensichtlich gibt es noch andere Stressquellen.

Nachdenklich stimmt ein Zusammenhang, den der *Spiegel* im September 2014 veröffentlichte: **1825 arbeiteten die Menschen 82 Wochenstunden, 1914 57 Stunden, heute sind es im Schnitt 35 bis 40**.[10] Selbst wenn Sie zu den Führungskräften gehören, die noch genauso viel arbeiten wie der Durchschnittsarbeitnehmer vor 100 Jahren, werden Sie Ihr Leben vermutlich als sehr viel stressiger einordnen. Und das, obwohl Sie anders als Ihr Urgroßvater oder Ihre Urgroßmutter über alle Segnungen der modernen Technik vom privaten Automobil bis zur Zentralheizung verfügen. In Ihrem Haushalt muss kein Holz gehackt werden, es müssen nicht die Pferde geschirrt werden, um in den Nachbarort zu kommen, das Gemüse kommt aus dem Supermarkt oder Bioladen, der Strom aus der Steckdose, die Einkäufe aus dem Internet. Wir haben Waschmaschinen, Küchenmaschinen, Spülmaschinen, Haushaltshilfen, Gartenservice, wir gehen ins Restaurant oder ordern Pizza, die Hemden kommen perfekt gebügelt aus der Reinigung, und der Fensterputzer sorgt für klare Sicht. Und obwohl ein moderner Stadthaushalt so jede Menge Zeit spart, haben wir immer weniger

Zeit und sind immer gehetzter. Wir schlafen sogar zwei Stunden weniger als im 19. Jahrhundert und 30 Minuten weniger als in den Siebzigerjahren.[11] Trotzdem will die Zeit nie reichen. Wie kommt das?

Der Hirnforscher Gerald Hüther sagt: »Die meisten Menschen haben kein Zeit-, sondern ein Gewichtungsproblem.«[12] Dass wir so gehetzt sind, liegt auch an der Fülle von Optionen, die uns die moderne Lebensweise beschert. Wo unsere Urgroßväter mit den Hühnern zu Bett gingen oder das örtliche Wochenblatt studierten, können wir wählen zwischen Dutzenden von Fernsehsendern, Tausenden von Zeitschriften, Millionen von Webangeboten. Wo früher Familie, Kirche, Vereine einen festen Lebensrahmen bildeten, sind unsere Möglichkeiten heute buchstäblich grenzenlos. Der Wochenendtrip nach Mallorca oder New York ersetzt den Verwandtenbesuch in der Nachbarstadt, die sozialen Netzwerke mit unzähligen Kontaktmöglichkeiten wollen neben der Kneipenrunde oder dem Reitverein bespielt werden, will man nicht den Anschluss verpassen. Und mit der Auflösung traditioneller Rollenmuster wird das Leben noch einmal anstrengender: Wo früher die Frau als »Rückenfreihalterin« Privatleben und Kindererziehung bewältigte, während der Mann sich auf die Karriere konzentrierte, sind heute vielfach beide beruflich engagiert und wollen nebenbei die Kinder optimal fördern, mit Sportverein, musikalischer Früherziehung und Ballettunterricht. (Mehr zu diesem Thema im Kapitel 6 »Das Privatleben«.) Und so mancher Manager, manche Managerin sitzt dann nach einer aufreibenden Arbeitswoche am Sonntagnachmittag in einer zugigen Mehrzweckhalle und beklatscht frierend die Fußballversuche des Siebenjährigen. Das ist wunderbar, wenn man es als Kontrastprogramm genießt. Aber es ist bedenklich, wenn man es als Stress empfindet und nur hingeht, weil man meint, man »muss«, um als guter Vater, gute Mutter zu bestehen. Wer auch sein Privatleben dem Diktat des Perfektionismus und sein Freizeitverhalten dem Statusdenken unterwirft, ist irgendwann nur noch getrieben von fremden Ansprüchen und stellt fest: Man mag Chef seiner Mitarbeiter sein, ist aber längst nicht mehr Chef seines eigenen Lebens. Welche inneren Antreiber uns veranlassen, das Hamsterrad selbst immer noch schneller zu drehen, lesen Sie im siebten Kapitel.

Mit dem Hinweis auf die anstrengendere Rollenverteilung der »dual career couples«, bei denen beide beruflich durchstarten, will ich natürlich nicht der früheren Enge ein Loblied singen oder gar die Frauen zurück an Herd und Wickeltisch verbannen. Der Punkt ist, dass unsere heutige Lebensweise so viele Optionen bietet, dass zwangsläufig immer irgendetwas zu kurz kommt.

Stress entsteht auch durch das Spannungsfeld zwischen Möglichem und Verpasstem. Und je mehr wir denken, alles sei möglich, und aus je mehr Optionen wir wählen können, umso schlimmer wird es. Der Alltagsstress wird zur Lebensform. Unsere Möglichkeiten haben sich vervielfacht, doch unsere menschliche Grundausstattung ist noch dieselbe wie im Mittelalter. Wir haben die Qual der Auswahl. Und manchmal auch keine Wahl, so im Job, wo Digitalisierung und Globalisierung im mehrfachen Sinne »grenzenloses« Arbeiten einfordern. Die Entgrenzung der Arbeit, die Möglichkeit, überall und immer auf seine Daten und Dateien, Anrufe und E-Mails zuzugreifen, treibt seltsame Blüten, vom Businesstelefonat in der Umkleidekabine nach dem Sport, noch nass vom Duschen und mit Handtuchturban auf dem Kopf, bis zum heimlichen Checken der Mails zu Hause im Badezimmer, weil der Ehepartner längst meutert, weil »nie« Schluss ist mit dem Arbeiten. Wie radikal sich unsere Arbeitswelt geändert hat, verdeutlichte der *Harvard Business Manager* jüngst mit einer einzigen Zahl. In den Siebzigerjahren betrug die ungefähre »Zahl der [externen] Kommunikationsverbindungen pro Manager und Jahr« 1000, also rund vier bis fünf Telefonanrufe, Telexe oder Telegramme pro Arbeitstag. Hinzu kam die interne Kommunikation mit Kollegen und Mitarbeitern. Heute, im Zeitalter des Internets und virtueller Zusammenarbeit, schätzt das Magazin die Zahl der von außen eingehenden Nachrichten auf das Dreißigfache, also 30 000 pro Jahr. Das macht pro Tag gut 130 Mails, Anrufe, Videokonferenzen etc., zusätzlich zu dem, was an Meetings, Memos und Mitarbeiterfragen auf den Einzelnen einstürmt.[13] Kein Mensch kann all das zur Kenntnis nehmen, selbst wenn er wollte. Der Stress ist vorprogrammiert. Umso dringlicher die Frage, wie ein Befreiungsschlag aussehen könnte.

Warum tun wir uns das an?

Auch hier möchte ich Sie bitten, gemeinsam mit mir wieder einen Schritt zurückzutreten und sich das Problem zuerst aus der Vogelperspektive anzusehen, bevor wir uns konkreten Lösungsmöglichkeiten zuwenden. Wir leben schnell und immer schneller, und wir leiden mehr und mehr daran. Das ist keineswegs eine neue Erkenntnis. Schon in den Neunzigerjahren untersuchte der US-Psychologe Robert Levine weltweit in 31 Ländern das Verhältnis der Menschen zur Zeit. Um das Tempo des sozialen Lebens zu bestimmen, maßen Levine und sein Team erstens die Gehgeschwindigkeit der Fußgänger in einer Großstadt, zweitens die Zeit, die ein Postbeamter braucht, um einem Kunden eine Standardbriefmarke zu verkaufen, und drittens die Genauigkeit öffentlicher Uhren. Deutschland landete hinter der Schweiz und Irland auf Platz drei der schnellsten Kulturen. Acht der neun schnellsten Länder lagen in Westeuropa (einzige Ausnahme: Japan); Schlusslichter bildeten die Schwellenländer Brasilien, Indonesien und Mexiko. Das erhärte die These des Philosophen Georg Simmel, der schon vor 100 Jahren postulierte, **das Tempo des sozialen Lebens beschleunige sich mit fortlaufender Modernisierung,** so Professor Christa Wehner in einem lesenswerten Aufsatz unter dem Titel »Die Zeitsparer«.[14]

Ist Stress das neue Statussymbol?

Für Levine zählte Deutschland zu den am meisten gehetzten Nationen der Welt.[15] Kein Wunder also, dass die Fortschritte der Informationstechnologie die Zeitschraube noch weiter gedreht haben. Begünstigt wird dies durch weitere Faktoren. Zunächst durch das »monochrone« Zeitverständnis, das in West- und Nordeuropa, aber auch Nordamerika vorherrscht, im Gegensatz zum »polychronen« Zeitbegriff Asiens, Lateinamerikas oder Südeuropas. Für uns ist Zeit traditionell tatsächlich Geld, wie Benjamin Franklin einst sagte, ein Gut, das eng getaktet und sorgfältig genutzt werden muss. Die Erledigung von Aufgaben und das Einhalten von Terminen haben Priorität, anders als in polychron geprägten Kulturen, die die persönliche Beziehung in den Vordergrund stellen und Pünktlichkeit und das Einhalten von Terminplänen weniger wichtig nehmen. Unser westliches Zeitverständnis legt uns also engere zeitliche Zügel an als anderswo auf der Welt. Das haben Sie selbst in der internationalen Zusammenarbeit möglicherweise schon festgestellt, wenn Sie sich darüber ärgerten, mit welcher Nonchalance Terminpläne ignoriert wurden.[16] Und lange Jahre war die westliche Antwort auf immer mehr Aufgaben in immer weniger Zeit typisch monochron: noch besseres Zeitmanagement! Mit Checklisten und To-do-Aufstellungen die Planung noch weiter optimieren und sich so noch besser, noch enger, noch effizienter takten. Ich erzähle Ihnen vermutlich nichts Neues, wenn ich behaupte, dass auch das beste Zeitmanagement inzwischen längst an Grenzen stößt. Neben unserer »Zeit-ist-Geld«-Philosophie ist zum anderen die protestantische Arbeitsethik, die von Pflichtbewusstsein und hohem Leistungsethos geprägt ist, ein zuverlässiger Antreiber im Alltag. Von Max Weber bereits zu Beginn des 20. Jahrhunderts mit dem »Geist des Kapitalismus« in Verbindung gebracht, prägt diese Grundhaltung uns durch Erziehung und Vorbilder auch dann noch, wenn wir selbst nicht religiös sind.

Doch während unsere Eltern und Großeltern noch in einer Welt fester Arbeitszeiten lebten, während der Feierabend pünktlich und der Sonntag »heilig« war – und die Muße damit fest eingetaktet ins Leben –, haben wir die Freiheit und die Möglichkeit zu arbeiten, wann und wo wir wollen. Und das tun wir auch, grenzenlos. Burn-out-Experten sind sich einig, dass die Vielzahl der Zusammenbrüche auch dadurch bedingt ist: **Gerade Leistungsträger spüren ihre Grenzen selbst nicht mehr, sondern machen wie betäubt weiter, bis gar nichts mehr geht. Dazu trägt auch bei, dass Stress längst zum Statussymbol mutiert ist.** Oder kennen Sie jemanden, der beruflich einigermaßen ambitioniert ist und zugeben würde, *keinen* Stress zu haben? Selbst gute Freunde schauen befremdet, wenn man nicht in die allgemeine Litanei des »So-stressig-war-es-noch-nie-und-ich weiß-gar-nicht-wie ich-all-das-noch-auf-die-Reihe-bekommen-soll« einstimmt. Alle sind erschöpft, und sie sind auch noch stolz darauf. Wer entspannt ist, muss ein Loser sein. Zu solchen Schlüssen kommt auch der Psychologe Stephan Grünewald, der ein Buch über unsere »erschöpfte Gesellschaft« geschrieben hat. Basierend auf Tausenden tiefenpsychologischer Interviews schreibt er: *»In Unternehmen tobt eine Erschöpfungskonkurrenz. Im Kollegenkreis wetteifert man um den inoffiziellen Titel des Verausgabungsmeisters. Er oder sie ist der moderne Held der Arbeit, der sich in manischer Selbstverleugnung und Selbstüberwindung für das Unternehmen aufopfert. Ihm gebührt Lohn, Lob, Anerkennung und Sozialprestige. Und daher werden die heroischen Erzählungen von Marathonsitzungen, Nachtschichten, bezwungenen Mailhundertschaften und Multitasking wie Frontberichte ausgebreitet.«*[17]

Grünewald kritisiert die »Tendenz zur Überbetriebsamkeit«, die nicht nur das Arbeitsleben, sondern längst auch unsere Freizeit erfasst habe. Er sieht darin eine Ausweichstrategie, um eigene Ängste und die eigene Leere zu betäuben. Oder können Sie noch zugeben, am Sonntag einfach »gar nichts« gemacht und faul auf der Couch gelegen zu haben? Und vielleicht stimmt es ja, dass wir auch deswegen in hektische Betriebsamkeit flüchten, weil wir uns sonst Gedanken darüber machen müssten, worin der Sinn all dessen besteht, mit dem wir unsere

Tage hektisch füllen. Denn je emsiger wir uns im Hamsterrad abmühen, umso weniger hören wir die Seele. Ganz falsch kann unser Leben ja nicht sein, schließlich strengen wir uns jeden Tag bis zur Erschöpfung an. **Innere Bedürfnisse, Sehnsüchte, Wünsche nach Ruhe, Gemeinschaft, Liebe, Rückzug, Entspannung, Abenteuer, Spaß, Freude, die sich mit leiser Stimme in uns melden, werden mit einer Ladung Arbeitsgeröll zugedeckt.** Stress, Termindruck und tausend Verpflichtungen sind so laut, das Smartphone so präsent, dass zarte Stimmen keine Chance haben. Und wenn wir dann unverhofft ein paar Stunden freie Zeit geschenkt bekommen, weil ein Kunde abgesagt hat, der Flieger nicht abhebt oder das Seminar ausfällt, sind wir kaum noch in der Lage, etwas anderes zu tun, als auch dieses Loch schnell mit Arbeit zu stopfen. Ein erster Schritt aus der Mühle des Alltagsstresses besteht darin, wieder Gedanken zuzulassen, die man lange Zeit verdrängt hat:

- Welche inneren Stimmen wurden bei mir verschüttet, welche Signale gab es schon vor Längerem?
- Was »wartet« alles auf mich, wenn ich zur Ruhe komme und einfach mal Zeit nur für mich und mein Leben hätte?
- Will ich das gerade sehen und mich damit beschäftigen? Welche Konsequenzen müsste ich dann ziehen? Will ich das im Moment?
- Welche Gefühle umschleichen mich, wenn ich mal ganz in Ruhe ohne Programm und ohne externe Medien mit mir allein bin? Fühlt sich das gut an?
- Wie fülle ich plötzlich freigewordene Zeit, was mache ich damit? Was würde ich mit einem geschenkten freien Mittwochnachmittag machen?

Es ist wichtig, sich diesen Fragen zu stellen, will man in der Sorge, nichts zu verpassen, am Ende nicht das eigene Leben verpassen. Doch wenden wir uns zunächst dem Arbeitsalltag zu.

Manager-Stress unter der Lupe

Sigmund Freud wird das Zitat zugeschrieben, gesund bleibe, wer »lieben und arbeiten« könne. Nicht die Arbeit als solche macht krank, auch nicht die viele Arbeit. Es gibt sie durchaus, die »happy workaholics«, die die US-Wirtschaftsprofessoren Stewart D. Friedman und Sharon Lobel postulieren – Vielarbeiter, die in ihrer Arbeit aufgehen, ohne sich von ihrem hohen Arbeitspensum gehetzt zu fühlen.[18] Nach meiner Beobachtung sind solche Menschen allerdings häufiger unter Freiberuflern, Künstlern und Unternehmensgründern zu finden, als im Getriebe großer Organisationen. **Was uns besonders stresst, ist der von außen gesteuerte Zeit- und Leistungsdruck.** Das untermauern auch die oben erwähnten Top 3 unter den Stressoren für Führungskräfte, die der Stress-report Deutschland ermittelte und die allesamt von Fremdbestimmung zeugen:

1. verschiedene Arbeiten gleichzeitig tun zu müssen,
2. starker Termin- und Leistungsdruck,
3. häufige Unterbrechungen und Störungen bei der Arbeit.

Ob mittlerer Manager oder Topmanager, auch im Coaching ist es immer wieder dieses Getriebensein von außen, das zum Thema gemacht wird und das Führungskräfte auf Dauer aus der Balance bringt. Was Stress im Körper bewirkt, ist lange bekannt: Die vermehrte Ausschüttung von Stresshormonen wie Adrenalin und Cortisol macht uns kampf- und fluchtbereit wie unsere Vorfahren vor Zehntausenden von Jahren. Das ist kurzzeitig von Vorteil, um in einer akuten Gefahrensituation hellwach und handlungsfähig zu sein, und es schadet uns nicht, wenn danach eine Erholungspause folgt. Wird der Stress jedoch zum Dauerzustand, schwächt er unser Immunsystem und macht uns krank, den einen zwickt der Magen, der andere bekommt Schlafstörungen, der dritte chronische Kopfschmerzen. Um körperliche Auswirkungen und die Gesundheit an sich kümmern wir uns im folgenden Kapitel. Es ist wie bei einem Motor, der ständig auf Hochtouren läuft: Irgendwann ist er kaputt. Warnsignale sind auch, wenn man nicht mehr abschalten kann, die Gedanken nur noch um die Arbeit kreisen, die Fehler sich häufen. Im Extremfall droht der totale Kollaps: ein Burn-out (mehr dazu am Ende dieses Kapitels). Wenn jemand erschöpft vor mir sitzt, werden immer wieder die gleichen Alltagserfahrungen benannt, die den Führungsalltag so anstrengend machen können. Sie finden diese Erfahrungen im folgenden Stress-Check, der Ihnen Aufschluss darüber gibt, wie stark Sie selbst betroffen sind:

Der Stress-Check für Ihren Führungsalltag

Wie hoch ist Ihr aktuelles Stresslevel? Wie stark treffen die folgenden Erlebnisse auf Sie zu? Bitte kreuzen Sie spontan an!

1. Ich muss viele Dinge gleichzeitig tun und bekomme das manchmal nicht mehr im Kopf sortiert.

Sehr häufig	Häufig	Gelegentlich	Selten	Nie

2. Ich stelle fest, dass ich mich verzettele und Mühe habe, mich auf das Wesentliche zu konzentrieren.

Sehr häufig	Häufig	Gelegentlich	Selten	Nie

3. Ich muss häufig Priorisierungen ändern, weil Chefaufträge oder von Mitarbeitern gemeldete »Katastrophen« dazwischenkommen.

Sehr häufig	Häufig	Gelegentlich	Selten	Nie

4. Ich nehme Arbeit mit nach Hause und suche dort nach freien Zeitfenstern, die zulasten von Privatem gehen. Daraus entstehen zu Hause Stress und Ärger, die mich noch mehr unter Druck setzen.

Sehr häufig	Häufig	Gelegentlich	Selten	Nie

5. Ich verzweifle an der Zeitverschwendungskultur vieler Meetings, die verspätet beginnen und in denen jeder an etwas anderes zu denken oder an seinem Smartphone herumzufummeln scheint.

Sehr häufig	Häufig	Gelegentlich	Selten	Nie

6. Ich leide darunter, dass ich nicht zu meinen eigentlichen Aufgaben komme, weil oft etwas anderes dazwischenkommt.

Sehr häufig	Häufig	Gelegentlich	Selten	Nie

7. Ich habe das Gefühl, von Mitarbeitern mit Fragen überfallen zu werden, sobald ich mein Büro verlasse. Nicht einmal im Waschraum habe ich meine Ruhe!

Sehr häufig	Häufig	Gelegentlich	Selten	Nie

8. Ich muss mit meiner Assistenz um kleine Freiräume im Kalender kämpfen, um nicht buchstäblich pausenlos verplant zu werden.

Sehr häufig	Häufig	Gelegentlich	Selten	Nie

9. Es belastet mich, dass laufend Antworten und Lösungen von mir erwartet werden. Dabei fehlt mir die Zeit, in Ruhe über Probleme nachzudenken.

Sehr häufig	Häufig	Gelegentlich	Selten	Nie

10. Ich bin gereizt und ärgere mich über Versäumnisse, Fehler, Gleichgültigkeit, Langsamkeit, Respektlosigkeit, etc. anderer.

Sehr häufig	Häufig	Gelegentlich	Selten	Nie

Dies ist kein wissenschaftlicher Test, sondern eine Angebot, Ihre eigene Situation zu reflektieren. Je öfter Sie Ihr Kreuzchen auf der linken Seite gemacht haben, desto höher wird Ihr persönlicher Leidensdruck sein.

Stressfaktor Mangel an Wertschätzung

Neben der Fremdbestimmung, dem Gefühl, keine Kontrolle über seine eigene Situation zu haben, ist es der Mangel an Wertschätzung, der das Stresskonto stark belastet. Der Medizinsoziologe Professor Johannes Siegrist hat in diesem Zusammenhang schon 1996 das sogenannte »Effort-Reward-Imbalance-Model« (Modell beruflicher Gratifikationskrisen) entworfen. Danach entsteht Stress unter anderem durch ein Missverhältnis von beruflichem Engagement auf der einen und Anerkennung und Wertschätzung auf der anderen Seite. **Stress verstärkt sich also, wenn jemand das Gefühl hat, seine Anstrengungen werden nicht angemessen gewürdigt.** Der Stressreport Deutschland 2012 bestätigte dies in frappierender Weise, indem er die Zahl der gesundheitlichen Beschwerden mit dem Ausmaß von »Hilfe/Unterstützung durch den direkten Vorgesetzten« in Beziehung setzte. Mitarbeiter, die »selten« oder »nie« Unterstützung erfahren, klagen mehr als doppelt so oft über sechs und mehr Beschwerden als Mitarbeiter, die »häufig« Unterstützung bekommen. [19] Wenig zugewandte Chefs können buchstäblich krank machen. Ein Beispiel dafür ist ein Klient, Finanzdirektor in einem Großunternehmen, der seit Jahren unter seiner Arbeitslast ächzte und gleichzeitig unter einem sehr kühlen, fordernden Vorstand litt. Immer, wenn sich sein Gefühl verstärkte, nicht wohlgelitten zu sein, gegenüber anderen zurückgesetzt zu werden, wurde dieser Manager krank. Als eines Tages dann sein Vorgesetzter in einer sehr schwierigen Situation im Meeting achselzuckend zu ihm sagte, »Tja, das ist dein Projekt. Sieh zu, wie du es hinkriegst«, setzten Herzrhythmusstörungen ein, für die es beim anschließenden kardiologischen Check-up keine körperliche Ursache gab. Es ist ein Irrglaube, wir könnten im Beruf unsere Gefühle einfach vor der Tür lassen und »sachlich« agieren; wir bleiben auch im Businessanzug Menschen mit Sorgen und Emotionen. Und auch der Aufstieg auf der Karriereleiter ändert nichts an dieser menschlichen Grundkondition.

Persönliche Faktoren: unterschiedliche Stresstypen

Nicht jeder reagiert gleich, auch ein wenig wertschätzender eigener Vorgesetzter lässt manchen Mitarbeiter völlig kalt. So gibt jeder fünfte der knapp 18 000 Befragten im Stressreport an, kaum gesundheitliche Beeinträchtigungen zu haben, auch wenn er von seinen Vorgesetzten »nie« Unterstützung erfährt.[20] Dies entspricht der simplen Alltagserfahrung, dass Menschen unterschiedlich sind. In diesem Zusammenhang hat die Schweizer Psychologin und Stress-Expertin Ruth Enzler Denzler, die selbst lange Führungsfunktionen bekleidete, eine interessante Typologie entwickelt. Sie unterscheidet

1. »Erkenntnistypen«, die nach persönlichem Wachstum und eigener Entwicklung streben, vorankommen wollen.
   Stärkster Stressfaktor ist hier die Einschränkung des Handlungsspielraums und der persönlichen Entwicklung.
2. »Ordnungs- und Strukturtypen«, die nach Autonomie, Einfluss und Macht streben.
   Stärkste Stressfaktoren sind vor allem unklare Situationen und die Begrenzung des eigenen Einflusses.
3. »Soziale Typen«, für die Vertrautheit, Zuwendung und Anschluss sehr wichtig sind.
   Stressfaktoren sind in diesem Falle vor allem fehlende Wertschätzung und Einschränkung von Kontakten.[21]

Wie jede Typologie, so vereinfacht natürlich auch diese. Zweifellos gibt es unter den Menschen viel mehr »Mischtypen« als Reinformen. Der Ansatz lenkt jedoch die Aufmerksamkeit darauf, dass wir dann besonders gestresst sind, wenn etwas wegbricht, das uns persönlich sehr wichtig ist. »Soziale Typen« wie mein oben beschriebener Klient leiden, wenn sie unfreundlich behandelt werden; Erkenntnistypen, wenn sie ausgebremst werden und etwas vertreten sollen, hinter dem sie nicht stehen; »Strukturtypen«, wenn sie mit Unsicherheit und Unordnung konfrontiert sind und die Kontrolle verlieren. Wir haben alle unsere Achillesferse, und es ist gut, sie zu kennen. Was ist Ihre Achillesferse? Und wie gehen Sie damit um?

Grundsätzlich haben Sie immer zwei Möglichkeiten: Entweder Sie ändern die Situationen, die Sie stressen. Wenn das nicht möglich ist, können Sie immer noch die Art und Weise verändern, wie Sie mit der Situation umgehen – Ihr »Coping«, wie ein Psychologe sagen würde. Das gilt insbesondere für fruchtlosen Ärger, der uns sinnlos Energie raubt, denn sich aufregen und schimpfen ist auch Stress. Worüber man sich aufregt, hängt ebenfalls von der eigenen Persönlichkeit und den eigenen Werten ab. Wer sehr gewissenhaft ist, den ärgern Nachlässigkeit und Schlamperei besonders; wer planvoll und effizient ist, den treiben Langsamkeit und Gedankenlosigkeit immer wieder zur Weißglut; wer Wert auf gutes Miteinander legt, den ärgern vor allem Respektlosigkeit und Grenzverletzungen. Die Liste ließe sich beliebig verlängern – ich nehme an, Sie kennen Ihre wunden Punkte. Doch welchen Sinn hat es, sich immer wieder neu an den immer gleichen Versäumnissen aufzureiben und sich womöglich die knapp bemessene Freizeit dadurch verderben zu lassen? **Ich empfehle meinen Klienten gern, sich die Frage zu stellen »Wird es in einem Jahr noch wichtig sein?«,** wenn sie merken, wie der Ärger in ihnen hochkocht. Lautet die Antwort Ja, lohnt es sich, zu kämpfen und sich zu engagieren. Lautet sie Nein, ist es klüger, die Angelegenheit abzuhaken und das Ganze an sich abtropfen zu lassen wie die Ente das Wasser am geölten Gefieder. Weiter unten im Abschnitt »Mehr Energie durch Ausschöpfen eigener Gestaltungsmöglichkeiten« finden Sie weitere konkrete Vorschläge, wie Sie Ihren Stresspegel senken können.

Unternehmensfaktoren: systemimmanenter Stress

Das klassische Zeitmanagement zielt auf das Individuum: Wie kann der Einzelne ökonomischer mit seiner Zeit umgehen? Bücher und Seminare bringen einem bei, wie man Zeitverschwendung möglichst vermeidet. Was aber, wenn eine Hauptquelle für Zeitverschwendung nicht der Einzelne ist, sondern die Art und Weise, wie viele Unternehmen heute ihre Kommunikation organisieren? Besonders augenfällig wird das an der Flut der E-Mails, die sich rund um die

Welt in die Postfächer ergießt. Selbst wenn ein Großteil schnell gelöscht werden kann oder SPAM ist, erleben Sie, wie Ihr Account jeden Tag wieder von Neuem gefüllt wird. Sisyphos lässt grüßen! Oder denken Sie an die Vielzahl schlecht geleiteter Meetings. Im Oktober 2014 warf der *Harvard Business Manager* daher die Frage auf, wie Unternehmen ihre Zeit managen. »Zeit ist das knappste Gut eines Unternehmens. Trotzdem ist es dasjenige, das am häufigsten verschwendet wird«, so das Fazit der Autoren, dreier Strategieberater von Bain & Company.[22] Sie kamen nicht nur zu dem Schluss, dass ein Manager heute ungefähr 30 Mal mehr externe Nachrichten als in den Siebzigerjahren und damit rund 130 Mails, Anrufe, Memos täglich erhält (siehe oben), sie nahmen vor allem die Zahl und Funktion der Meetings ins Visier. Das folgende Beispiel ist so schön, dass ich es Ihnen nicht vorenthalten möchte:

»Die Führungskräfte eines großen Fertigungsunternehmens stellten vor Kurzem fest, dass ein regelmäßig stattfindendes 90-minütiges Meeting des mittleren Managements jährlich mehr als 15 Millionen Dollar kostet. [Anm. der Verfasserin: Addiert wurden die Kosten der Arbeitszeit sämtlicher Beteiligter sowie die gesamte Vorbereitung dieses Meetings auf den Ebenen darunter.] Auf die Frage, wer diese Besprechung genehmigt hat, hieß es: ›Niemand. Toms Assistent hat das Meeting terminiert, und dann nimmt das Team natürlich daran teil.‹ Mit anderen Worten: Die Assistenz eines Junior Vice Presidents durfte ohne weitere Kontrolle 15 Millionen Dollar investieren. Bei einer Kapitalinvestition wäre so etwas undenkbar.«

Die Frage, wie viel Zeit die wöchentlichen Meetings auf der Top-Ebene ein Unternehmen jährlich kosten, ist tatsächlich sehr interessant – und sie wird selten gestellt. Die Berater sprechen von einem »teuren Welleneffekt«.[23] Was damit gemeint ist, illustriert das folgende Bespiel, für das ich ein durchschnittliches Unternehmen zum Ausgangspunkt genommen habe:

Setzt man pro Arbeitsstunde über alle Hierarchiestufen den fiktiven Durchschnittswert von 50 Euro (inklusive aller Lohnnebenkosten) an, kommt man auf eine Jahresinvestition von rund 4,2 Millionen Euro. Mit anderen Worten: Tagte die Runde nur noch alle zwei Wochen, könnte das Unternehmen eine Menge Geld sparen, und alle Ebenen wären um etliche Arbeitsstunden entlastet.

Wie ist es bei Ihnen? Ist dem Topmanagement bewusst, wie viele Kosten es allein durch seine Meetings in der Folge verursacht? Durch ständige neue Erwartungen und Berge von Unterlagen, die in vorauseilendem Gehorsam erstellt und weiter optimiert werden? Hätte man hier mehr Bewusstsein und mehr Mut, weiter unten zu sagen: »Gern erstelle ich die dritte Version der Präsentation, nur

Was kosten wöchentliche Geschäftsführungsmeetings?

Managementebene	Zeitaufwand für wöchentliche Geschäftsführungsmeetings
Geschäftsführung (7 GF, die im Schnitt 5 Std. pro Woche gemeinsam tagen)	**1 610 Std. pro Jahr** 7 Teiln. x 5 Std. x 46 Wochen
Vorbereitende Bereichsmeetings (7 GF + 16 Bereichsleiter, die im Schnitt 5 Std. pro Woche in versch. Meetings tagen)	**5 290 Std. pro Jahr** 23 Teiln. x 5 Std. x 46 Wochen
Vorbereitende Teambesprechungen (16 Bereichsleiter + 120 Teammitglieder, die im Schnitt 5 Std. in versch. Meetings tagen)	**31 280 Std. pro Jahr** 136 Teiln. x 5 Std. x 46 Wochen
Weitere vorbereitende Treffen auf allen Ebenen sowie direkte Vorbereitungen für die Geschäftsführungsmeetings (Diverse Besprechungen einzelner GF/Bereichsleiter/Teammitglieder untereinander, Besprechungen mit Externen, Erstellen von Sitzungsvorlagen und Protokollen, Durchschnittswert von 7 Std. pro Person und Woche)	**46 046 Std. pro Jahr** 143 Teiln. x 7 Std. x 46 Wochen
Summe	**84 226 Std. pro Jahr**

zur Info, es hat uns bisher schon zehn Stunden gekostet, die nächste Runde wären weitere drei, wollen Sie das?«, dann würde so mancher sagen, ach nein, danke, dann lassen wir es so. Denn die Ergebnisse zahlreicher Vorbereitungsarbeiten werden am Ende nicht mal angeschaut.

Natürlich ist ein Unternehmen ohne Kommunikation nicht denkbar, wir brauchen Meetings, Memos, Mails, um den Informationsfluss, die enorme Komplexität und Geschwindigkeit zu managen. Aber brauchen wir so viele und alle, die wir haben? Mein Eindruck ist: **Der digitale Geist ist aus der Flasche, er wird immer größer und mächtiger, und wir stehen staunend vor diesem Riesen und wünschen uns manchmal, wir könnten ihn wieder in die Flasche zurückstopfen.** Viele Unternehmen haben noch keinen

Weg gefunden, die Informationsflut, die die neuen technischen Möglichkeiten hervorbringen, zu kanalisieren. Über den elektronischen Kalender ein Meeting zu terminieren ist so viel einfacher, als Hausmitteilungen zu kopieren und wie im »analogen Zeitalter« in nichtvirtuelle Postfächer tragen zu müssen. Und über die cc-Funktion Dutzende mit Informationen zu beglücken, geht blitzschnell. Müsste man auch hier ein Memo tippen und vervielfältigen, wäre die Selbstbeschränkung ungleich größer, und man wäre automatisch gezwungen, vorher nachzudenken, ob alle Empfänger erforderlich sind. So aber addieren sich Absicherungsmentalität, Ego-Shows, Kontrollinteressen, endloses Frage-Antwort-Ping-Pong und echte Informationen zum täglichen Mail-Wahnsinn und nicht hinterfragte Meeting-Routinen zu nur partiell produktiven Endlossitzungen. Der Einzelne resigniert und greift zu Notwehrmaßnahmen, die das Problem noch weiter verschärfen: Mails werden nicht mehr oder nur noch flüchtig gelesen, Meetings werden genutzt, um parallel per Smartphone oder Laptop andere Dinge zu erledigen. Ergebnis: Missverständnisse, Rückfragen, Fehler und Pannen, und daraus resultierend: noch mehr Mails, noch mehr Besprechungen.

Inzwischen haben Politik und Öffentlichkeit das Problem der kommunikativen Überlastung und grenzenlosen Verfügbarkeit erkannt, doch die Überlegungen wirken seltsam hilflos. Im Arbeitsministerium denkt man über eine »Anti-Stress-Verordnung« nach, die Arbeitnehmer dem permanenten Zugriff ihrer Chefs (im Urlaub, am Wochenende, nach Feierabend) entziehen soll. Maßnahmen wie die Begrenzungen von E-Mail-Zeiten greifen Grundideen auf, mit denen Unternehmen bereits experimentieren, etwa die Telekom, wo sich leitende Angestellte verpflichtet haben, Mitarbeitern außerhalb der regulären Arbeitszeit keine Mails mehr zu senden, oder die Daimler AG, wo Mitarbeiter im Urlaub eingehende Mails in Verbindung mit einer Abwesenheitsnotiz automatisch löschen lassen können.[24] Der TÜV Rheinland bietet seit Mai 2014 einen (bisher wenig nachgefragten) Qualitätsstandard zum »Digitalen Arbeitsschutz« an, der unter anderem die arbeitsrechtlich verlangten elf störungsfreien Stunden zwischen zwei Arbeitstagen auf das elektronische Postfach ausdehnt.[25] Im Fokus sind auch hier wieder die Mitarbeiter, die geschützt werden sollen, während Führungskräfte schauen müssen, wie sie klarkommen. Man laboriert an den Symptomen herum, statt über die Ursachen nachzudenken, denn die E-Mail-Flut bleibt ja, auch wenn der »Senden«-Button später gedrückt wird.

Wie könnte man vorbeugen und verhindern, dass in Unternehmen zu viel Zeit für Meetings und Mails draufgeht? Michael Mankins und seine Kollegen von Bain & Company haben dazu radikale Vorschläge erarbeitet. Beispiele:

- »Nullbasisbudgetierung für Meetings«: Ein neues Meeting muss aus einer bestehenden »Meetingbank« finanziert werden – es kann nur einberufen werden, wenn bestehende Meetings gekürzt oder abgeschafft werden.
- Kürzere Tagesordnungen: Nur die wichtigsten Punkte kommen auf die Agenda, diese werden im Abstimmungsverfahren klar priorisiert, alle Punkte in der unteren Hälfte werden automatisch gestrichen.
- Kürzere Meetings dadurch, dass man Besprechungen kürzer anberaumt und sie sofort beendet, wenn man sich erkennbar festgefahren hat.
- Begrenzung der Zahl neuer Projekte: Jedes neue Projekt braucht einen konkreten Businessplan und einen Sponsor auf Top-Ebene, der es bewilligt und kontrolliert. So soll der »Sumpf an Initiativen« getrocknet werden.
- Klare Entscheidungswege, auch darüber, wer ein Meeting ansetzen darf: Besprechungen, die länger als 90 Minuten dauern oder mehr als sieben Teilnehmer haben, müssen vom Vorgesetzten des Vorgesetzten genehmigt werden.
- Feedback zur Zeitbelastung: Manager bekommen präzise Rückmeldung, welche »Zeitlast« ihre Initiativen dem Unternehmen in Form von Besprechungen und E-Mails auferlegt.
- Vereinfachung der Organisationsstruktur: Je zersplitterter die Zuständigkeiten, desto mehr Schnittstellen entstehen und desto mehr Kommunikationsaufwand muss betrieben werden.[26]

Zu radikal gedacht? Ging es Ihnen auch so wie mir, dass Sie bei manchen Vorschlägen quietschten vor Vergnügen, als Sie sich diese Idee in Ihrem Unternehmen vorstellten? Es kommt uns absolut undenkbar vor. Ausprobieren müsste man das eine oder andere einfach mal, es ist verlockend. Zumindest wäre auf diese Weise eine Sensibilisierung für den Umgang mit der Zeit, der eigenen wie der anderer, garantiert und vielleicht auch der Weg für etwas weniger Stress für alle geebnet. Großbürokratien tendieren dazu, sich mehr und mehr mit sich selbst zu beschäftigen. In Zeiten müheloser Vervielfachung der Kommunikation kann sich das verheerend auswirken. An das Thema Mails wagen sich die Berater nicht heran. Hier wären analoge Maßnahmen denkbar, die jeden Einzelnen anregen, sein Verhalten zu hinterfragen, etwa Programme, die das allzu einfache »cc« erschweren, Standardantworten für überflüssige Mails (»Warum erhalte ich diese Information? Bitte nehmen Sie mich vom Verteiler!«) oder die Verpflichtung auf einen kurzen E-Mail-Knigge, wie ihn die Werbeagentur Scholz & Friends schon vor Jahren veröffentlichte. Paragraf 1 lautet: »Nicht gesendete E-Mails sind gute E-Mails.«[27] Mehr zu diesem Thema im nächsten Punkt.

Um systemimmanenten Stress im Unternehmen durch klügere Kommunikationsroutinen zu reduzieren, braucht es Initiativen von ganz oben und den Willen dazu. Doch Sie selbst können ebenfalls eine Menge tun, wenn Ihre Einflussmöglichkeiten (noch) gering sind. Kommen wir zu Tipps und Kniffen, mit denen Sie sich persönlich wirkungsvoll entlasten können.

Mehr Energie durch das Ausschöpfen eigener Gestaltungsmöglichkeiten

Die traurige Wahrheit lautet für viele gestresste Vorgesetzte: Sie sind zwar Chef zahlreicher Mitarbeiter, doch nicht Chef ihres eigenen Lebens. Zumindest fühlen Sie sich nicht so. In diesem Abschnitt geht es darum, wie Sie die Hoheit über Ihr Leben ein Stück weit zurückerobern können. Prüfen Sie, was für Sie und Ihre Situation passt.

Sich selbst befragen (Selbsterkenntnis)

Was stresst Sie besonders? Wann haben Sie das Gefühl, Ihnen wächst alles über den Kopf? Führen Sie einige Wochen ein »Stresstagebuch«, in dem Sie sich Notizen zu besonders stressigen Situationen machen. Was war da genau los? Möglicherweise entdecken Sie ein Verhaltensmuster, das Sie verändern können: zu viele Sitzungen an einem Tag, die ermüdende Mammutsitzung in der produktivsten Arbeitszeit, die einem die Energie für den ganzen Tag raubt, keine Zeit für Pausen, keine Wegezeiten von A nach B eingeplant, Mitarbeiterfragen, die angeblich sofort gelöst werden müssen …. Überlegen Sie, wie Sie ein solches Muster entschärfen können, indem Sie die Weichen anders stellen, die Mammutsitzung verlegen, Mitarbeiterfragen auf feste Termine am späten Nachmittag legen usw. Und halten Sie auch das Positive fest: Wann waren Sie besonders produktiv, wie waren da die Rahmenbedingungen, und welche Uhrzeit liegt Ihnen besonders?

Die Sklaverei ist abgeschafft!

Es klingt absurd, doch mancher Assistentin scheint nicht bewusst zu sein, dass die Chefin/der Chef auch nur ein Mensch ist, der gelegentlich etwas essen muss und der sich nicht wie Harry Potter oder Captain Kirk von einem Ort zum anderen beamen kann. Ich kenne Führungskräfte, die sich regelrecht versklavt fühlen und Dauerfehden mit ihren Assistentinnen führen, um im elektronischen Kalender nicht buchstäblich lückenlos verplant zu werden. Wegezeiten werden nicht berücksichtigt, Mittagspausen nicht geblockt, kein Terminwunsch wird abgewiesen, und so entsteht ein Tag im Hamsterrad, der keine Luft zum Atmen lässt und an dem man morgens schon weiß, dass der Kampf um Pünktlichkeit verloren ist – Stress pur. Die Schnittstelle zwischen Ihnen und Ihrem Sekretariat muss reibungslos funktionieren. Stellen Sie klare Regeln auf, die Ihnen Freiräume verschaffen: Pausen zum Essen (mindestens eine halbe Stunde), Lücken nach Meetings zum Diktieren oder Weitergeben der Ergebnisse (idealerweise mindestens eine Viertelstunde), angemessene Wegezeiten, Verschnaufpausen vor 18 Uhr zum Beantworten wichtiger Mails usw. Bleiben Sie hartnäckig, wenn das nicht sofort klappt. **Gewöhnen Sie Ihre Assistenz daran, dass der Kalender Ihnen dient und nicht umgekehrt Sie dem Kalender**. Veranlassen Sie sie notfalls dazu, Fehlplanungen rückgängig zu machen. Solange Sie sich willig unterwerfen, wird sich nichts ändern. Und bleiben Sie selbst konsequent. Wenn Sie jedem Terminwunsch, den Ihre Assistenz abgeblockt hat, durch die Hintertür nachgeben, dann können Sie auf der anderen Seite keine Eindeutigkeit erwarten.

Die eigene Energie managen (Energiekompetenz)

Stress und Unzufriedenheit entstehen auch dann, wenn die produktivste Zeit für wenig produktive Aufgaben draufgeht, Mails, Routinemeetings, Organisation. Werden Sie sich bewusst, wann Sie am besten nachdenken und kreativ sein können und wann Ihr Biorhythmus im Keller ist. Die meisten von uns wissen, ob sie eher ein Abend- oder ein Morgenmensch sind. Gehören Sie zu den ausgeprägten Morgenmenschen, die am liebsten zwischen 5:00 Uhr und 6:30 Uhr aufstehen, oder den etwas schwächer ausgeprägten Morgentypen (bevorzugte Aufstehzeit 6:30 Uhr bis 7:30 Uhr), dann sorgen Sie dafür, dass Sie die Zeit mit der höchsten Energie, den Morgen, zum Denken und Planen haben, legen Sie Routineaufgaben eher in die Mittagszeit. Als Abendmensch nutzen Sie den späten Nachmittag. Natürlich wird das nicht jeden Tag möglich sein, da Ihr Kalender mit dem Ihres Chefs und anderer Führungskollegen verzahnt ist. Viel ist aber schon gewonnen, wenn Sie die Termine dort, wo Sie eine Wahl haben, routinemäßig so einrichten, dass es Ihnen selbst damit am besten geht. Respektieren Sie Ihren Biorhythmus und brechen Sie möglichst auch am Wochenende nicht mit Ihren Schlaf- und Wachzeiten, sonst kommt zum Jetlag der Dienstreisen womöglich noch der »Wochenendlag« dazu. Wenn Sie es einrichten können: **Sorgen Sie dafür, dass Sie in Ihrer Hochphase eine unterbrechungsfreie »stille Stunde« zum ungestörten Abarbeiten wichtiger Dinge haben.** Viele Morgenmenschen schwören darauf, zwischen sechs und sieben Uhr früh schon klar Schiff zu machen. Die stille Stunde ist ein bewährter Tipp aus dem klassischen Zeitmanagement.

Den Kopf frei bekommen (Gedankenkarussell)

»First things first«, heißt ein anderer klassischer Zeitmanagement-Tipp. Zum wichtigsten zähle ich auch die Dinge, die einem auf der Seele liegen und vor denen man sich insgeheim ein wenig fürchtet – das heikle Mitarbeitergespräch, das schwierige Vortragskonzept, die Mail an den Vorgesetzten, bei der die Worte sorgfältig gewählt werden müssen, das Telefonat zur Konfliktschlichtung, von dem wir befürchten, dass es hoch hergehen wird. Solche Themen arbeiten im Hinterkopf und kosten zusätzlich Energie, solange wir sie nicht erledigt haben. Packen Sie den Stier bei den Hörnern, bringen Sie die unangenehmen Aufgaben möglichst schnell hinter sich. Was Ihnen nicht mehr bevorsteht, kann Sie nicht mehr belasten. Auch so gewinnen Sie mehr Energie.

Zeitsparer oder Zeitverschwendung? (Multitasking)

Was würden Sie davon halten, wenn Ihr Flugkapitän Sie auf Ihrem nächsten Businessflug besonders launig begrüßt und Ihnen mitteilt, dass er mit Erreichen der Flughöhe jetzt das neue XY-Quiz auf seinem Smartphone spielt, während der Co-Pilot seinen E-Mail-Account durchgeht, offline selbstverständlich, um die Flugzeugtechnik nicht zu beeinträchtigen? Keine Sorge, man habe die

Instrumente trotzdem im Auge, schließlich seien beide erfahrene Multitasker. Vermutlich würden Sie nach Luft schnappen – und das zu Recht. **Multitasking ist ein Mythos, zumindest wenn es um Aufgaben geht, die Aufmerksamkeit erfordern,** etwa Flugzeuginstrumente überwachen oder Quizfragen beantworten. Natürlich können wir mehrere Dinge parallel tun, etwa Autofahren und uns mit dem Beifahrer unterhalten oder Duschen und gleichzeitig Radiohören. Voraussetzung ist immer, dass eine der beiden Tätigkeiten nahezu automatisiert abläuft, also kaum Aufmerksamkeit erfordert. In seiner ersten Fahrstunde hatte jeder Mühe, den Wagen auf der Straße zu halten, Kuppeln und Schalten waren eine Herausforderung und an gleichzeitiges Reden kaum zu denken. Und ich hatte dazu noch einen Fahrlehrer, der fast unentwegt Witze erzählte und auch noch einen Sprachfehler hatte. Nach den Stunden war ich fix und fertig. Mit Routine läuft das Fahren heute ganz automatisch. Und doch würde ein Gespräch bei Ihnen wie mir vermutlich ins Stocken geraten, wenn Blaulicht und Sirenen unsere Aufmerksamkeit erforderten. Und umgekehrt wäre ein Streit mit dem Beifahrer oder den Kindern auf dem Rücksitz ein guter Grund, den nächsten Parkplatz anzusteuern und dort gefahrlos weiter zu diskutieren. Diese Alltagserfahrung ist durch neurophysiologische Befunde (Lösen von Mehrfachaufgaben unter EEG-Überwachung) inzwischen gut belegt. »Bei nicht automatisierten Aufgaben gelingt es unserem Gehirn nicht, mehrere Aufgaben gleichzeitig zu verarbeiten und dabei eine reibungslose Fehlerüberwachung zu realisieren«, fasst der Stressreport Deutschland die Antwort auf die Frage »Überfordert Multitasking unser Gehirn?« zusammen.[28]

Erhellend in diesem Zusammenhang ist der Ursprung des Begriffs »Multitasking«: Er stammt aus der IT und beschreibt den Mehrprozessbetrieb eines Betriebssystems. Doch unser Gehirn ist kein PC, dem wir einfach einen größeren Arbeitsspeicher einbauen können. Mehrere Dinge gleichzeitig zu tun, etwa Mails schreiben und eine Mitarbeiterfrage beantworten oder Telefonieren und gleichzeitig den Mail-Account überfliegen, ist anstrengend und fehleranfällig. Ergebnis sind die zahllosen Mails mit halben oder fehlerhaften Antworten, die vielen »Ach-hatten-wir-das-wirklich-besprochen?«-Gespräche, die unzähligen kleinen und größeren Missverständnisse und Versäumnisse, die dann zeitraubend beseitigt werden müssen. Konzentriert eins nach dem anderen zu tun kostet unterm Strich weniger Energie und vermutlich sogar weniger Zeit.

Nur Sklaven waren immer erreichbar (Abschalten? Abschalten!)

Wer abschalten will, tut gut daran, den Laptop abends im Büro zu lassen und das Smartphone konsequent auszuschalten. Wann hat das angefangen, dass wir alle glaubten, rund um die Uhr und auch im Urlaub erreichbar sein zu müssen? **Rund zwei Drittel aller Männer lesen berufliche Mails in den Ferien, bei den Frauen ist es ein Drittel.**[29] Ich kenne alle Argumente, das zu tun: So brennt nichts an; der Mail-Berg nach dem Urlaub ist nicht so hoch; es geht ja immer nur um eine Stunde am Tag, es beruhigt mich mehr, als dass es mich belastet, … . Fakt ist: Auch die eine Stunde ist geraubte Urlaubszeit und verhindert zudem, dass Sie das Hamsterrad tatsächlich einmal ganz und gar hinter sich lassen. Die gecheckten Mails sind entweder unwichtig und damit eine unnötige Störung, oder sie sind relevant und dann gehen Sie Ihnen sicher länger im Kopf herum als die eine Stunde. Der Arzt und Managementtrainer Marco Caimi gibt zu bedenken: »Auch wenn achtzig, neunzig Prozent der Nachrichten neutral oder positiv sind, rechnen wir meist mit etwas Negativem. Jeder Input ist eine solche Mikrowunde, und die braucht etwas Zeit, bis sie verheilt. Je höher der Stress ist, umso verwundbarer sind Sie. Wenn immer wieder in dieser Wunde gebohrt wird, klafft sie irgendwann. Und für dieses ›Klaffen‹ können Sie nehmen, was Sie möchten: Burn-out, Rückenschmerzen, Magen-Darm-Probleme, Migräne ….«[30]

Immer mehr Mutige verweigern sich der Rundumverfügbarkeit, und viele Klienten berichten mir anschließend völlig begeistert davon, wie erholsam es war, einmal zehn, vierzehn Tage oder gar drei Wochen »völlig raus« zu sein. Ich versichere Ihnen: Die Welt geht auch ohne uns nicht unter, selbst wenn das an unserem Ego kratzt. Wenn Ihnen das für den Anfang zu radikal ist, machen Sie es wie einer meiner Klienten und besprechen Sie mit Ihrem Sekretariat, dass Sie im Urlaub keine Mails lesen, außer diejenigen, die von ihr kommen und die im Betreff ein verabredetes Codewort enthalten, sodass Sie wissen, das ist wirklich wichtig. Was Ihnen wichtig ist, wird vorher definiert. Alle anderen Mitarbeiter werden angewiesen, nicht direkt zu kommunizieren, sondern ihre Punkte bis nach dem Urlaub zu sammeln oder Unaufschiebbares eben über die Sekretärin weiterzuleiten. So müssen Sie – wenn Sie denn nicht widerstehen können – alle Mails im Eingang nur nach dem Codewort scannen. Besser wäre aber allemal, das Ding ausgeschaltet zu Hause zu lassen und lieber Energie darauf zu verwenden, zu beobachten, wie man sich fühlt, wie es einem an den ersten Tagen und später geht, welche Entzugserscheinungen man hat und, am Ende der Gedankenkette: wovor man Angst hat. Denn ich bin sicher, nur

Mutige schalten ab, die Ängstlichen checken in vorauseilendem Gehorsam ihre Mails und haben Sorge, etwas zu verpassen oder entbehrlich zu sein. Abends und im Urlaub im doppelten Sinne abzuschalten bedeutet auch, dass Sie privaten und dienstlichen Account strikt trennen und sich ein zweites Smartphone zulegen sollten.

Ausmisten, aber richtig (E-Mails)

Wir verbringen viel Zeit unseres Lebens mit dem Löschen überflüssiger Mails. Zum Thema »bewusste Mediennutzung« habe ich mich in meinem letzten Buch *Leadership 2.0* ausführlich geäußert, daher hier nur die wichtigsten Anregungen:[31]

- Als Chef sind Sie Vorbild im positiven wie negativen Sinne: Wenn Sie selbst Management by Mail betreiben und viele cc-Nachrichten mit großem Verteiler versenden, darf es Sie nicht überraschen, wenn Ihre Mitarbeiter dasselbe tun. Verabschieden Sie sich davon, Mails zur schriftlichen Absicherung zu wählen. **Klären Sie wichtige Themen mündlich und senden Sie anschließend eine knappe »Ergebnis-Mail«, wenn Sie sich absichern wollen. Das spart Zeit und Mails.**
- Formulieren Sie klare Regeln in Ihrer Abteilung, was per Mail geregelt werden soll – und was nicht. Mails sind wunderbar für kurze, eindeutige Aufgaben oder Fragen, die kurz und eindeutig beantwortet werden können. Sie sind kein Diskussionsmedium, kein Abstimmungs- oder Meinungsumfrage-Tool, erst recht kein »Hat-jemand-meinen-Autoschlüssel-gefunden?«-Suchinstrument.
- Schärfen Sie das Bewusstsein Ihrer Mitarbeiter und Ihr eigenes dafür, was sich eher im kurzen persönlichen Gespräch klären lässt als in endlosen Kettenmails. Greifen Sie zum Telefon, wenn ein endloses Frage-Antwort-Ping-Pong droht, weil in der Mail ein komplexes Thema angesprochen wird.
- Schreiben Sie kurz und knapp und mit eindeutiger Betreffzeile.
- Wenn möglich, tippen Sie nicht selbst, sondern diktieren Sie die Antworten und lassen Sie sie vom Sekretariat schreiben und versenden.
- Wehren Sie sich gegen überflüssige cc-Mails, fordern Sie dazu auf, Sie vom Verteiler zu streichen.
- Denken Sie darüber nach, warum und von wem Sie welche Themen in cc sehen wollen. Was gibt Ihnen das? Kontrolle? Beruhigung? Häufig steckt die Sorge dahinter, nicht Bescheid zu wissen, wenn man gefragt wird. Man könnte statt-

dessen im Fall der Fälle auch antworten, »Ich mach mich schlau, ich rufe Sie zurück« oder zu einer Notlüge greifen: »Ich bin grad noch im Gespräch und komme auf Sie zu, wenn ich wieder frei sprechen kann.«

- Melden Sie sich von allen nutzlosen Newslettern, die sich im Laufe der Jahre angesammelt haben, sofort ab.
- Hüten Sie sich vor einer Kultur, nach 1–2 Stunden ohne Antwort beim Empfänger nachzufragen, ob er die Mail bekommen habe.
- Stellen Sie die automatische Mail-Eingangsbenachrichtigung aus. Rufen Sie Ihre Mails gesammelt zwei bis drei Mal am Tag ab, nicht öfter. Dauerndes Abrufen der Mail unterbricht Ihren Arbeitsfluss und verschwendet Zeit, weil man mühsam immer wieder in die eigentliche Arbeit zurückfinden muss.
- Arbeiten Sie Mails in Serien ab und nicht jede einzeln. Das serienmäßige Erledigen der gleichen Aufgabe spart Hirnkapazität und erspart sogenannte »Rüstzeiten«, es sorgt also für Effizienz.

Timothy Ferriss, Unternehmer und Autor des Bestsellers *Die 4-Stunden-Woche*, beantwortet alle Mails angeblich mit der automatischen Mitteilung, er rufe seine Mails zwei Mal täglich, um 12 Uhr und um 16 Uhr ab. In dringenden Notfällen (»Bitte nur, wenn es wirklich dringend ist!«) könne man ihn unter einer in der Auto-Reply genannten Telefonnummer erreichen.[32] Mutig, aber sehr effektiv, würde ich sagen. Das heißt allerdings auch, dass Sie damit leben müssen, nicht alles sofort zu erfahren. Und es heißt, dass es keine Ausrede mehr gibt für den inneren Schweinehund, denn **Mails sind oft eine angenehme Zerstreuung, wenn man auf das, was vor einem liegt, keine Lust hat oder zu erschöpft dafür ist. Mails gehen immer und sind das ideale Hintertürchen.**

Wie erholt man sich eigentlich richtig? (Freizeitstress)

Schon das Wort ist eigentlich ein Unikum: »Freizeitstress«. Entweder man hat freie Zeit, oder man hat Stress, sollte man meinen. Freizeitstress ist selbst gemacht. Ich kenne Manager, die am Freitagabend 500 Kilometer zu einem Schachturnier fahren, dank Wochenendstaus mitten in der Nacht dort ankommen und in der Nacht auf Montag wieder zurück ins Büro fahren. Am nächsten Wochenende steht dann der Jagdausflug mit dem Geschäftspartner an, am übernächsten eine Familienfeier am anderen Ende der Republik usw. Gern wird mir dann erklärt, genau dieses Kontrastprogramm sei erholsam. Ich habe meine Zweifel, weil ich keinen wirklichen Kontrast zur Betriebsamkeit des Arbeitsalltags sehe. Können Sie noch allein mit sich sein? Einen unverplanten Nachmittag genießen? Ihren Gedanken nachhängen, dösen, träumen? Oder empfinden Sie das schon als Zeitverschwendung? Phasen der Regeneration sind alles andere als das, sagen Mediziner und Psychologen. Muße ist Voraussetzung für Kreativität, für Ideen, für das Infragestellen des Status quo.

Ulrich Schnabel hat ein ganzes Buch über Muße geschrieben und die unterschiedlichsten wissenschaftlichen Erkenntnisse zu diesem Thema zusammengetragen. Darin zitiert er unter anderem eine Studie von 1998 des Hirnforschers Raichle, der im Kernspintomografen feststellte, dass in bestimmten Hirnarealen die Aktivität beim Nichtstun zunimmt.[33] In Phasen des Nichtstuns beschäftigt sich das Gehirn mit sich selbst und regeneriert, räumt auf, sortiert und entspannt sich, so dass damit nach dem Nichtstun mehr Raum zum Denken bereitsteht.

Kein Spitzensportler ist immer in Hochform, er gönnt sich bewusst Erholungsphasen. Leistungsorientierte Manager neigen nicht selten dazu, ihre Leistungsansprüche eins zu eins in die Freizeit zu übertragen. Joggen reicht schon lange nicht mehr, es muss mindestens der Halbmarathon sein. Und so dreht sich in der Freizeit ein neues Hamsterrad, unterstützt und angeheizt durch die neuen Smartwatches und Apps, die uns antreiben. Wenn Sie beginnen, Ihre Freizeit zu »managen«, oder sich gar fragen, wie Sie Ihre Freizeitplanung am besten »schaffen«, wird es Zeit, die Notbremse zu ziehen. Dazu gehört auch, sich darüber klar zu werden, auf wie vielen Hochzeiten man tanzen kann – und überhaupt möchte. Lions-Club-Vorsitzender, Wirtschaftsjurorin, Elternbeirat, Arbeitsrichterin, Mentorin, Alumni-Vereins-Gastgeber und noch dazu aufopferungsvolle Tochter, die zu Weihnachten die ganze Verwandtschaft perfekt bewirtet, oder allzeit bereiter großer Bruder, der wie vor 20 Jahren den Jüngeren jederzeit mit Rat und Tat zur Seite steht und sich am Sonntagnachmittag die immer gleichen Klagen über unfaire Kollegen oder schwierige Ehepartner anhört? Ich staune manchmal, wenn gestresste Managerinnen meinen, sie müssten den Kuchen fürs Schulfest unbedingt selbst backen, oder wenn ein männlicher Kollege felsenfest davon überzeugt ist, der Geschichtsverein vor Ort bräche ohne ihn komplett zusammen. Es lohnt sich, in einer ruhigen Stunde einmal aufzuschreiben, wie viele private Rollen man im Laufe der Jahre angesammelt hat. Welche davon sind Energiespender, welche Energieräuber? Von welchen würden Sie sich am liebsten verabschieden? Was hindert Sie? (Mehr zu diesem Thema im Kapitel 7, wo es um innere Antreiber geht.)

Akku leer? (Kraft tanken)

Regelmäßige Bewegung ist ideal zum Stressabbau. Wenn Sie sich nach einem flotten Spaziergang oder nach einer Stunde Tennis viel besser fühlen als vorher, liegt es daran, dass Sie Stresshormone abgebaut haben. Dafür müssen Sie nicht Marathon laufen, Sie können auch im Garten graben oder eine Runde schwimmen. Clever ist, Bewegung in seinen Alltag einzubauen, statt sich als Leistungssportler zu versuchen. Zu Fuß gehen, statt das Taxi zu nehmen, in der Mittagspause raus statt in die Kantine, mit dem Fahrrad ins Büro, auf der Dienstreise ins Hotelschwimmbad statt an die Bar. Tun Sie das, was Ihnen Spaß macht – nur dann tun Sie es auch wirklich. Wer gerne schwimmt, weist seine Assistenz an, bei der Hotelbuchung darauf zu achten, ob das dort möglich ist. Lernen Sie Entspannungstechniken oder Yoga, wenn Sie das mögen, und nehmen Sie Ihre Übungs-CD auf Dienstreisen mit. Gymnastik, progressive Muskelentspannung, autogenes Training, all das ist keineswegs »unmännlich«, selbst Mick Jagger trainiert Ballett! Jeder muss selbst herausfinden, was sein Weg ist, um die Gedanken runterzufahren und den Energieakku wieder aufzuladen. Für den einen ist es die Arbeit im Garten, andere kochen, malen, wandern, reiten, segeln oder musizieren. Häufig gab es ein Hobby oder etwas, das wir früher gern getan und für das wir lange keine Zeit mehr gefunden haben. Es ist einen Versuch wert, frühere Lieblingsbeschäftigungen wieder hervorzukramen oder neue zu finden. **Wir alle brauchen Kraftquellen, um mit Stressquellen langfristig umgehen zu können.**

Immer auf Achse? (Dienstreisen)

Wer viel auf Dienstreisen ist, erlebt das irgendwann als Stressfaktor. Was man beim Jobstart noch aufregend fand, ist 15 Jahre später zur lästigen und anstrengenden Routine geworden. Auch wenn kaum jemand das zugibt: Viele Managerinnen und Manager haben mit Einsamkeit und Heimweh zu kämpfen, wenn abends die Tür des Hotelzimmers in Schloss fällt und nach dem trubeligen Arbeitstag plötzlich Stille einkehrt. Die Versuchung ist groß, die Leere mit dem Griff in die Minibar zu bekämpfen, entsprechend schlecht zu schlafen und mit Kopfweh und somit noch gestresster in den nächsten anstrengenden Tag zu starten. Vermeiden lassen sich Dienstreisen vielfach nicht (auch wenn man durchaus wählerisch sein sollte bei dem, was tatsächlich persönliche Präsenz erfordert und nicht in einer Telefon- oder Videokonferenz erledigt werden kann). Was bleibt, ist, sich die Auswärtszeit so angenehm wie möglich zu gestalten.

Überlegen Sie, was Sie besonders stresst und ob Sie etwas gegen diese Stressfaktoren unternehmen können. Wenn Ihr Adrenalinspiegel schon in der langen Schlange am Sicherheitscheck steigt, fahren Sie früher los und planen mehr Zeit ein, wenn Sie lärmempfindlich sind, bestehen Sie darauf, ein ruhiges Zimmer zu bekommen. Wenn Sie im Fitnessraum gut abschalten können, buchen Sie möglichst Hotels, in denen Sie trainieren können. Wenn Sie die öden Abende im Hotelzimmer hassen, schauen Sie, ob es Alternativen zu Minibar und Mails gibt: Kino, Theater, Ausstellung (viele Museen haben in der zweiten Wochenhälfte bis in den Abend hinein geöffnet), ein Spaziergang durch die Stadt, ein gutes Restaurant, ein Abend mit einem Freund oder Bekannten usw. Dank Smartphone lässt sich all das schnell organisieren. Und es tut einfach gut, sich gelegentlich etwas Gutes zu tun, statt sich komplett von der Arbeit auffressen zu lassen. Ein lustiger Kinofilm wird Sie entspannter einschlafen lassen als das einsame Bearbeiten des Mail-Accounts bis zum Umfallen.

Wenn der Job alles ist (Innere Unabhängigkeit)

Wenn es Ihnen geht wie etlichen meiner Klienten, die im Job wenig positive Bestätigung bekommen, weil die eigenen Mitarbeiter und der eigene Vorgesetzte gleichermaßen fordern und nach der Devise leben, »nicht geschimpft ist genug gelobt«, sorgen Sie dafür, dass Sie anderswo Wertschätzung erfahren und vor allem sich selbst Ihr größter Fan sind. Und auch, wenn Sie (noch) gelobt und bestärkt werden, sollten Sie sich nicht einseitig auf berufliche Anerkennung fokussieren: Beim nächsten Vorgesetzten, nach der nächsten Umstrukturierung kann das von heute auf morgen anders sein. Pflegen Sie Freundschaften und familiäre Kontakte, **unternehmen Sie etwas mit Menschen, die Sie nicht nach Ihrer beruflichen Leistung beurteilen**, die Sie als Vereinskollegen, Mitglied der Bürgerinitiative oder ehrenamtlichen Unterstützer schätzen oder Sie schon aus der Grundschule kennen. Wertschätzung bekommen Sie dort, wo Sie selbst etwas geben: Zeit, Aufmerksamkeit, Anerkennung, Expertise, Hilfe. Das bewahrt Sie vor Tunnelblick und stärkt Ihre innere Unabhängigkeit. Glücklich, wer mindestens einen richtig guten Freund, eine echte Freundin hat. Das trifft auf die meisten Frauen, aber nur eine Minderheit der Männer zu.[34] Gute soziale Beziehungen verlängern das Leben, wie Studien zur Lebenserwartung regelmäßig ergeben. Umgekehrt kann es in persönlichen Krisensituationen verheerend sein, wenn man nicht über ein soziales Netz verfügt, das einen auffängt. Carsten Schloter, Chef der Swisscom, beging im Sommer 2013 mit nur 49 Jahren trotz seiner steilen Karriere Selbstmord. Über die Hintergründe möchte ich nicht spekulieren. In einem seiner letzten Interviews sagte der Topmanager auf die Frage nach der größten Niederlage seines Lebens: »Ich habe drei kleine Kinder, und ich lebe getrennt. Ich sehe die Kinder alle zwei Wochen. Das vermittelt mir immer wieder Schuldgefühle.«[35] Schloter ist nicht der einzige Topmanager, der seinem Leben selbst ein Ende setzte. Ein wirksamer Schutzschild gegen die Verzweiflung ist, sich nicht nur über die Arbeit zu verwirklichen, sondern seinem Leben ein breiteres Fundament zu geben, mit Freunden, Familie, persönlichen Interessen und Stunden, in denen die Arbeit ganz weit weg ist. Versäumt man das, arbeitet man irgendwann auch deswegen so viel, weil man kaum noch weiß, was man sonst tun sollte, weil niemand da ist, den man anrufen könnte, und nichts, was die Zeit anders füllen könnte. Das zu ändern geht nicht von heute auf morgen, sondern in vielen kleinen Schritten. Was haben Sie zu Ihrem Bedauern in den letzten Jahren vernachlässigt? Der beste Moment, das zu ändern, ist genau jetzt!

So viel zu den ganz konkreten Tipps gegen den Alltagsstress. Sie sehen, es geht eher um viele kleine Stellschrauben als um die schnelle Universallösung. Die gibt es leider nicht. Und es wird auch nicht so sein, dass sich von heute auf morgen alles ändert. Sich von Gewohnheiten und Routinen zu verabschieden fällt schwer, ich weiß durchaus, wovon ich rede, und arbeite seit Jahren daran. Auf der anderen Seite addieren sich viele kleine Veränderungen dann doch irgendwann zum großen Erfolgserlebnis, zu dem Moment, in dem Sie aufatmen und feststellen: Sie haben deutlich mehr Lebensqualität gewonnen. Setzen Sie sich nicht zu hohe Ziele; gleich »alles« ändern funktioniert nicht. Gehen Sie in kleinen Schritten voran und freuen Sie sich über kleine Erfolge, die gewonnene Stunde hier, den entspannten Abend dort. Wenn es Ihre Zeit erlaubt, blicken Sie am Jahresende mal auf die vergangenen zwölf Monate zurück und schauen sich an, was sich in dieser Zeitspanne verändert hat. Sie werden staunen, wie viele Ihrer Vorhaben am Ende doch gefruchtet haben.

Und sollten Sie noch immer denken, »Geht bei mir *alles* nicht!«, lohnt sich vielleicht die Frage, aus welchen Gründen Sie so hartnäckig am Ist-Zustand festhalten. In der Medizin spricht man vom »Sekundärgewinn« einer Krankheit. Das klingt zunächst befremdlich, denn die Krankheit an sich bleibt natürlich unangenehm, vielleicht sogar schmerzhaft und quälend. Doch sie hat eventuell auch angenehme Folgen: Wer krank ist, erfährt plötzlich Aufmerksamkeit, er kann sich fallen lassen, er entgeht vielleicht einer unangenehmen Aufgabe, er muss eine Reise nicht antreten, auf die er ohnehin keine Lust hatte, er muss sich Beziehungsproblemen nicht stellen, weil er als Kranker Anspruch auf Schonung hat – um nur einige Beispiele für einen Sekundärgewinn zu nennen. Verzeihen Sie mir also die offene Frage: **Wenn das alles für Sie nicht funktioniert und wenn Sie Ihre Situation für unabänderlich halten: Welchen Sekundärgewinn hat die aktuelle Lage für Sie?** Was würde auf Sie lauern, wenn die Arbeit nicht mehr der alles beherrschende Faktor in Ihrem Leben wäre? Manchmal ist es vielleicht wirklich besser, beim gewohnten Stresslevel zu bleiben, weil die Alternative ohne Stress für einen noch schwerer zu ertragen wäre. Dann wäre es eine bewusste Entscheidung für den Stress, fast schon im Sinne einer Medizin (wenngleich auch mit Nebenwirkungen), aber die bewusste Entscheidung an sich nimmt Ihnen schon die Ohnmacht und bringt Sie zurück in den Fahrersitz Ihres Lebens.

Das Burn-out als Tapferkeitsmedaille?

In einem Kapitel über Stress im Job darf das Thema Burn-out nicht fehlen, das »Ausbrennen« als letzte Eskalationsstufe von Stress im Beruf. Wer die Diskussion der letzten zehn, fünfzehn Jahre zu diesem Thema verfolgt hat, stellt einen erstaunlichen Wandel fest: Das Burn-out wurde vom Tabu-Thema zum Tabu, das es zu brechen gilt, und schließlich zum Beleg für herausragendes berufliches Engagement. »X hat ein Burn-out« wird inzwischen fast mit einem anerkennenden Unterton ausgesprochen. Schließlich steht man damit in einer Reihe mit zahlreichen Prominenten von der Regierungssprecherin und Lehrstuhlinhaberin Miriam Meckel (»Brief an mein Leben«) über den Fußballtrainer Ralf Rangnick bis zum Fernsehkoch Tim Mälzer. Inzwischen mehrt sich die Kritik am »Modethema« Burn-out. Spätestens, wenn in Internetforen und Kneipengesprächen mit dem eigenen Burn-out kokettiert wird (»Hab ich – oder hab ich nicht?«), läuft irgendetwas schief. Wer tatsächlich das hat, was Mediziner und Psychologen unter »Burn-out« verstehen, stellt sich solche Fragen nicht; er bricht handlungsunfähig zusammen. Betroffene berichten von Weinkrämpfen, davon, einfach umgekippt zu sein oder Stunden handlungsunfähig auf den Computerbildschirm gestarrt zu haben. Beim akuten Zusammenbruch hilft oft nur noch, sich für mindestens sechs bis acht Wochen auszuklinken und eine entsprechende Klinik aufzusuchen, die Anzahl von Spezialkliniken für Burn-out-Patienten wächst rasant. Inzwischen experimentiert man auch mit ambulanten Behandlungsformen und übergangsweise verkürzten Arbeitszeiten, um Betroffenen den Wiedereinstieg zu erleichtern.

Burn-out und Selbstverantwortung

Ich möchte hier nicht in die Diskussion einsteigen, welcher Anteil an der Vervielfachung der Fälle von Burn-out und anderen psychischen Erkrankungen auf das Konto differenzierterer Diagnosen und erhöhter Sensibilität für das Thema geht, ich möchte hier auch keine Symptomliste abdrucken und die einzelnen Burn-out-Stufen vorstellen. All das können Sie ausführlich in einem der zahlreichen Bücher zum Thema nachlesen (Internetbuchhändler bieten inzwischen über 3000 einschlägige Titel an). Auch in meinem Buch Leadership 2.0 finden Sie eine kurze Übersicht.[36] Mir geht es vielmehr darum, die Perspektive auf das Thema zurechtzurücken. Das beste Burn-out ist das, das gar nicht erst eintritt. Besonders gefährdet sind bekanntermaßen ehrgeizige, leistungsorientierte Menschen mit hohen Ansprüchen an sich selbst, die es nicht schaffen, bei der erbarmungslosen Selbstausbeutung rechtzeitig auf die Bremse zu treten. Damit wird der Blick vom oft betonten Leistungsmoment (»Nur wer gebrannt hat, kann ausbrennen!«) auf persönliche Irrtümer und Versäumnisse in der Lebensgestaltung gelenkt, die nüchtern betrachtet in den Zusammenbruch führen. **In der Internationalen Klassifikation der Krankheiten taucht Burn-out als eigenständige Erkrankung gar nicht auf**, sondern wird unter »Probleme mit Bezug auf Schwierigkeiten bei der Lebensbewältigung« subsummiert, zusammen mit Symptomen wie »Sozialer Rollenkonflikt, anderenorts nicht klassifiziert«, »Stress, anderenorts nicht klassifiziert«, »Unzulängliche soziale Fähigkeiten, anderenorts nicht klassifiziert« und schließlich »Zustand der totalen Erschöpfung«.[37] **Ärzte sprechen häufig von einer »Erschöpfungsdepression«**, zum einen, weil sich infolge der dauerhaften Selbstüberforderung eine Depression entwickeln kann, zum anderen, weil »Burn-out« keine offiziell anerkannte Diagnose ist, mit entsprechenden Folgen für Ansprüche der Betroffenen an das Gesundheitssystem. Und immer mehr Ärzte distanzieren sich davon, einseitig die »böse Arbeitswelt« für das Burn-out verantwortlich zu machen. »Viele Betroffene aus der Managerszene scheitern an ihrem unrealistischen Plan, sich durch Arbeit als eine ganz besondere, höchst individuelle Person zu verwirklichen, und ertragen dieses Scheitern nicht«, sagt etwa Dr. Jan Kalbitzer, Facharzt für Psychiatrie und Psychotherapie, an der Psychiatrischen Klinik der Berliner Charité.[38]

Warum wir lieber »ausbrennen« als depressiv werden

Stellen wir uns einen Moment vor, statt von Burn-out würde von einer »Depression« gesprochen (was in vielen Fälle die medizinisch korrekte Beschreibung wäre): Als Leistungsbeleg und heroisches Symptom eignet sich das kaum. *»Die Diagnose Depression etikettiert einen Mangelzustand niederschmetternden Herabgedrücktseins. Burn-out hat hingegen den Nimbus einer modernen Tapferkeitsmedaille, der höchsten Auszeichnung in Sachen Erschöpfungsstolz. Es klingt nicht nach einer Krankheit, sondern nach einem hingebungsvollen Entwicklungsdrama. Wer ausgebrannt ist, hat ja lange Zeit gebrannt. (…) Und so einer verdient Anerkennung oder Verehrung. Nun gebührt ihm das Recht einer Auszeit, in der er sich nur noch um sich selbst kümmern muss – und darf«,* schreibt der Psychologe Stephan Grünewald.[39] Ähnlich kritisch sieht der Soziologe Ulrich Bröckling die Burn-out-Metaphorik, wenn er darauf hinweist, Burn-out sei eine »Erkrankung der Leistungsträger und der Starken«, die es jenen erlaube, nach wie vor auf Schwache und Depressive herabzuschauen: »Das trotzig-stolze ›nur wer gebrannt hat, kann auch ausbrennen‹, das die Differenz zur depressiven Antriebslosigkeit markieren soll, bekräftigt die Norm der Leistung ohne Limit noch in der Feststellung, an ihr gescheitert zu sein.«[40]

Es liegt tatsächlich nahe, dass sich gerade im deutschen Sprachraum die Metapher des Ausbrennens mit der immer gleichen Abbildung des angebrannten Streichholzes so unangefochten durchgesetzt hat, weil sie perfekt zu unserer Leistungskultur passt. Dann gebührt ihr das Verdienst, den Weg dafür geebnet zu haben, über Überforderung und psychische Erkrankungen offener sprechen zu können. Jetzt, wo das erreicht ist, **wird es Zeit für einen differenzierteren Blick auf die Erschöpfung und Überwältigung durch Arbeit.** Und besser ist allemal, man bleibt von vornherein gesund. Dieser Herausforderung ist das nächste Kapitel gewidmet: Wie gehen Sie so mit sich und Ihrem Körper um, dass Ihre Energie noch für viele Jahre reicht?

»Anekdote zur Senkung der Arbeitsmoral« nannte Heinrich Böll eine Geschichte, die der Nobelpreisträger zum Tag der Arbeit 1963 für den Norddeutschen Rundfunk schrieb. Sie wird vielfach nacherzählt und geht ungefähr so:

In einem Hafen im Süden liegt ein ärmlich gekleideter Fischer in der Sonne und döst. Ein Tourist kommt zum Hafen und fotografiert die malerische Szenerie – blaues Meer, Sonne, dümpelnde Boote. Schließlich spricht er den Fischer an: Ob er sich nicht wohlfühle, oder warum er nicht herausfahre?

»Doch, doch, mir geht es glänzend«, sagt der Fischer und räkelt sich. Ob heute nicht ein perfekter Tag für einen Fang sei?

»Doch, schon der Fang gestern war gut, viele Fische, und sogar einige Hummer«, entgegnet der Fischer. »Aber«, sagt der Tourist eifrig, »dann könnten Sie doch heute noch einmal rausfahren. Vielleicht sogar dreimal, viermal!«

»Wozu?«, fragt der Fischer. – »Mit dem Fang könnten Sie mehr Geld verdienen.«

»Und wozu?«, fragt der Fischer stoisch. – »Irgendwann könnten Sie sich ein zweites Boot leisten, einen Fischer anstellen, und noch mehr Geld verdienen!«

»Aha, und wozu?«, fragt der Fischer wieder. Der Tourist redet sich in Rage: »Sie könnten eine Fischfabrik bauen, in alle Welt exportieren und steinreich werden!«

»Aber wozu??«, will sein Gegenüber erneut wissen. – »Dann könnten Sie sich zurückziehen, in der Sonne sitzen und das Leben genießen«, schwärmt der Tourist.

»Aber das tue ich doch jetzt schon!«, entgegnet der Fischer unbeeindruckt, lehnt sich zurück, schiebt seinen Strohhut übers Gesicht und ist kurz darauf eingeschlafen.

5. Die eigene Gesundheit

»Pausen werden überbewertet!«

Schon bei der Konzeption des Buches habe ich mich gefragt, warum es so ein Kapitel überhaupt noch braucht. Denn eigentlich ist doch alles klar: Wir wissen, dass wir essen, trinken, atmen und schlafen müssen, und das ist es schon. Aber offenbar ist es trotz der Schlichtheit dieser Tatsache unglaublich schwer, die lebenswichtigen Dinge im Führungsalltag umzusetzen. Die Welle von Arbeit, Terminen und Anforderungen schwappt über uns weg und reißt uns manchmal mit wie ein Tsunami. Und da soll man noch an ausreichend Schlaf denken? Also braucht es trotz der Schlichtheit ein paar Strategien, während des stressvollen Alltags das Lebensnotwendige nicht zu vernachlässigen. Und das wird Ihnen als Führungskraft besonders guttun, denn Sie sind in der Rolle, viel zu geben, für andere zu sorgen. Das können Sie nur dann, wenn Ihr eigener Akku geladen ist und es Ihnen gut geht. Ein unglücklicher, gestresster, gehetzter Chef wird nicht viel Kraft finden, geduldig und wertschätzend mit anderen umzugehen. Er wird sich dagegen sträuben und sich irgendwann fragen: »Was wollen die alle von mir? Die sollen mich doch einfach in Ruhe lassen!« Man kommt an keinem Magazin, keinem Fernsehprogramm mehr vorbei, ohne über Ernährung, Schlaf, Bewegung informiert zu werden. Doch gleichzeitig hält jede Kleinstadtapotheke heute so viele (auch rezeptfreie) Mittelchen bereit, dass wir uns eine Zeit lang betrügen und Symptome dämpfen können, bis sie leiser werden. Bis sich unser Körper dann auf andere Weise wieder meldet, weil die eigentliche Botschaft nicht verstanden wurde. So sind Schreibtischschubladen und häusliche Medizinschränkchen voll mit den großen Umsatzbringern: Magensäurebinder, Verdauungshilfen, Kreislaufmittel, Schlafmittel und Wachmacher, Stimmungsaufheller, Schmerztabletten unterschiedlicher Stärke und vielem mehr. Was hindert uns eigentlich daran, uns gut um uns zu kümmern? Und wie können wir das ändern? Darum geht es in diesem Kapitel.

Fakten & Zahlen

Wie gehen Führungskräfte mit ihrer Gesundheit und mit ihrem Körper um? Für viele gilt leider: ungefähr so wie mit einem klapprigen Zweitwagen, der einfach so lange weitergefahren wird, bis er auseinanderfällt. Regelmäßige Inspektion, Vorsorge und Wartung – Fehlanzeige. Das hat Folgen. 58 Prozent aller Führungskräfte haben Übergewicht, 12 Prozent gelten als fettleibig, 56 Prozent haben zu hohe Cholesterinwerte. Fast jeder Dritte leidet unter Bluthochdruck, und nur ein Viertel der Betroffenen weiß das auch. Diese Zahlen stammen aus einer umfangreichen Studie des *Diagnostik Zentrums Fleetinsel Hamburg*, das 2013 die Ergebnisse aus 10 000 Routineuntersuchungen aus elf Jahren Forschung anonym auswertete. Sie stehen in merkwürdigem Kontrast zur Eigenwahrnehmung vieler Manager. Im Herbst 2014 zitierte die *Frankfurter Allgemeine Sonntagszeitung* aus einer noch unveröffentlichten Studie der auf Leistungsträger spezialisierten *Max Grundig Klinik* und der Personalberatung *Heidrick & Struggles*. Danach bewerten 70 Prozent der befragten (Top-)Manager ihren Gesundheitszustand als »sehr gut« oder »gut«, nur sieben Prozent dagegen als »ausreichend« oder »schlecht«. Die CEOs der Konzerne von Kasper Rorsted (Henkel) über Rüdiger Grube (DB) bis Kurt Bock (BASF) betreiben allesamt Ausdauersport und präsentieren sich der Öffentlichkeit energiegeladen und kernig-fit.[1] Allerdings bejahen gleichzeitig 62 Prozent aller Befragten, dass es ihr Job erfordere, »Raubbau an der Gesundheit zu betreiben«, 44 Prozent sagen, ihre Arbeit mache »körperlich und mental krank«, 38 Prozent der Männer und 49 Prozent der Frauen haben schon in Betracht gezogen, den Job zu kündigen. Womöglich ist bei der positiven Selbsteinschätzung des eigenen Gesundheitszustandes auch der Wunsch (und vor allem die Imagepflege) Vater des Gedankens. Zumindest die Mana-

Krankheitssymptome von Führungskräften

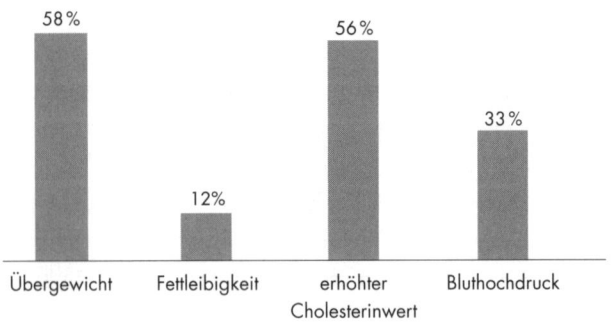

ger, die im Rampenlicht der Öffentlichkeit stehen, können sich gesundheitliche Schwächen kaum leisten, denn mangelnde Fitness würde womöglich sogar dem Aktienkurs schaden.

Vorbildlich sind die meisten Manager anscheinend, wenn es darum geht, Sport zu treiben. Während die Techniker Krankenkasse in einer aktuellen Studie (2013) beklagt, der Anteil der »Sportmuffel« und »Antisportler« in der Gesamtbevölkerung habe sich seit 2007 von 44 Prozent auf 52 Prozent erhöht, treiben nach einer *Handelsblatt*-Umfrage 90 Prozent der Manager Sport, knapp jeder Zehnte nimmt sogar an Wettkämpfen teil. **»Fitness ist das neue Statussymbol der Manager«**, sagt Christine Stempel, zuständige Deutschland-Chefin von *Heidrick & Struggles*[2], und lenkt damit die Aufmerksamkeit auf das paradoxe Phänomen, dass man heute Eindruck damit schinden kann, entweder total fit oder im Gegenteil total fertig und ausgebrannt zu sein. Mancher überträgt den Leistungsgedanken offenbar eins zu eins vom Job ins Privatleben. Ist das dann noch Entspannung und gesund? Laufen allein reicht vielen nicht mehr, es muss mindestens der Halbmarathon sein, mit dem man nebenbei beim Business-Small-Talk glänzen kann. Übersehen wird dabei möglicherweise, dass Erholung aus dem Wechsel von Anspannung und Loslassen erwächst. Dazu gibt es einen skurrilen Versuch mit schockierenden Ergebnissen: Versuchspersonen, die 15 Minuten einfach still sitzen sollten, verpassten sich lieber selbst leichte Elektroschocks, als gar nichts zu tun. Zumindest galt das für zwei Drittel aller Männer und ein Viertel aller Frauen, Der Spitzenreiter brachte es auf 190 Elektroschocks in 15 Minuten. Menschen ertragen die Muße nicht mehr, schlussfolgerte die Zeitschrift *Science* im Juli 2014.[3] Nachdenklich stimmt in diesem Zusammenhang auch eine Bemerkung des Mathematikers, Philosophen, Friedensaktivisten und Nobelpreisträgers Bertrand Russell, der über den Verdacht der Trägheit sicher weit erhaben ist: »Was wir auch denken und glauben mögen, wir sind Geschöpfe der Erde … der Rhythmus der Erde ist langsam; Herbst und Winter sind so wichtig wie Frühling und Sommer, Ruhe so wichtig wie Bewegung. **Es ist gut, den Zusammenhang mit der Ebbe und Flut des Lebens nicht ganz zu verlieren.**«[4]

Auch wenn sie sich fleißig bewegen, schaffen viele Manager es nicht, auch sonst auf ihre Gesundheit zu achten. Viele seien chronisch übermüdet, meldet die *Handelsblatt*-Studie. 42 Prozent schlafen nicht mehr als fünf bis sechs Stunden pro Nacht, 60 Prozent trinken unter der Woche Alkohol, auch, um zu entspannen. Pausen dagegen werden oft vernachlässigt: Glaubt man dem *Harvard Business Manager*, machen Führungskräfte durchschnittlich zwei

Mal pro Woche 35 Minuten Mittagspause, die übrigen drei Tage wird tapfer durchgearbeitet.[5] Um lange Arbeitszeiten und hohes Arbeitspensum dauerhaft zu bewältigen, greifen viele Manager auf Medikamente zurück. »Mich schaudert es jedes Mal, wenn ich sehe, dass Kollegen Pillen einwerfen, damit sie im Flieger schlafen können«, wird ein namentlich nicht genannter Topmanager zitiert.[6] Was mit der Schlaftablette gegen den drohenden Jetlag beginnt, endet manchmal bei »echten« Drogen. Der Konsum von Crystal Meth als Wachmacher und Mittel, um die eigene Leistung zu steigern, gehe seit Jahren »durch die Decke«, während der von Heroin sinke, hat das Bundeskriminalamt beobachtet.[7] Methamphetamin putscht auf, lässt Hunger, Müdigkeit, Schmerzen vergessen. Wer wissen will, auf was er sich einlässt, kann sich die verstörenden Bilder der Junkies im Internet ansehen. Oder sich von Historikern erklären lassen, dass die Substanz im Zweiten Weltkrieg an Soldaten und SS-Angehörige verteilt wurde (damals unter dem Namen Pervitin, im Jargon der Soldaten: »Panzerschokolade«).[8]

Spätestens seitdem der Bundestagsabgeordnete Michael Hartmann als Crystal-Meth-Konsument in die Schlagzeilen geriet, ist »Doping« in der Chefetage ein Medienthema. Belastbare Zahlen lieferte die *DAK* in ihrem Gesundheitsreport 2009. Damals waren etwa 2 Prozent der Erwerbstätigen zwischen 20 und 50 Jahren zu den »Dopern« zu zählen, die regelmäßig zu Wirkstoffen greifen, die eigentlich zur Behandlung von Demenz gedacht sind (Memantin), Depressionen oder ADHS Erwachsener bekämpfen sollen (Methylphenidat), bei Schizophrenie oder Schlafapnoe eingesetzt werden (Modafinil), um nur einige zu nennen. Im Klartext: **Gesunde Menschen schlucken starke Medikamente,** die zur Behandlung schwerster Erkrankungen gedacht sind, **um wacher, konzentrierter, leistungsfähiger oder »besser drauf« zu sein.** 2 Prozent, das klingt erst mal nicht viel. Allerdings berichten Ärzte, gerade Leistungsträger seien gefährdet. Es sei die Elite, die ohne Bedenken zur Tablette greife, zitiert die *Frankfurter Allgemeine Sonntagszeitung* unter der Überschrift »Cola, Koks und Ritalin« leitende Ärzte von Suchtkliniken, die sich auf gut situierte Selbstzahler spezialisiert haben.[9] Und die *DAK* berichtet, mehr als ein Viertel aller Befragten halte »das Bedürfnis, die Aufmerksamkeits-, Gedächtnis- und Konzentrationsleistungen im Beruf generell steigern zu wollen«, für einen »vertretbaren Grund« zur Medikamenteneinnahme. Die Krankenkasse hat ermittelt, dass bei etwa 25 Prozent der Verordnungen von Methylphenidat und Modafinil »keine adäquate Diagnose« vorliegt: »Es kann nicht ausgeschlossen werden, dass die Versicherten Verordnungen zum

Zwecke der Wunscherfüllung für eine verbesserte kognitive Leistungsfähigkeit und/oder höhere psychische Belastbarkeit erhalten«, formuliert man vorsichtig. [10] Ich kann das nur bestätigen: Topmanager, die in einer beruflichen Krise (etwa nach Unterzeichnung eines Aufhebungsvertrages) vom Hausarzt problemlos Anti-Depressiva und Beruhigungsmittel verschrieben bekamen, saßen mir nicht nur einmal gegenüber. Wie soll man da mit klarem Kopf einen neuen Job finden?

Beim Griff in den Medikamentenschrank unterscheiden sich die Geschlechter: Frauen bekämpfen eher die Angst, Männer greifen zu aufputschenden Mitteln. »Männer frisieren ihr Leistungspotenzial – Frauen polieren ihre Stimmungen auf«, so formuliert es der *DAK*-Chef Herbert Rebscher.[11] In der *Wirtschaftswoche* wurde ein Börsenhändler konkret. Viele Kollegen griffen zu Aufputschmitteln oder Psychopharmaka, um dem Druck standzuhalten. »Nützt das alles nicht mehr, habe ich auch schon erlebt, wie Kollegen Kokain genommen haben.« Er selbst habe das noch nicht probiert, sondern greife zu »viel Kaffee, Guarana-Kapseln, Vitaminen, Mirtazapin [ein Antidepressivum] für stets gute Laune und Abilify [ein Schizophrenie-Therapeutikum] zur Leistungssteigerung«.[12] Dass all das auf die Dauer nicht gut geht und irgendwann der Absturz droht, ist leider eine Tatsache. Von 2007 bis 2010 habe sich die Zahl suchtkranker Führungskräfte und Manager in seiner Klinik verdoppelt, berichtet Götz Mundle, Ärztlicher Geschäftsführer der *Oberberg-Kliniken*. Suchtgefährdet seien vor allem »narzisstisch veranlagte Menschen, deren Ego extrem auf Anerkennung und eine gute Außendarstellung angewiesen ist«.[13]

Bleiben wir auf dem Teppich: Sicher, die allermeisten Führungskräfte greifen noch nicht auf den Dealer ihres Vertrauens zurück. Aber was ist mit dem raschen Griff zur Schmerztablette, um Kopfweh und Müdigkeit zu bekämpfen, mit den vielen Tassen Kaffee, die das Mittagsloch bekämpfen sollen, mit dem Glas Wein zur Entspannung am Abend, ohne das man nicht mehr einschlafen kann? Und vor allem mit dem Gefühl, das dahinter steht: es ohne solche Hilfsmittel nicht durch den Tag zu schaffen? »OTC-Analgetika«, sprich: rezeptfreie »Over the Counter« verkaufte Präparate, seien die am meisten nachgefragten Medikamente in deutschen Apotheken, berichtet die *Pharmazeutische Zeitung* im Herbst 2014. Dazu gehören neben Erkältungsmitteln vor allem Schmerzmittel. 2013 stieg der Umsatz rezeptfreier Mittel um 6 Prozent auf über eine halbe Milliarde Euro, der Absatz von Großpackungen stieg sogar um 12 Prozent.[14] Wir scheinen ein Volk der Kränkelnden und Pillenschlucker zu sein. Dabei würde es sich oft lohnen, einen Schritt zurückzutreten und sich zu fragen, was unser Körper uns mitteilen will mit den wiederholten Magenschmerzen, dem ständigen Kopfweh oder dem zwickenden Rücken. Nein, ich bin nicht der Meinung, dass »alles nur psychisch« ist und organische Ursachen gar keine Rolle spielen. Doch es gibt ein sensibles Miteinander von Körper und Seele. Was schlägt uns auf den Magen, macht uns Kopfschmerzen, lässt den Rücken verkrampfen? Das Schöne an den Zipperlein ist ja: Die können wir behandeln, darüber dürfen wir klagen, die rechtfertigen vielleicht sogar eine Auszeit. **Der Schmerz wird** so **manchmal zum Überdruckventil, das es uns erlaubt,** andere Baustellen in unserem Leben, ungelöste Probleme, **belastende Situation weiter zu erdulden** – statt sich ihnen zu stellen. Dabei wäre es so schön, gesund und energiegeladen in den Tag zu starten, nach erfrischendem Schlaf, statt sich mühsam durchs Leben zu kämpfen, in der vagen und meist vergeblichen Hoffnung, nach dem nächsten Großprojekt würde es besser. Mögliche Wege dazu werden im letzten Teil dieses Kapitels skizziert.

Warum betreiben wir so bereitwillig Raubbau an uns selbst?

Auch beim Thema Gesundheit lohnt es sich, zunächst etwas tiefer zu graben als bei den allseits bekannten Rezepten zu Schlaf, Ernährung und Bewegung, die weitgehend ungehört verpuffen. **Wir wissen alle ziemlich genau, was wir tun sollten. Warum also tun wir nicht, was wir wissen?**

Der Körper als »Maschine«

»Tu deinem Leib etwas Gutes, damit deine Seele Lust hat, darin zu wohnen«, schrieb die Mystikerin Teresa von Ávila vor rund 500 Jahren. Für uns Heutige eine merkwürdige Formulierung, den eigenen »Leib« so wertzuschätzen aus einem Lustprinzip heraus, aus Freude am Wohlgefühl, als harmonische Einheit von Körper und Geist. Wenn heute über den Körper geredet und geschrieben wird, geht es vielfach um Optik und Ästhetik. Die Aufforderung »Design your body« lieferte im Winter 2014 rund 75 Millionen Google-Treffer. Alternativ zur Attraktivität geht es um effizientes Funktionieren. Denn »Fitness« ist kein Selbstzweck: Wer fitter ist, kann mehr leisten und wird seltener krank. Auch in Statements wie »Morgen muss ich fit sein!« schwingt dieses Moment des Funktionierens mit. Dahinter steckt ein mechanistisches Verständnis des Körpers: Die Körpermaschine muss laufen, damit wir die gewünschten Ergebnisse erzielen können. Gerät der Motor ins Stocken, macht »die Pumpe« nicht mehr mit, muss halt repariert werden, mit Medikamenten, notfalls mit Ersatzteilen. Es gibt ja genügend Mechaniker, sprich Ärzte. Viele Manager »arbeiten wie verrückt und denken, der Arzt wird es schon wieder richten«, bestätigt Professor Dietrich Baumgart, Leiter der *Klinik für Diagnostik Preventicum* (Essen), und gibt zu bedenken, dass manche ›Abnutzungsschäden‹ irreparabel seien: »Für Gefäßverengungen gibt es kein Rohrfrei.«[15] Inzwischen springt bei der Prophylaxe die moderne Technik ein, mit Fitnessarmbändern, die Schlafdauer, Bewegung und Kalorienverbrauch messen, oder mit umfangreichen Apps zum »Self-Tracking«, die Verhaltenstipps gleich mitliefern: »Aus dem Sprachrhythmus beim Telefonieren lässt sich der Seelenzustand herauslesen, wie Forscher herausgefunden haben. Droht eine Depression, könnte eine App umgehend einen Termin beim Psychiater vereinbaren, lange bevor der Patient selbst auf die Idee kommt«, berichtete der *Spiegel* ohne jeden Anflug von Ironie.[16]

Mich gruselt es bei dieser Vorstellung. »Leib« und »Seele« werden noch weiter entkoppelt: Ich muss ja nicht in mich hineinhorchen, die App wird mich schon warnen, wenn es mir schlecht geht. Doch: **Unser Körper ist mehr als das möglichst funktionstüchtige Gestell, das den Geist trägt.** Wir erleben die Welt mit unserem Körper, mit unseren Sinnen. Fühlen, Riechen, Schmecken, Sehen und Hören, Genießen und Erleben, all das macht das Leben aus. Dazu gehört auch: zu fühlen, wie es einem geht – nicht einmal mehr auf einen Bildschirm zu starren und die gelieferten Daten auszuwerten. Und dabei einfach weiter zu schuften, bis die App ein Warnsignal senden und die Verantwortung damit von uns selbst wegzudelegieren.

Grenzerfahrungen

Wer seinen Körper als Maschine betrachtet, die funktionieren muss, spürt womöglich seine Grenzen nicht mehr und schuftet bis an sein Limit – und darüber hinaus. Je größer der Stress, desto größer die Gefahr, sich von sich selbst zu entkoppeln und wie betäubt einfach weiterzumachen. Im Extremfall droht der Burn-out, über den der Experte Matthias Burisch sagt: »Der Zusammenbruch ist als Notschaltung des Organismus zu verstehen, der die Kernschmelze verhindern will.«[17] Doch auch, wer »nur« mit chronischen Rücken- oder Kopfschmerzen, mit Bluthochdruck oder schlechtem Schlaf zu kämpfen hat, zahlt einen hohen Preis für die permanente Überschreitung persönlicher Leistungsgrenzen. **Immer mehr, immer schneller – die anderen schaffen das doch auch! Um welchen Preis, das wird selten gefragt.** Dass immer mehr Chefs am Limit sind, dazu trägt vieles bei, die im letzten Kapitel beschriebenen Stressfaktoren, aber auch eigene Glaubenssätze, die uns erste zarte Warnsignale wegwischen lassen: »Von nichts kommt nichts.« »Indianer kennen keinen Schmerz.« »Was uns nicht umbringt, macht uns nur härter.« »Pausen sind für Weicheier.« (Über innere Antreiber lesen Sie mehr im siebten Kapitel.) Wer schlecht Nein sagen kann, läuft ebenfalls schnell in die Falle. Und manchmal stellen uns auch Gewohnheiten und Ansprüche ein Bein, die mit 30 kaum Spuren hinterließen, mit 40 schon sehr anstrengend sind und mit 50 die Gesundheit gefährden: Mammutarbeitstage, eng getaktete Termine, lange Abende in der Hotelbar und ausgiebiges Feiern am Wochenende. Dabei hat jede Lebensphase ihre eigenen Möglichkeiten. Spätestens Ende Dreißig, Anfang Vierzig braucht es neue, gesündere Gewohnheiten. Das ist schmerzlich, denn wer gibt schon gerne zu, dass er älter wird?

Dass wir Stress und Hetze als normal, wenn nicht gar als Statusmerkmal empfinden (siehe Kapitel 4), ebnet ebenfalls den Weg zur unreflektierten Selbstausbeutung. Eine interessante Überlegung haben in diesem Zusammenhang die Wirtschaftswissenschaftler Joachim Merz und Tim Rathjen angestellt. Sie schlagen vor, »analog zur Einkommensarmut den Begriff der Zeitarmut einzuführen«. Zeitarm wäre danach jeder, der weniger als 60 Prozent der durchschnittlichen Freizeit zur Verfügung hätte.[18] Das trifft nach Datenlage des Sozioökonomischen Panels sehr wahrscheinlich auf die allermeisten Selbstständigen und Führungskräfte zu. Mir gefällt dieser Begriff, denn er lenkt die Aufmerksamkeit weg vom fragwürdigen Prestige des »Ranklotzens« hin zu den Schattenseiten der vielen Arbeit: **Zeitarmut ist auch eine Form von Armut.**

Wie definieren wir Erfolg?

Was kommt Ihnen als Erstes in den Sinn, wenn Sie nach Ihren Erfolgen gefragt werden? Die meisten Menschen zählen hier berufliche Meriten auf, Ehrungen und Preise, vielleicht auch finanzielle Erfolge. Eine glückliche Partnerschaft zu führen, langjährige echte Freundschaften zu pflegen, sich liebevoll um einen kranken Angehörigen gekümmert zu haben, Ängste überwunden und persönliche Talente weiterentwickelt zu haben, seinen Kindern einen guten Start ins Leben zu ermöglichen, das wird eher selten als Erfolg verbucht. Doch je einseitiger der Erfolg als Karriereerfolg verstanden wird, desto größer ist die Versuchung, diesem Erfolg vieles zu opfern, auch Gesundheit und Wohlbefinden und jene Faktoren, die einen Ausgleich bieten und dazu beitragen, dass wir gesund bleiben: soziale Beziehungen, Hobbys, Raum zum Abschalten eben (mehr dazu im Abschnitt »Mehr Energie durch ein bunteres Leben« unter dem Stichwort Resilienz). Traurig, wenn es erst einer Sinnkrise in der Lebensmitte bedarf, um zu erkennen, dass Karrierescheuklappen in eine persönliche Sackgasse geführt haben. Einen anderen Weg geht Ryan Smith, Mitgründer von Qualtrics, Marktführer in Sachen Online-Umfrage-Software, der im *Harvard Business Manager* zu Protokoll gibt: »Jede Woche schaue ich mir alle Kategorien meines Lebens an – Vater, Ehemann, CEO, Selbst – und suche die konkreten Aktivitäten, die mir das Gefühl geben, in diesen Kategorien erfolgreich und ausgefüllt zu sein. Dieses wöchentliche Ritual hilft mir dabei, das Gefühl zu haben, dass ich alles tue, was in meiner Macht steht, um meine eigenen Bedürfnisse und die der Menschen um mich herum zu erfüllen. Das ist wichtig, denn ich darf natürlich nicht die geschäftlichen Angelegenheiten aus den Augen verlieren. Und was passiert, wenn man nicht mehr an die Bedürfnisse seiner Familie denkt, das haben wir ja alle schon gesehen oder davon gelesen.«[19] Die Versuchung ist groß, beim Thema Erfolg den Jubelberichten und Hochglanzbildern der Managerpresse auf den Leim zu gehen. Die Publizistin Anna Quindlen sagte dazu etwas sehr Kluges: **»Wenn Sie nicht nach Ihren eigenen Regeln Erfolg haben, wenn etwas für die Welt gut aussieht, aber sich tief in Ihrem Inneren nicht so anfühlt, dann ist es auf keinen Fall ein Erfolg.«**[20]

Selbstwertschätzung

Sind Sie eigentlich sicher, dass Sie es verdient haben, dass es Ihnen richtig gut geht? Dass Sie es wert sind, im Mittelpunkt Ihres Interesses zu stehen? Wenn Sie diese Fragen merkwürdig finden, versuche ich es noch einmal anders: Wenn alles wegfiele – Jobtitel, hohes Gehalt, Dienstwagen, teure Business-Kleidung,

Visitenkarte und andere Statussymbole vom schicken Smartphone bis zur edlen Uhr –, was bliebe Ihnen dann noch? Was sehen Sie da?

Worum es mir geht, ist Ihr Selbstwertgefühl, oder wie Psychologen exakter formulieren: Ihre Selbstwertschätzung. Jeder Mensch besitzt eine Einschätzung der eigenen Person, die eher negativ oder eher positiv ausfallen kann. Menschen mit hoher Selbstwertschätzung sind überzeugt, liebenswert und wertvoll zu sein, trotz aller Fehler und Schwächen, die sie wie jeder andere auch haben. Menschen mit geringer Selbstwertschätzung flüstert der innere Kritiker ein, dass sie wenig können, noch nicht genug erreicht haben, nicht attraktiv sind oder weniger klug als andere. Mit Rückmeldungen von außen hat diese Einschätzung nur indirekt zu tun. Wer überzeugt ist, hässlich zu sein, geht auch dann zum Schönheitschirurgen, wenn ihm oder ihr andere das Gegenteil versichern. Die beste Voraussetzung für ein stabiles Selbstwertgefühl ist eine liebevolle Erziehung, die Erfahrung, geliebt zu werden, auch wenn man keine gute Note nach Hause bringt, nicht so niedlich ist wie das Nachbarskind oder gerade einen Fehler begangen hat. Wer dieses Glück hatte, ruht eher in sich. Wer mit einem fragilen Selbstwert ausgestattet ist, läuft Gefahr, stetig unter Beweis stellen zu wollen, dass er doch etwas wert ist. Viele Statussymbole sind heimliche Selbstwert-Krücken, und auch die Jagd nach Anerkennung im Job kann hier ihre Wurzeln haben. »Durch den Erfolg wollen wir andere beeindrucken und das Gefühl der Wertlosigkeit kompensieren oder lindern. Das gelingt kurzfristig, doch schon nach kurzer Zeit kehrt das Gefühl, unzulänglich zu sein, zurück, und wir müssen unseren Wert erneut unter Beweis stellen. Die kann zu einer Arbeitssucht führen«, sagt der Psychotherapeut Rolf Merkle.[21] Ein niedriges Selbstwertgefühl kann also die Ursache rücksichtsloser Selbstausbeutung sein, die Triebfeder von Menschen, die arbeiten bis zum Umfallen und anders als die im Stresskapitel erwähnten »Happy Workaholics« dabei nicht Flow, sondern großen Druck empfinden. **Wenn wir uns selbst wirklich etwas wert sind, dann kümmern wir uns um uns, denn wir haben nur uns.** Nicht nur unser Erfolg, sondern unsere gesamte Lebensqualität hängt davon ab, wie gut wir für uns selbst sorgen. Viel wäre schon gewonnen, wenn wir das genau so wichtig nähmen, wie die Sorge um unser finanzielles Kapital oder einfach nur unser Auto. Wenn Sie Lust auf eine erste Selbstbefragung haben, nutzen Sie die folgende Checkliste. Einen kostenlosen wissenschaftlich fundierten Test zum Selbstwert bietet darüber hinaus die TU Darmstadt im Internet an.[22]

Wie gut sorgen Sie für sich?

Sich selbst wichtig nehmen, sich selbst etwas Gutes tun – Selbstfürsorge ist die beste Voraussetzung für eine stabile Gesundheit. Bitte kreuzen Sie spontan an!

1. »Meine Bedürfnisse zählen. Ich darf mich selbst wichtig nehmen.« Wenn Sie in sich hineinhorchen: Wie sehr entspricht dies Ihrer Lebenshaltung?

Trifft genau zu	Trifft eher zu	Teils/teils	Trifft eher nicht zu	Trifft nicht zu

2. »Nur wenn es mir selbst gut geht, kann ich etwas bewegen und Gutes für andere bewirken!«

Trifft genau zu	Trifft eher zu	Teils/teils	Trifft eher nicht zu	Trifft nicht zu

3. »Es gibt in meinem Alltag regelmäßig Erholungspausen, in denen ich nicht funktionieren muss, sondern nur tue, was mir wirklich Freude bereitet.«

Trifft genau zu	Trifft eher zu	Teils/teils	Trifft eher nicht zu	Trifft nicht zu

4. »Ich habe stabile soziale Beziehungen außerhalb meines beruflichen Umfeldes.«

Trifft genau zu	Trifft eher zu	Teils/teils	Trifft eher nicht zu	Trifft nicht zu

5. »Es gibt in meinem Leben mindestens einen sehr guten Freund/eine sehr gute Freundin, auf die ich auch in Krisen bauen kann.«

Trifft genau zu	Trifft eher zu	Teils/teils	Trifft eher nicht zu	Trifft nicht zu

6. »Ich schlafe im Allgemeinen ausreichend (mindestens sieben Stunden).«

Trifft genau zu	Trifft eher zu	Teils/teils	Trifft eher nicht zu	Trifft nicht zu

7. »Ich esse regelmäßig, nicht zu viel und überwiegend gesund.«

Trifft genau zu	Trifft eher zu	Teils/teils	Trifft eher nicht zu	Trifft nicht zu

8. »Bewegung gehört für mich zum Leben dazu. Ich werde nicht gleich kurzatmig, wenn ich mal die Treppe in den dritten Stock nehme oder am Flughafen einen kurzen Sprint einlegen muss.«

Trifft genau zu	Trifft eher zu	Teils/teils	Trifft eher nicht zu	Trifft nicht zu

9. »Rezeptfreie Medikamente wie Schmerz- oder Schlafmittel nehme ich kaum oder nur in seltenen Ausnahmefällen.«

Trifft genau zu	Trifft eher zu	Teils/teils	Trifft eher nicht zu	Trifft nicht zu

10. »Alkohol, Koffein und Nikotin konsumiere ich allenfalls in Maßen. Auf harte Drogen oder den Missbrauch rezeptpflichtiger Medikamente verzichte ich ganz.«

Trifft genau zu	Trifft eher zu	Teils/teils	Trifft eher nicht zu	Trifft nicht zu

11. »Ich nehme die empfohlenen Vorsorgeuntersuchungen wahr und schiebe notwendige Arztbesuche nicht auf die lange Bank.«

Trifft genau zu	Trifft eher zu	Teils/teils	Trifft eher nicht zu	Trifft nicht zu

12. »Wenn mich etwas belastet oder sehr gegen den Strich geht, handele ich, um die Situation zu ändern.«

Trifft genau zu	Trifft eher zu	Teils/teils	Trifft eher nicht zu	Trifft nicht zu

13. »An den meisten Tagen bin ich in guter und ausgeglichener Stimmung. Ärger und Traurigkeit kann ich rasch überwinden.«

Trifft genau zu	Trifft eher zu	Teils/teils	Trifft eher nicht zu	Trifft nicht zu

14. »Alles in allem kann ich sagen: Ich lebe ein buntes, spannendes Leben!«

Trifft genau zu	Trifft eher zu	Teils/teils	Trifft eher nicht zu	Trifft nicht zu

Ihr Resümee: Wie gut sorgen Sie für sich selbst – auf einer Skala von 10 (sehr gut, umfassend) bis 1 (gar nicht)?

10	9	8	7	6	5	4	3	2	1

Dies ist kein wissenschaftlicher Test, sondern eine Angebot, Ihre eigene Situation zu reflektieren. Je öfter Sie Ihr Kreuzchen auf der linken Seite gemacht haben, desto weniger Anlass zur Sorge besteht.

Mehr Energie durch ein bunteres Leben

Das Leben ist keine Generalprobe, heißt es so schön. Wir haben nur diesen einen Zeitrahmen auf Erden, denken und handeln aber häufig so, als könnten wir nach dem jetzigen »Probeleben« irgendwann auf Reset drücken und das Versäumte nachholen: nach dem nächsten Projekt, auf der nächsten Stufe der Leiter, sobald das Haus bezahlt ist oder spätestens in einigen Jahren, im Ruhestand. Natürlich wissen wir, dass wir die Zeit nicht zurückdrehen können, und beschließen vielleicht sogar regelmäßig, unser Leben zu ändern. Hier kommen Tipps, die dabei helfen, den guten Vorsatz auch umzusetzen.

Motivation: Lieber »hin zu« als »weg von«

Aus der Abnehm- und Raucherentwöhnungsforschung weiß man, dass es immer ein attraktives Ziel braucht, um wirklich etwas zu ändern und ins Handeln zu kommen. Beim Abnehmen beispielsweise arbeitet man mit Visionen von sich selbst nach dem Gewichtsverlust. Die Betroffenen stellen sich vor, wie sie leichtfüßig die Treppen hinaufgehen, wie sie wieder tanzen werden auf Feiern und nicht nur am Rand sitzen, wie sie sich im Sommer wieder leicht bekleidet zeigen mögen oder gar ein Schwimmbad besuchen werden, ohne sich zu schämen, wie sie sich nicht länger grausen, wenn sie sich in einer Schaufensterscheibe gespiegelt sehen. Jeder hat eigene, ganz persönliche Wunschbilder. Und mit diesen Wunschbildern von sich selbst und angetrieben von der Sehnsucht, diese inneren Bilder Wirklichkeit werden zu lassen, schafft man es, am Ball zu bleiben, auch wenn es hart ist. Eine positive Vision »hin zu« motiviert stärker als ein diffuses »weg von« (wie beispielsweise »weg vom Übergewicht«).

Wie ist es bei Ihnen? Wovon träumen Sie, wenn Sie gesund und symptomfrei sind? Noch mehr zu arbeiten und nicht mehr um 20.00 Uhr schlappzumachen? In Hotelzimmern rund um den Globus besser schlafen zu können und noch mehr Termine zu absolvieren? Auch die größere Abteilung mit links zu managen? Interessant. Und wenn Sie jetzt Ihre Seele befragen, wie die das fände? Womöglich legt die sich bei solchen Aussichten gekrümmt in die Ecke: »Mich besser und aufwendiger ernähren und Sport treiben und an mir selbst arbeiten — all das, nur damit ich am Ende im selben Hamsterrad noch schneller laufe? Nein danke, dann bleib ich lieber kränklich und hole mir so meine Pausen über Arbeitsunfähigkeit oder müde Abende vor dem Fernseher.« Wofür würde es sich tatsächlich lohnen, gesünder zu sein? Schließen Sie bitte erst diese gedankliche Aufgabe ab und malen sich ein Bild von einem bunteren Leben, das neben Arbeit noch anderes Lohnenswertes und Schönes für Sie bereithält. Wenn Sie dann mit der Umsetzung Ihrer Vorsätze starten, werden Sie deutlich effektiver sein.

Da kommt nichts? Keine Bilder, keine Filme von sich in bester Verfassung im bunten Privatleben? Falls Sie Anregungen brauchen, denken Sie zurück an Ihr Leben, bevor die Arbeit wie Unkraut alles überwuchert hat: Man könnte sich zum Beispiel wieder abends aufs Bett freuen und gemütlich einschlafen, sicher, dass man bis zum Morgen durchschläft und dann frisch und tatendurstig wieder aufwacht. Man könnte wieder mehr Sex haben, der einen wohlig erfüllt und mit Gefühlen verbunden ist, man könnte Lust auf Reisen haben und die Urlaube wieder aktiver verbringen. Man könnte mit Freunden abends richtig Spaß haben, weil man bei der Sache ist und sich hineinfallen lässt in die Situation, die Spiele, die Späße, ohne mit einem Auge aufs Smartphone zu schielen oder an die Probleme im Projekt zu denken. Und die Zeit verginge, ohne dass man dran gedacht hätte, man war einfach nur frei über Stunden. Man könnte Freude an der Bewegung und der frischen Luft haben, und plötzlich kämen die Farben und Geräusche zurück: Vogelzwitschern, Menschen in bunten Kleidern, das erste Grün, Üppigkeit überall, Eiscafés geöffnet. All das würden Sie wieder wahrnehmen und mittendrin dabei sein. Sie könnten sich wieder auf Ihre Kinder und Partner freuen und würden nicht heimlich aufatmen, wenn Ihr Mann sagt: »Beeil dich nicht, ich bin heut' Abend eh nicht da«, oder Ihre Frau auf Geschäftsreise ist, sodass Sie Extraschichten ohne schlechtes Gewissen schieben können. Sie würden mit Vorfreude auf Ihre Kinder nach Hause fahren und nicht erst, wenn schon alles schläft, weil es Sie anstrengt, noch nett und zugewandt sein zu müssen. Sie könnten wieder Teil Ihrer Familie sein, nicht nur ein Zaungast, dem immer wieder auffällt, wie viele Geschichten aus dem Leben seiner Kinder er nicht kennt. Oder Sie hätten wieder reizvolle Hobbys und würden sich schon morgens auf den Abend freuen, den Sie damit verbringen. Kurz: Sie würden leben.

Dranbleiben: Lieber »noch nicht« als »schon wieder nicht«

Viele meiner Klienten sind sehr nah dran am Gegenteil des gerade geschilderten »bunten« Lebens. Oft sind sie darüber einfach nur traurig. Ein Vertriebsleiter meinte einmal, er fühle sich wie ein Sklave, der sich selbst verkauft und leider kein Rückkehrrecht in ein freies Leben ausgehandelt hätte: »Dabei verhandele ich sonst so gut!« Richtig ist: **Nur Sie selbst können sich befreien, und das werden Sie nur tun, wenn Sie wissen, dass etwas Lohnendes auf Sie wartet.** Nehmen Sie sich also die Zeit, herauszufinden, was genau Sie in Ihrem Leben vermissen. Und betrachten Sie Ihre Bilanz bitte vorwurfsfrei, schauen Sie liebevoll auf sich. Das mag für manche zu psychotherapeutisch-esoterisch klingen. Doch überlegen Sie einmal, wie Sie sonst auf sich schauen: streng, fordernd, unnachgiebig, antreibend, verständnislos, schimpfend? Fakt ist: Diese Haltung – meist eine des Durchhaltens und Zähnezusammenbeißens – hat Sie dahin gebracht, wo Sie jetzt stehen. Und Probleme kann man niemals mit derselben Denkweise lösen, durch die sie entstanden sind, wie der kluge Herr Einstein einmal bemerkte.

So wichtig es also ist, die Dinge beherzt anzugehen: Überfordern Sie sich mit dem Ändern-Wollen nicht. Wenn Sie sich vornehmen, dass ab morgen »alles anders« sein soll, ist Frust vorprogrammiert. Gehen Sie kleine Schritte und loben Sie sich für kleine Erfolge: Es einmal diese Woche pünktlich nach Hause geschafft und mit den Kindern gespielt zu haben, beispielsweise. Sich aufgerafft und endlich mal wieder den alten Freund getroffen zu haben. Es wird noch genügend Diskussionen mit Ihrem inneren Schweinehund geben. Sie werden Ihre Vorsätze nicht immer gegen den Alltag verteidigen können, Sie werden private Termine oder Sport absagen, weil zu viel auf dem Tisch liegt. Seien Sie nicht zu streng mit sich und fühlen Sie sich nicht als Versager, wenn Sie Ihre Vorhaben nicht immer umsetzen können. Sie hatten Ihre Gründe, vom Pfad der Tugend abzuweichen, schauen Sie hin, welche das waren, und sagen sich ohne Ärger oder Frust: **»Heute habe ich es noch *nicht* geschafft.«** Das klingt ganz anders als »Heute habe ich es schon wieder nicht geschafft. Ich pack's einfach nicht!« Das »*noch* nicht« beinhaltet die Chance, es bald zu schaffen, das Vertrauen in sich selbst und die Weisheit, dass Änderungen Zeit brauchen. Unsere Gewohnheiten und unsere Lebensführung haben wir uns in vielen Jahren, wenn nicht Jahrzehnten, angewöhnt, und sie waren viele Jahre lang vielleicht vorteilhaft und gewollt. Wir können sie nicht einfach ablegen wie einen alten Mantel, wenn sich unser Blick auf das Leben ändert.

Raus aus alten Denkspuren: Affirmationen

Apropos Gewohnheiten: Nicht nur unser Handeln folgt Routinen und Automatismen, sondern auch unser Denken. Von Glaubenssätzen war schon die Rede (Beispiel: »Was uns nicht umbringt, macht uns nur härter!«); auf diese und andere innere Antreiber kommen wir im 7. Kapitel noch genauer zu sprechen. Gewohnheiten sind wie Abkürzungen, die uns schneller ans Ziel bringen, weil wir nicht erst mühsam überlegen müssen, was zu tun ist. Das hat Vorteile, führt aber ins Abseits, wenn die Abkürzung in die falsche Richtung weist. Denkgewohnheiten sind die Schnellstraßen im Gehirn. Neuronal gesehen ist »Denken« die Aktivierung von Nervenzellen und ihrer Verbindungen. Wird ein bestimmtes neuronales Muster immer wieder aktiviert, ist es blitzschnell abrufbar. Deswegen beherrschen Sie ein bekanntes Kochrezept »im Schlaf«, während Sie bei einem völlig neuen Rezept alle paar Minuten ins Kochbuch schauen müssen.

Manche unserer typischen Denkmuster sind negativ: »Warum passiert das immer mir!«, »Ich habe eben kein Talent für Small-Talk!«, »Ich hasse es, eine Präsentation zu halten«, »In diesem Job kommt man eben nicht vor acht aus dem Büro«. Bei Mitarbeitern fallen Ihnen solche gedanklichen Sackgassen möglicherweise auf, weil sie Ihnen auf die Nerven fallen, etwa, wenn es heißt: »Das haben wir noch nie so gemacht« oder »Das steht nicht in meiner Stellenbeschreibung«. Was tun? Um destruktive oder hinderliche Denkautobahnen zu verlassen und neue Gedankenpfade anzulegen, empfehlen Psychologen Affirmationen – positive Sätze, mit denen man sich selbst Mut zuspricht und sein Denken mit etwas Geduld »umprogrammieren« kann. Bevor Sie aufstöhnen: Es geht hier nicht um simplifizierendes »Positives Denken«. Wer sich selbst als hässlich empfindet, dem nützt es gar nichts, täglich drei Mal in den Spiegel zu schauen und dabei »Ich bin eine attraktive Person« zu murmeln. Im Gegenteil: Wissenschaftliche Studien haben gezeigt, dass solche simplen Behauptungen gerade bei Menschen mit fragilem Selbstwertgefühl kontraproduktiv sind, denn sofort meldet sich der innere Kritiker zu Wort (»Was redest du da für einen Schwachsinn!«), und der Betreffende fühlt sich elender als zuvor.[23] Positive Wirkung können nur Botschaften entfalten, hinter denen der Einzelne auch wirklich steht. Dies sind in der Regel eher indirekte Affirmationen, etwa: »Ich erlaube mir, auch meine attraktiven Seiten zu sehen.« oder »Ich tue jeden Tag etwas für mein Aussehen und stehe mehr und mehr zu mir.« Außerdem geht es nicht um pauschale Wünsche (»Ich verlasse das Büro jeden Tag um sechs!«), sondern um Ansätze, die man selbst in der Hand hat und beeinflussen kann, etwa »Ich nehme mein Privatleben wichtig. Jeden Tag mehr und mehr.« oder »Ich erlaube mir, Dinge liegen zu lassen, um einen echten Feierabend zu genießen.« Entscheidend sind positive, zielorientierte (»Hin zu«-)Formulierungen, die auf eigenen Handlungsmöglichkeiten basieren. Mit Bestellungen ans Universum hat das nichts zu tun; es ist eher eine Art Gehirngymnastik, die verhindern soll, wieder in alte Denkgewohnheiten zu rutschen. Und wie bei echter Gymnastik gilt auch hier: Die Wiederholung macht's.

Passen Sie also auf, wenn Sie sich wieder einmal selbst ein Bein stellen. Glauben Sie nicht alles, was Sie spontan denken. Entwerfen Sie als Gegenmittel zu ausbremsenden Gedanken Ihre Affirmationen und formulieren sie so lange um, bis Sie sich wohl damit fühlen. Sorgen Sie dann dafür, dass sich das neue Denken einschleift: Notieren Sie Ihre Affirmationen so, dass Sie sie jeden Tag vor Augen haben, memorieren Sie sie bei der morgendlichen Dusche oder schicken Sie sich jeden Tag eine Mail mit Ihren neuen Gedanken. Welche Methode Sie wählen, ist gleichgültig, solange Sie lang genug am Ball bleiben: Bis sich eine neue Gewohnheit einschleift, werden etliche Wochen vergehen.[24] Hilfreich auf dem Weg zu mehr Selbstfürsorge ist überdies ein Quäntchen Gelassenheit. »Es ist eine weltfremde Forderung, zu wünschen, dass alles so läuft, wie Sie es gern hätten«, schreibt Günter F. Gross dazu in seinem Bestseller *Beruflich Profi, privat Amateur?*: »Es ist keineswegs normal, dass alles gut geht. Freuen Sie sich, wenn es der Fall ist. Betrachten Sie es als Geschenk und nicht als Rechtsanspruch.«[25] Auch das wäre eine spannende neue Denkgewohnheit.

Nein sagen ohne Reue

Wer besser für sich sorgen will, muss Grenzen setzen. Ein Kollege hat einmal treffend bemerkt, **jedes Ja zu einer Sache, die ein anderer von uns will, ist gleichzeitig ein Nein zu einer Aufgabe, die für uns selbst wichtig ist.**[26] Natürlich geht es hier nicht darum, jede Fürsorge oder Hilfe für andere radikal einzustellen. Es geht vielmehr um die vielen »Könnten Sie mal eben …?«, »Wissen Sie vielleicht …?« und »Da sind Sie doch der Experte …« mit denen Mitarbeiter, Kollegen und Vorgesetzte dazu beitragen, dass unsere Arbeitstage noch länger und hektischer werden. Die Gründe, warum man oft Ja sagt und sich hinterher darüber ärgert, sind ebenso vielfältig wie verbreitet: Man möchte nicht egoistisch oder unhöflich sein, scheut Konflikte, hat Angst vor negativen Konsequenzen oder sonnt sich insgeheim in der Rolle des Machers und Problemlösers. Dabei sind die Folgen eines Neins selten so dramatisch, wie man es sich ausmalt. Wie vielen Kollegen oder Mitarbeitern haben Sie selbst schon das Wohlwollen aufgekündigt, nur, weil Sie ein Nein kassiert haben? Den meisten Klienten fällt hier niemand ein, im Gegenteil – nach der ersten kleinen Verärgerung über die Abfuhr überwiegt oft die Achtung davor, wie konsequent der andere sein konnte.

Viel ist schon gewonnen, wenn Sie sich eine kurze Bedenkzeit angewöhnen, sobald Sie bei einer Bitte hin- und hergerissen sind. Ein paar Minuten genügen in der Regel, um sich darüber klar zu werden, ob es die Sache wert ist, Ja zu sagen.

Welchen Preis zahlen Sie, wenn Sie zustimmen? Und was könnte schlimmstenfalls passieren, wenn Sie Nein sagen? Ist es beispielsweise die angediente Präsentation wert, das Wochenende zu opfern und Stress zu Hause zu riskieren? Dabei könnte eine Rolle spielen, ob es um ein wichtiges Vorstandsmeeting geht, bei dem Sie persönlich auftreten sollen, oder ein wöchentliches Routinetreffen, für das Sie eine Vorlage liefern sollen. Vielen Menschen fällt das Neinsagen außerdem leichter, wenn sie eine Form gefunden haben, die nicht brüsk und potenziell verletzend, sondern entschieden und einfühlend zugleich ist. Dabei müssen Sie keine langen Erklärungen bieten, in denen Ihr Gegenüber herumstochern kann. Je kürzer, desto besser. Hier einige Vorschläge:

- »Ich sehe, dass Sie im Stress sind, das tut mir leid. Nur leider habe ich heute keine freie Minute, um das zu übernehmen.«
- »Das wäre vielleicht ein Thema für unsere nächste Runde, das könnten Sie da mal platzieren.« (… oder einen anderen Alternativvorschlag machen.)
- »Danke, dass Sie mich da einbeziehen und mir das zutrauen. Leider kann ich es nicht übernehmen, da ich gerade bis zum Hals im Thema xy stecke und damit keine Kapazität mehr für Ihr Anliegen habe.« (D. h. den Fragesteller mit einem Dankeschön versöhnen.)

Die eigene Resilienz stärken

Vor einigen Jahren ist ein neues Zauberwort aus den USA zu uns herübergeschwappt: »Resilienz«. Der Begriff stammt ursprünglich aus der Physik und bezeichnet die Eigenschaft eines Materials, nach einer Belastung wieder in den ursprünglichen Zustand zurückzukehren, Elastizität und Unverwüstlichkeit sozusagen. In der Psychologie ist der Begriff zum Synonym für mentale Stärke geworden. Dabei spielte die Beobachtung eine Rolle, dass manche Menschen sich nach Schicksalsschlägen und einschneidenden Erlebnissen deutlich rascher erholen als andere. Während der eine etwa als Betroffener eines Tsunamis oder eines Unfalls den Lebensmut verliert, kämpft sich der andere nach dem anfänglichen Schock entschieden ins Leben zurück.

Welche Faktoren bestimmen, wie hoch die Resilienz eines Menschen ist, hat die *American Psychological Association (APA)* zusammengestellt. In unterschiedlichen Formulierungen tauchen diese Eigenschaften in den vielen Publikationen zum Thema immer wieder auf:

10 Wege zur Resilienz

1. **Soziale Kontakte pflegen**
   Gute Beziehungen zu Familienmitgliedern, Freunden und anderen Menschen wahrnehmen; sich eventuell sozial engagieren, in einer Initiative, Gemeinde o. Ä., die Bereitschaft entwickeln, Hilfe und Unterstützung anzunehmen.

2. **Krisen nicht als unüberwindlich ansehen**
   In die Zukunft blicken; auch kleine Fortschritte registrieren und wertschätzen.

3. **Wandel und Veränderung akzeptieren**
   Erkennen, dass Veränderungen zum Leben dazugehören; akzeptieren, was man selbst nicht ändern kann, und sich auf die Dinge konzentrieren, die man beeinflussen kann.

4. **Sich Ziele setzen und diese anstreben**
   Realistische Ziele entwickeln und kontinuierlich an ihrer Erreichung arbeiten; sich nicht auf Unerreichbares konzentrieren.

5. **Entscheidungen treffen und ins Handeln kommen**
   In schwierigen Situationen aktiv werden, statt den Kopf in den Sand zu stecken und sich zu wünschen, das Ganze ginge vorüber.

6. **Sich selbst erkunden, die eigene Persönlichkeit reflektieren**
   Erkennen, dass man an Schwierigkeiten und Schicksalsschläge auch wächst und sich persönlich weiterentwickelt.

7. **Ein positives Selbstbild pflegen**
   An sich selbst und seine Fähigkeit glauben, Probleme zu lösen; seinen Instinkten vertrauen.

8. **Die Perspektive wahren**
   Ereignisse, auch schmerzhafte, nicht überdramatisieren, sondern in einem breiteren Kontext und langfristig einordnen.

9. **Hoffnungsvoll in die Zukunft blicken**
   Seinen Optimismus bewahren; visualisieren, was man möchte, statt sich darüber zu sorgen, was alles passieren könnte.

10. **Auf sich achtgeben**
    Die eigenen Bedürfnisse ernst nehmen; Dinge tun, die einem Freude machen; regelmäßig Sport treiben und sich so für Situationen wappnen, in denen Resilienz gefragt ist.

Quelle: American Psychological Association[27]

Die Übersicht zeigt es: Resilienz ist eher eine Lebenshaltung als eine angeborene Gottesgabe. Sie ist erlernbar und trainierbar, und sie vereint vieles, was oben schon als förderlich für eine stabile Gesundheit angesprochen wurde. Resilienz bewährt sich nicht nur in Krisensituationen, sondern ist angesichts der Anforderungen im heutigen Manageralltag auch unter »Normalbedingungen« erforderlich. **»Wie schaff' ich das noch 20 Jahre?«** ist eine Frage, die viele meiner Kunden und Klienten umtreibt. **Die kürzeste und beste Antwort lautet: durch gezielte Selbstfürsorge und daraus resultierende Widerstandsfähigkeit.** Große Bedeutung kommt dabei der Frage zu, ob man sich eher als Opfer der Umstände oder als Gestalter seiner Geschicke versteht. Auf den ersten Blick ist es einfacher, andere für eigene Probleme verantwortlich zu machen – fordernde Chefs etwa, unfähige Mitarbeiter, anspruchsvolle Kunden, die Wirtschaftslage, »die Gesellschaft« oder die eigene schwere Kindheit. Mittelfristig gesehen führt diese Opferhaltung in eine Sackgasse, denn Jammern und Leiden bringen keinen Schritt weiter. »Schmerz ist unvermeidlich, Leiden ist freiwillig«, sagen Psychologen in diesem Zusammenhang. Das klingt hart. Aber vermutlich kennen auch Sie jemanden, der Ihnen mit seinem folgenlosen Klagen gehörig auf die Nerven geht und bei dem Sie sich wünschen, er oder sie würde endlich etwas *tun*, statt nur zu jammern. Schmerz gehört zum Leben, Emotionen, auch traurige, gehören ebenfalls dazu. Und irgendwann kommt der Moment, wo man den Schmerz beiseiteschieben und sich fragen sollte: »Was kann ich konkret tun?« Dazu gehört auch die Überzeugung, selbst etwas bewirken zu können, und auch die lässt sich stärken: Um einen positiv-pragmatischen Blick auf die Welt zu trainieren, können Sie es sich beispielsweise zur Gewohnheit machen, am Ende des Tages zu reflektieren: Was habe ich heute schon alles erreicht? Wo war ich heute richtig gut? Worauf freue ich mich noch? Was habe ich heute gelernt? Solche Fragen eignen sich gut für ein Tagebuch, um sich selbst wieder besser wahrzunehmen und mittelfristig zu lernen, seine Gedanken zu steuern. Einen meiner Klienten bewahrte dies in einer Phase der Arbeitslosigkeit davor, in eine Negativspirale der Enttäuschung und Antriebslosigkeit zu versinken.

Schon morgen umsetzbar: Praktische Tipps für den Alltag

Was können Sie tagtäglich dafür tun, um sich gesünder und fitter zu fühlen? Hier eine Liste kleiner, ganz praktischer Tipps, die überwiegend nicht neu für Sie sein werden. Nur: **Wissen allein bewirkt gar nichts. Sie müssen auch *handeln.*** Gern können Sie die Vorschläge durch eigene Ideen ergänzen. Und, nein, Sie »müssen« nicht alles umsetzen! Probieren Sie aus, was Ihnen sympathisch ist. Vielleicht bekommen Sie ja Lust auf mehr, sobald Sie die positiven Wirkungen spüren?

Ernährung

Zu schwer, zu fett, zu süß, das sind unsere Hauptsünden. Gegenstrategien:

- Mindestens drei Mahlzeiten am Tag, dabei abends am wenigsten essen und morgens gesund frühstücken, etwa mit Müsli und Vollkornbrot.
- Statt Keksen und Süßigkeiten zwischendurch im Büro lieber Nüsse, Obst oder Trockenobst (kann man auch gut auf Reisen mitnehmen).
- Beim Geschäftsessen möglichst leichte Gerichte wählen, lieber Fisch und Gemüse als Fleisch und schwere Beilagen.
- Nachtisch weglassen.
- In Rücksprache mit dem Team gesündere Snacks in den Meetings bereitstellen.
- Trinken: keinen oder nur wenig Alkohol, Mineralwasser ohne Kohlensäure, die aufbläht und die Magensäure verstärkt. Lieber grünen oder weißen Tee als Kaffee trinken und vor allen Dingen genug (1,5 Liter pro Tag, an heißen Tagen mehr).
- Sind Sie ausreichend mit allen Vitaminen und Mineralstoffen versorgt? Eventuell mit einer Blutuntersuchung überprüfen lassen und für Zusatzversorgung sorgen.

Schlaf

Vom Laptop ins Bett oder gar mit dem Laptop, das ist nicht förderlich für ruhigen Schlaf. Lieber rechtzeitig abschalten, im doppelten Sinne:

- Den Fernseher und andere Medien mindestens 30 Minuten vorher ausstellen, weil die optischen Reize innerlich wach halten.
- Das Smartphone komplett ausschalten, damit alle Zellen in Ihnen wissen, dass Sie *wirklich* nicht gestört werden können.
- Medien und Arbeit aus dem Schlafzimmer verbannen.
- Ein Ritual zum Runterkommen vor dem Zubettgehen entwickeln, z. B. eine Runde mit oder ohne Hund an der frischen Luft drehen.
- Wann immer möglich, dem eigenen Biorhythmus folgen und regelmäßige Schlafzeiten einhalten.
- Bei Schlaflosigkeit nicht arbeiten, aber aufstehen, denn im Liegen fühlen wir uns ohnmächtig, und alles scheint schlimmer. In ein anderes Zimmer gehen und etwas Entspannendes tun: bügeln, ein langweiliges Buch lesen, einen Schrank aufräumen, heiße Milch trinken … .
- Sich nicht stressen und die Stunden bis zum Aufstehen zählen nach dem Motto, »Gleich klingelt der Wecker!« Lieber ruhig atmen und eine Affirmation

wie ein Mantra wiederholen (»Alles ist gut. Ich werde immer ruhiger.«) Irgendwann glaubt der Körper das und wird wieder müde.

- Wenn die Gedanken doch um die Arbeit kreisen: Stift und Block im Nachttisch haben, um Einfälle notieren und dann bis zum Morgen ad acta legen zu können.
- Keine Schlafmittel nehmen, allenfalls pflanzliche Mittel ohne Suchtgefahr. Möglicherweise lohnt sich ein Besuch beim Naturheilkundler oder Heilpraktiker. Manche Schulmediziner greifen zu schnell zu den falschen Rezepten und nehmen sich nicht genug Zeit für die Diagnose, was genau fehlt.

Entspannung

»Wer regelmäßig meditiert oder Yoga macht, ist glücklicher, produktiver – und weniger krank«, meldet das *Handelsblatt* und: »Meditierende Manager werden salonfähig.« Selbst Hedgefonds-Manager wie Ray Dalio bekennen sich dazu.[28] Es gibt zahlreiche Methoden, im Alltag zur Ruhe zu kommen, jeder muss herausfinden, was zu ihm passt. Einige Anregungen:

- Eine klassische Entspannungstechnik lernen (z. B. Progressive Muskelentspannung nach Edmund Jacobson, Autogenes Training oder MBSR – Mind Based Stress Reduction nach Jon Kabat-Zinn).[29]
- Meditieren. Meditation braucht Übung und Geduld, aber es gibt auch einfache Meditations- und Achtsamkeitsübungen für den Alltag, mit denen man auch zwischen zwei Meetings auftanken kann, etwa Atemübungen, innere Reise durch den Körper, Traumreisen. Und zu all dem gibt es hilfreiche Bücher und inzwischen sogar Seminare zum Thema Zen für Führungskräfte.[30]
- Sich in langweiligen Meetings nicht länger ärgern oder halbkonzentriert Mails beantworten, sondern Entspannungsübungen machen, während man interessiert guckt.
- Bei Stress und Mutlosigkeit: eintauchen in einen Rückzugsraum im Innern, eine innere Welt, in der man sich sicher fühlt. Malen Sie sich einmal in aller Ruhe in einer entspannten Situation einen solchen Raum für sich aus. Wo ist Ihr Ort, ist es im Freien oder in einem Haus, ein spezieller Raum, eine spezielle Umgebung? Wie sieht es dort genau aus? Je konkreter Sie das Bild zeichnen, umso mehr kann es sich in Ihnen verankern. Dann speichern Sie es ab und können es bei Bedarf abrufen und dort schnell ankommen und sich innerlich entspannen.
- Einen echten Rückzugsort für sich finden, einen Platz irgendwo, wo Sie sich wohlfühlen und der Ihnen guttut. Versuchen Sie, regelmäßig dorthin zu fahren, und erlauben Sie sich kleine Fluchten, wenn alles zu viel wird.

- Lachen! Umgeben Sie sich mit Menschen, die Humor haben. Lachen entspannt, baut Stress ab. **Wenn Sie nicht wissen, ob Sie lachen oder weinen sollen, entscheiden Sie sich fürs Lachen.**
- Regelmäßig Pausen machen, nicht besinnungslos durcharbeiten. Nach einer Pause holen Sie vermeintlich Verpasstes schnell wieder auf, es geht leichter von der Hand, und Sie sind besser gerüstet für den Marathon, den wir alle im Hamsterrad laufen.

Bewegung

»Deutschland sitzt – auch bei der Arbeit«, beklagte die Techniker Krankenkasse in ihrer Studie zum Bewegungsverhalten. Mehr als zwei Drittel der Arbeitnehmer bewegen sich im Alltag weniger als eine Stunde.[31] Wenn Sie bisher nicht zu den Sportfans gehören, lässt sich dies am einfachsten ändern, wenn Sie mehr Bewegung in Ihren Alltag einbauen:

- Jede Treppe nehmen statt die Rolltreppe oder den Fahrstuhl.
- Zu Fuß gehen, statt für kürzere Strecken das Taxi zu nehmen.
- Wartezeiten am Flughafen und Bahnhof nicht einfach sitzend verbringen, sondern für einen Spaziergang nutzen.
- In der Mittagspause öfter an die frische Luft gehen statt in die Kantine.
- Wenn Sie den ganzen Tag sitzen, im Büro zum Telefonieren aufstehen und umhergehen.
- Eine Sportart entdecken, die Ihnen Spaß macht, und diese ein- bis zweimal die Woche ausüben.
- Auf Geschäftsreisen in Hotels mit Schwimmbad und/oder Fitnessraum absteigen oder die Laufschuhe im Gepäck haben (siehe auch Kapitel 4 zur Stressbewältigung).
- Sich einen Heimtrainer zulegen und ihn regelmäßig benutzen, beispielsweise jeden Abend, wenn Sie Nachrichten schauen.
- Sich am Wochenende viel an der frischen Luft bewegen. (Auch Gartenarbeit, mit den Kindern Fußball spielen oder Fensterputzen erfüllen diesen Zweck.)
- Einen Personal Trainer buchen, wenn Sie sich ohne Druck gar nicht aufraffen können.
- Sich einen Trainingspartner suchen, sich beispielsweise mit einem Bekannten oder der Partnerin/dem Partner zum Joggen verabreden.
- Einen Urlaub nutzen, um langsam, aber sicher mehr Kondition zu bekommen, z. B. durch Wandern, Schwimmen oder Laufen. Danach fällt es leichter, am Ball zu bleiben.

Gesundheitsexperten sind sich mittlerweile einig, dass 10 000 Schritte pro Tag eine ausreichende Bewegungsdosis sind. Büroarbeiter bringen es pro Tag im Schnitt auf nur 1500.[32] Ein Unternehmen in meinem Kundenkreis ließ Schrittzähler im Workshop verteilen, um für Bewegung zu sensibilisieren. Schon am zweiten Tag verglichen alle ihre Schritte-Bilanz. Ergebnis: Man verabredete sich vor dem Abendessen noch zu einem Spaziergang, um sein Soll zu erfüllen. Damit war ein wichtiges Ziel erreicht: ein Bewusstsein für mehr Bewegung und Gesundheit zu schaffen. Hier könnten viele Unternehmen Mitarbeiter wirksam unterstützen, durch gesünderes Essen in der Kantine beispielsweise, durch Betriebssportgruppen, durch Duschen und Umkleiden, damit man mit dem Rennrad anreisen und sich erst vor Ort businessfein machen kann. Bei all dem sollen Sie nicht zum Asketen werden und unablässig an Ihre Gesundheit denken. Auch Genuss und kleine Sünden gehören zum Leben dazu. Es geht eher um ein neues Mindset, das den Raubbau am Körper beendet, Ihnen wieder Lebensfreude beschert und so zuverlässig und ganz nebenbei für mehr Energie sorgt.

Zum Schluss

»Ruinieren Sie sich nicht die Gegenwart
zugunsten der Zukunft.
Arbeiten Sie sich jetzt nicht tot,
um später gut leben zu können.«
Günter F. Gross, Volkswirt und Vordenker[32]

6. Das Privatleben

»Wie viel Egoismus kann ich mir erlauben?«

Sind Sie eigentlich glücklich? Der Frage nach dem eigenen Lebensglück stellen sich die meisten Leistungsträger meiner Erfahrung nach erst, wenn sie definitiv unglücklich sind. Auf dem Weg nach oben helfen einem Pflichtgefühl, Durchhaltevermögen, eine gewissen Härte gegen sich selbst. Und genau diese Tugenden bergen gleichzeitig die Gefahr, die eigenen Bedürfnisse irgendwann aus den Augen zu verlieren. Wann haben Sie das letzte Mal etwas für sich getan, nur aus einem einzigen Grund: weil es Ihnen Freude macht? Wann haben Sie sich das letzte Mal ganz im Flow befunden und etwas mit voller Hingabe und Leichtigkeit getan? Wann stand der Kopf wirklich still? Wann haben Sie mal ohne schlechtes Gewissen einfach Zeit »verschwendet«? Aus ritualisierten Wochenendverpflichtungen, Netzwerktreffen mit beruflichem Interesse oder Treffen mit Freunden, von denen wir vorher hoffen, sie sagen ab, aus all dem auszuscheren erscheint vielen Menschen egoistisch. Und so trägt mancher eine diffuse Unzufriedenheit mit sich herum. Andere zerreißen sich zwischen den Ansprüchen des Berufs und denen des Privatlebens, leiden unter Pendelbeziehungen, tränenreichen Sonntagabendabschieden von den Kindern und trostlosen Zweitwohnungen. Und wieder andere hadern damit, sich daheim ständig für ihr starkes berufliches Engagement rechtfertigen zu müssen, dafür, zu wenig Zeit zu Hause zu verbringen und zu wenig Familienpflichten zu schultern. Es geht mir in diesem Kapitel nicht darum, ein bestimmtes Lebensmodell zu favorisieren. Menschen sind verschieden. Lebenssituationen ändern sich. Wir ändern uns. Lebensprioritäten verschieben sich mit Lebensalter und Lebenserfahrung. Worum es mir geht, sind Impulse, darauf zu achten, dass eine ganz wichtige Person in Ihrem Leben nicht völlig zu kurz kommt: Sie selbst. Denn wenn wir zurückdenken an den Anfang des Buches, bleibt die Erkenntnis: Die Führungsrolle ist eine Geberrolle. Und viel geben kann nur, wer viel (Kraft) hat.

Fakten & Zahlen

Eigentlich steht es gar nicht so schlecht um die Lebenszufriedenheit hierzulande, jedenfalls, wenn man einer umfangreichen Studie des Meinungsforschungsinstituts *Infratest Dimap* folgt. Für die ARD-Themenwoche »Glück« wurden 2013 exakt 50 359 Menschen ab 14 Jahren befragt. Ergebnis: Auf einer Glückskala von 1 (sehr unglücklich) bis 10 (sehr glücklich) siedelten sich die allermeisten Befragten bei ungefähr 7,5 Punkten an. Wer wenig Geld verdient, in Ostdeutschland lebt oder nur einen Hauptschulabschluss hat, büßt im Schnitt ein paar Zehntel ein, doch insgesamt ist das Bild erstaunlich einheitlich.[1] Was hätten Sie geantwortet? 7,5 bedeutet wohl: Da ist noch Luft nach oben, aber eigentlich ist mein Leben ganz okay, nicht gerade berauschend, aber immerhin. Sehr viel kleiner als die ARD-Studie war eine Umfrage des *Galileo Instituts for Human Excellence* unter Führungskräften, doch sie liefert ein interessantes Stimmungsbild. Von den rund einhundert Teilnehmern sagten über 80(!), sie seien beruflich erfolgreich, privat aber unzufrieden. Knapp zwei Drittel sind »kurz vor dem Absprung«, hat *Galileo*-Chefin Gudrun Happich beobachtet, sie denken darüber nach, innerhalb des Unternehmens, zum Wettbewerber oder in die Selbstständigkeit zu wechseln. Nur 28 Prozent stellen die Sinnfrage: »Was will ich wirklich?« Für Happich sind gerade Leistungsträger privat krisenanfällig – sie gäben alles für die Karriere und fragten, wenn überhaupt, zu spät nach ihren eigenen Wünschen. Stattdessen werde die innere Unruhe durch noch mehr Leistung oder Fluchtgedanken kompensiert, in der irrigen Hoffnung, anderswo sei es besser.[2] Im Klartext heißt das: Das nagende Gefühl der Unzufriedenheit wird im beruflichen Bereich kompensiert, obwohl es möglicherweise anderswo wurzelt.

Andere Zahlen machen das Bild noch diffuser. Als die *Gesellschaft für Konsumforschung (GfK)* für den »Freizeitmonitor 2014« wissen wollte, ob die gut 4000 Befragten bereit wären, »etwas weniger zu verdienen, wenn Sie dafür etwas mehr Freizeit zur Verfügung hätten«, lehnten das drei Viertel der Befragten ab, viele sicher auch, weil das Geld ohnehin knapp ist. Mit Ja antworten erwartungsgemäß häufiger die Besserverdienenden, zu denen auch Manager zählen – aber auch hier nur ein gutes Drittel der Befragten. Das deckt sich ziemlich genau mit den Ergebnissen einer Studie der *Akademie der Führungskräfte* 2013. Danach würden nur rund 37 Prozent der 400 Befragten Geld gegen Freizeit eintauschen.[3] Angesichts der vielen Klagen über beruflichen Stress (siehe Kapitel 4) ist diese sehr eindeutige monetäre Orientierung überraschend. Das könnte bedeuten, dass manche Managergehälter in einen Lebensstandard fließen, der finanzielle Rückschritte verbietet und so das Private in den Hintergrund treten lässt. Oder auch, dass Vielarbeiter irgendwann womöglich nicht mehr wissen, womit sie die plötzliche Freizeit (und Freiheit) füllen sollten. Wie geht es Ihnen damit? **Was würden Sie mit einem geschenkten freien Tag pro Woche anfangen?**

Schwierig wird das Private auch dadurch, dass es heute keine festen Modelle mehr gibt, keine vorgegebenen Gleise, auf die man einfach einschwenken könnte und die sich so problemlos ergänzen, wie das des beruflich engagierten Mannes der Nachkriegsjahre und seiner Gattin, die ihm »den Rücken freihielt«, für ein behagliches Heim sorgte, ihm klaglos ins Ausland folgte und die gemeinsamen Kinder erzog. Die traditionellen Rollenmuster gelten nicht mehr, die Verantwortungsbereiche müssen nun neu ausgehandelt werden. Wer geht Kompromisse ein? Wer steckt zurück? Wann ist die richtige Zeit für Kinder? Und wer kümmert sich um sie? Nichts scheint mehr selbstverständlich, und immer mehr wird möglich. So lösten die Großunternehmen *Apple* und *Facebook* im Oktober 2014 lebhafte Medienresonanz aus, als sie verkündeten, sie würden Mitarbeiterinnen auf Wunsch das Einfrieren ihrer Eizellen für eine spätere Mutterschaft bezahlen (so genanntes Social Freezing), um auf diese Weise mehr Frauen für sich zu gewinnen. Bis zu 20 000 Dollar war dies den Unternehmen wert.[4] Frauen könnten sich so während der für die Karriere entscheidenden Jahre Ende zwanzig bis Mitte dreißig auf den Job konzentrieren. Für mich eine erschreckende Vorstellung, denn weiter kann man die Unterwerfung des Privaten unter den Beruf kaum treiben. Das Fatale: **Mit der Zahl der Möglichkeiten steigt auch der individuelle Druck zur Selbstoptimierung – und damit der persönliche Stress.**

Das Private zu seinem Recht kommen zu lassen ist also mehr denn je eine Herausforderung. Dazu trägt bei, dass heute eher auf Augenhöhe geheiratet wird als in früheren Generationen. Das Ergebnis sind »dual career couples«, in denen beide hohe berufliche Ambitionen verfolgen. Eine neuere Untersuchung des Beratungsunternehmens *Heidrick & Struggles*, für die 1225 Manager befragt wurden, ergab, dass 90 Prozent der männlichen Manager in fester Partnerschaft leben, bei den Managerinnen sind es drei Viertel. Zwei Drittel der Manager-Partnerinnen und fast 90 Prozent der Partner von Managerinnen sind heute berufstätig, wobei der Anteil der in Teilzeit arbeitenden Frauen unter den Manager-Ehegattinnen sicher hoch ist. Doch während 88 Prozent der männlichen Manager Väter sind, haben nur 41 Prozent der

Private Lebensverhältnisse von Führungskräften
(grau: männliche, rot: weibliche Führungskräfte)

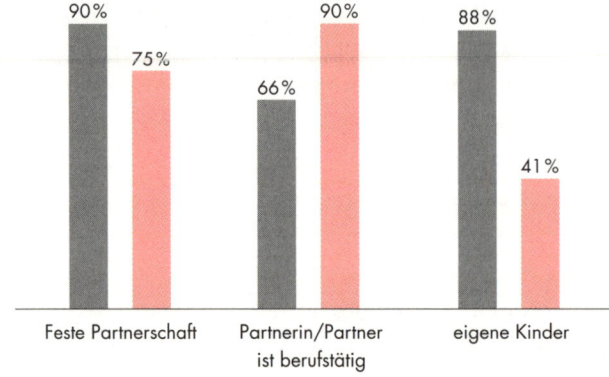

| Feste Partnerschaft | Partnerin/Partner ist berufstätig | eigene Kinder |

Managerinnen Nachwuchs. Auch dahinter verbergen sich vermutlich innere Konflikte, ob »alles« zu schaffen ist, Beruf und Kinder gleichermaßen zu ihrem Recht kommen können. Neu sind solche Probleme um die Vereinbarung von Karriere und Familie nicht. Doch während vor 20 Jahren nur Topmanager davon gesprochen hätten, dass ihr berufliches Engagement zu Schwierigkeiten in der Familie führe, habe dieses Problem inzwischen auch das untere und mittlere Management erreicht, stellte das *Manager Magazin* schon 2009 fest.[5] Eine Ursache ist sicher die in der Arbeitswelt heute geforderte Mobilität. Geschätzt jedes siebte Paar in Deutschland pendelt. Bei hoch Qualifizierten und Doppelverdienern dürfte dieser Anteil noch höher sein.[6] **Zahlen beruflich erfolgreiche Menschen also einen privaten Preis für die Karriere?** Verzichten sie auf persönliche Freiräume, erfüllte Zeit für sich allein, eine Versöhnung mit dem eigenen Lebensmodell? Muss das so sein, und wie lässt sich das ändern? In diesem Kapitel wird es darum gehen, was Sie tun können, damit Ihr Privatleben zu einer stützenden Säule Ihres Lebens wird und keine kraftraubende.

Guter Egoismus, schlechter Egoismus?

»Wie viel Egoismus kann ich mir erlauben?!« Dieser Stoßseufzer stammt von einem Klienten, der beruflich durchstarten und den nächsten Karriereschritt im Ausland tun wollte. Seine Frau war alles andere als begeistert und argumentierte unter anderem mit den Kindern, die man doch nicht aus Schule und Freundeskreis herausreißen könne: »Du denkst auch nur an dich!« Der Klient war hin- und hergerissen, was er tun sollte; Gewissensbisse und Karriereambitionen rangen miteinander. Manager sind auch nur Menschen, diese Erkenntnis ist Qualitätsmedien wie *Handelsblatt* oder *Neue Zürcher Zeitung* tatsächlich eine Schlagzeile wert.[7] So banal wie wahr: Manager(innen) sind Menschen mit Sehnsüchten, Ängsten, Wünschen, Sorgen wie jeder andere auch. Und als Menschen sind wir unteilbar, denn der Beruf beeinflusst Privates, und unser Privatleben spielt in den Beruf hinein. Das verlangt immer wieder nach Abwägungen und Entscheidungen. Darf ich ins Ausland gehen, obwohl meine Eltern zunehmend meine Unterstützung brauchen? Wie gehe ich mit dem Kinderwunsch meines Partners/meiner Partnerin um, wenn ich selbst keinen habe? Muss ich wirklich allen sozialen Verpflichtungen nachkommen, die ich im Laufe der Jahre gesammelt habe, vom Beirat im Alumni-Club über die Wirtschaftsjunioren bis zum Ehrenamt? Kann ich mich aus den mit Verpflichtungen bei Verwandten und Freunden vollgestopften Wochenenden ausklinken, weil ich einfach nur meine Ruhe haben möchte? Bin ich ein Monster, wenn ich bewusst eine Stunde länger arbeite, damit die Kinder schon im Bett sind, wenn ich heimkomme? Kann ich es vor mir selbst und anderen vertreten, meinen dementen Vater in ein Heim zu geben? Fragen wie diese treiben viele Führungskräfte um.

Die falsche Frage

Natürlich gibt es auf die Fragen oben keine allgemeingültigen, »richtigen« Antworten. Die Lösung muss jeder für sich selbst finden. Ob diese Lösung »egoistisch« ist, ist für mich die falsche Frage. Nüchtern betrachtet, möchten die allermeisten Menschen in ihrem Leben ihre eigenen Interessen und Vorstellungen verwirklichen. Das kann man selbst Heiligen wie dem Dalai Lama oder der inzwischen offiziell seliggesprochenen Mutter Teresa unterstellen: Ihr Leben in Bedürfnislosigkeit und ihr Engagement für eine gute, höhere Sache entsprechen vermutlich ihren ureigenen persönlichen Werten und werden mit herausragender gesellschaftlicher Anerkennung belohnt. **Der Egoismus-Vorwurf führt also nicht weiter**, denn: Ist es egoistisch, ins Ausland zu gehen, obwohl die eigenen Eltern zunehmend Unterstützung brauchen? Oder sind im Gegenzug die Eltern egoistisch, wenn sie ganz selbstverständlich erwarten, dass die berufstätigen Kinder ihren Rasen mähen, ihr Haus instand halten und ihren Kühlschrank füllen, und sich energisch gegen jede »fremde« Hilfe sträuben (»Nach allem, was wir für dich getan haben ...«)? Der Vorwurf des Egoismus wird also manchmal aus durchaus egoistischen Motiven erhoben, um dem Gegenüber Schuldgefühle einzuflößen. Konstruktiver wäre es für beide Seiten, von eigenen *Interessen* zu sprechen und mit dem Gegenüber auszuhandeln, ob und wie sich seine und meine Interessen miteinander vereinbaren lassen.

Paradoxerweise geschieht genau das sehr selten. Paradox deshalb, weil gerade Führungskräfte im Beruf tagtäglich Interessen ausgleichen, Kompromisse schmieden, eigene Ziele formulieren und Lösungen entwickeln. Dabei sind wir am Arbeitsplatz in ein enges Geflecht von Vorgaben, Befugnissen und Abteilungsinteressen eingebunden. Unser Freiraum ist begrenzt, trotzdem arbeiten wir als Manager hart daran, das Beste für das Unternehmen und für uns zu erreichen. Im Privatleben vernachlässigen wir diese Fähigkeiten, und das, obwohl wir hier viel größere Gestaltungsfreiheiten hätten. Privat müssen wir Beziehungen nicht fortführen, weil wir sonst Einkommen und Bonus gefährdeten. Wir sind nicht gezwungen, zähneknirschend Bedingungen zu akzeptieren, weil der andere uns gegenüber weisungsbefugt ist. Wir müssen nicht regelmäßig jemanden treffen, den wir nicht leiden können, weil dies ein wichtiger Kunde ist. Dennoch fügen wir uns häufig einer scheinbaren Eigendynamik, indem wir keinen Einfluss nehmen und es laufen lassen, hadern still mit den »Umständen« oder machen unserem angestauten Frust Luft, indem wir irgendwann über Nichtigkeiten einen Streit vom Zaun brechen. Im Beruf strengen wir uns an, kämpfen, fällen unangenehme Entscheidungen, gehen sehr bewusst unseren Weg. Im Privatleben dagegen soll alles von selbst laufen. Vielleicht sehnen wir uns einfach zu sehr nach einem idealisierten Gegenentwurf zur »harten« Berufswelt, einer harmonischen Gegenwelt, in der wir uns nur fallen lassen müssen und entspannen können und alles von allein so läuft, wie es uns guttut. Das ist sehr nachvollziehbar. Nur ist es eine Illusion, dass sich dieser Rückzugsbereich von ganz allein einstellt. Auch unser Privatleben ist schließlich das Ergebnis unseres Handelns und unserer Entscheidungen.

Das eigene Lebensmodell finden

Wir leben in einer Zeit sich auflösender Gewissheiten: Rollenmuster gelten nicht mehr, Kaminkarrieren und lange Firmenzugehörigkeiten gehören der Vergangenheit an, Bindungen werden fragiler, Scheidungen sind längst kein gesellschaftlicher Makel mehr, auch nicht für Topmanager. Der feste Rahmen, den Kirche und Religion einst schufen mit ihren Ritualen und Regeln, existiert allenfalls noch für eine kleine Minderheit. Das alles verschafft dem Einzelnen mehr Freiheit – glücklicherweise –, bürdet ihm aber auch mehr Eigenverantwortung in der Frage auf: **»Wie will ich wirklich leben?«** Binnen 100 Jahren ist aus einer relativ klar vorgezeichneten Lebensbahn für die meisten ein kompliziertes »Lebensprojekt« geworden, bei dem das Private schnell zu einem Anhängsel beruflicher Ambitionen wird, zu einer weiteren Baustelle, auf der man sich irgendwie durchwurstelt, persönliche Bruchlandungen inklusive. Da aussteigen und mehr und mehr das Leben führen, das sich für Sie gut und richtig anfühlt, das können nur Sie selbst. Bei der Selbstklärung helfen die folgenden Fragen:

Reflexionsfragen: Wie will ich leben?

- Wenn ich Sie in drei (fünf, zehn) Jahren besuchen würde und Ihr Leben wäre bis dahin ideal nach ihren Wünschen verlaufen – wie würde Ihr Leben dann aussehen?
- Wie müsste Ihr Leben sein, wenn es »ideal« wäre? (Oder: Was genau müsste anders sein, damit Sie kein Problem mehr hätten?)
- Was wäre, wenn Sie Ihre Probleme nicht mehr hätten – was könnten Sie dann alles tun?
- Und wenn Sie ein ganz neues Leben beginnen könnten, wie sähe es aus: Wo wären Sie, wie würden Sie leben, was würden Sie tun und wer wäre alles um Sie herum?

Je konkreter, farbiger und bildhafter Sie sich die Antworten gestalten, umso wirksamer und deutlicher wird es für Sie. Im zweiten Schritt lohnt es sich zu fragen:

- Was hindert Sie, dieses Leben zu leben?
- Was mussten Sie tun, um dieses Leben zu leben?
- Welchen Preis müssten Sie dafür zahlen?
- Mittelfristig betrachtet: Ist es diesen Preis wert? Wenn nein:
- Was können Sie tun, um zumindest Teile dieses Wunschlebens in Ihr jetziges Leben zu holen?

Lassen Sie diese Fragen in Ruhe auf sich wirken. Das ist nichts, was man an einem Nachmittag oder einem Wochenende entscheidet. Häufig weiß unser Herz schon, was für uns richtig ist (»sich gut anfühlt«), während unser Kopf noch Gegengründe findet. **Wenn wir nicht aufpassen, übertönen dabei gesellschaftliche Normen und Wunschbilder unsere eigene Stimme.** Darf man als Frau/als Mann sich »nur« um die Kinder kümmern, und das über Jahre? Darf man im Neubaugebiet ganz anders leben als die anderen jungen Familien in der Nachbarschaft und sich aus deren Wochenendritualen (»… und samstags grillen wir reihum«) konsequent ausklinken? Darf man den Kontakt zu Verwandten, Freunden oder sogar den eigenen Eltern abbrechen, wenn einem dieser Kontakt nicht guttut, sondern im Gegenteil, wenn die Schatten der Vergangenheit sehr belastend sind? Die Antwort lautet drei Mal: Ja, natürlich, Sie dürfen. Sie werden in allen Fällen einen Preis dafür zahlen. Aber wenn es für Sie diesen Preis wert ist, tun Sie es! Denn Sie bezahlen auch einen Preis, wenn Sie es nicht tun. Weder die eigene Bequemlichkeit noch begründete oder unbegründete Befürchtungen, wie die Umwelt auf einen solchen Schritt reagieren wird, sollten Sie ausbremsen. Jedem werden Sie es ohnehin nie recht machen können. Wenn Sie zu diesem Punkt noch gedankliche Schützenhilfe brauchen, blättern Sie zurück zu Kapitel 3 und der Geschichte vom Esel-Kauf ganz am Schluss. Diese Fabel bringt die schiere Unmöglichkeit, allen zu gefallen, wunderbar auf den Punkt.

Mit der Formel »Einen Scheiß muss ich« bringt es Tommy Jaud mit seinem Bestseller des Jahres 2015/16 auf den Punkt.[8] Er durchforstet in seinem *Manifest gegen das schlechte Gewissen* in wunderbar pointierter Weise und mit einem Riesenspiegel, den er uns vorhält, unser ganzes Leben auf Dinge, von denen wir glauben, wir müssten sie tun (vom Abnehmen über Wochenenden-spannend-füllen bis hin zu Karrieremachen) und beendet jedes Kapitel sehr gekonnt und gut begründet mit seiner Erfolgsformel »ESMI«. Befreiende Lektüre!

Im Berufsleben sind Sie es gewohnt, Ziele »SMART« zu formulieren, also spezifisch, messbar, attraktiv, realistisch, terminiert. Privat geht es vor allem darum, persönliche Lebensträume in Handlungspläne zu übersetzen, um sie nicht zu vertagen, bis es irgendwann zu spät ist. In Abwandlung der klassischen SMART-Formel bewähren sich dabei die folgenden Anhaltspunkte:

Private Lebensziele – worauf es ankommt

Ihre privaten Ziele sollten ...

- ... bedeutsam für Sie selbst sein (Ihr Herz in freudiger oder zunächst ängstlicher Aufregung höher schlagen lassen),
- ... nicht zu groß sein (Sie nicht überfordern),
- ... konkret, präzise und verhaltensbezogen sein (Was genau werden Sie wann tun? Wann werden Sie beginnen? Wie sieht der erste Schritt aus? Wie Ihre weiteren Schritte?)
- ... emotional messbar sein (Woran werden Sie also merken, dass Sie auf einem guten Weg sind? Was ist dann anders, wie fühlen Sie sich dann, wie geht es Ihnen, wenn Sie auf dem Weg sind oder ein Teilziel erreicht haben?)

Ein wichtiger Gesichtspunkt: Die Lebenserfahrung lehrt, dass man sein Verhalten ändern kann, aber nicht sich als Mensch. Überlegen Sie also, wie Sie die Ziele auf Ihre Weise am besten erreichen können. Und haben Sie Geduld mit sich: Feiern Sie kleine Erfolge, statt sich darüber zu grämen, dass Sie mehr Zeit brauchen als erhofft. Und grämen Sie sich auch nicht darüber, wenn Sie trotz aller Erkenntnisse noch nicht anfangen mit der Umsetzung. Dann ist die Zeit noch nicht reif.

Besonders motivierend sind Ziele, die ...

- ... eher das Vorhandensein als die Abwesenheit von etwas zum Ausdruck bringen, also positiv formuliert sind,
- ... eher einen Anfang als ein Ende beschreiben,
- ... realistisch und erreichbar sind.

Neben den Zielen für Partnerschaft und Familie steht für viele Führungskräfte mehr Zeit für sich selbst im Vordergrund, wie ich aus zahlreichen Gesprächen weiß. Und auch die Shape-Studie des Mediziner Walter Kromm, auf die ich bereits in meinem Buch *Leadership 2.0* hingewiesen habe, bestätigt, dass viele beruflich ambitionierte Menschen vor allem persönlichen Freiraum vermissen. Nach dieser Erhebung hätten 60 Prozent der Führungskräfte gern mehr Zeit für ihre Kinder, über 70 Prozent wünschen sich mehr Zeit für ihren Partner, aber stolze über 80 Prozent hätten gern mehr Zeit für sich. Eine neuere Repräsentativbefragung des Meinungsforschungsinstituts TNS Emnid ergab, dass immerhin 54 Prozent aller Berufstätigen diesen Wunsch der Führenden teilen.[9] **Vier von fünf Managern vermissen also Zeit für sich allein.** Schauen wir im nächsten Abschnitt, mit welchen konkreten Maßnahmen Sie das erreichen können.

Mehr Energie durch private Zufriedenheit

Dass Freizeit wichtig ist, scheint sich herumzusprechen. »Erlebt das Wochenende eine Renaissance?«, fragte das *Manager Magazin* im Frühjahr 2014 und wollte von Topmanagern wissen, ob sie sich ein Abschalten (im doppelten Wortsinne) erlauben. Einige Stimmen: Frank Appel (Deutsche Post) outet sich als »entschlossener Wochenendler«, Dirk Rossmann, Inhaber der gleichnamigen erfolgreichen Drogeriekette, lässt sein Mobiltelefon samstags und sonntags im Auto, Anita Gifford, Geschäftsführerin bei Hewlett-Packard, schläft aus und streift durch Galerien, Marita Kraemer, Vorstandsmitglied bei der deutschen Zurich Gruppe, geht jagen oder mit ihrem Hund spazieren.[10]

Mehr Zeit für sich selbst

Die prominenten Beispiele belegen noch einmal: Zeit ganz für sich allein ist gerade für Vielbeschäftigte besonders wertvoll. Wer sein Bedürfnis nach Alleinsein umsetzen möchte, bekommt Schützenhilfe von drei Psychologen der Technischen Universität Dresden, die auf der Basis einer Umfrage unter knapp 500 Studierenden zu dem Schluss kommen, am gesündesten und sehr ausgeglichen seien diejenigen, die nicht nur Arbeit und Freizeit ausbalancieren könnten, sondern zusätzlich »persönliche Zeit« hätten.[11] Doch was genau macht das gelegentliche Alleinsein so wichtig? Vielleicht ist es schlicht die Tatsache, dass dies die einzige Situation ist, in der wir absolut nicht funktionieren müssen. **Beim Alleinsein gibt es keinen Ergebnisdruck, kein Gegenüber, das Aufmerksamkeit fordert, kein Sich-Einstellen-Müssen auf andere.** Die Gedanken können wandern. Man darf seinen eigenen Launen folgen, ohne Rücksicht nehmen zu müssen. Man kann tun und lassen, was man möchte, und darf einen Moment im ursprünglichen Wortsinne asozial sein. Der Mensch ist offenbar nicht dafür gemacht, rastlos durchs Leben zu hetzen, ohne Atempause und immer nur für andere da. »Wir müssen von Zeit zu Zeit eine Rast einlegen und warten, bis unsere Seelen uns wieder eingeholt haben«, lautet eine indianische Weisheit. Die interviewten Topmanager sprechen davon, zu sich zu kommen, wieder ein inneres Gleichgewicht zu gewinnen, neue Ideen zu haben.

Wie viel persönliche Zeit haben Sie? Wie viel würden Sie sich wünschen? Und was hindert Sie, sich mehr zu nehmen? Es liegt auf der Hand: Wer viel um die

Ohren hat, wird auf anderes verzichten müssen, um sich Zeit nur für sich neh-men zu können. Und gerade in diesem Punkt trifft uns der offene, versteckte und oft auch nur vermutete Egoismus-Vorwurf besonders empfindlich. Zeit für einen kranken Angehörigen, für sein Kind, für dringende Notar-, Makler-, Arzt-termine? All das muss sein, und all das lässt sich vor sich selbst wie vor ande-ren rechtfertigen. Aber Zeit nur für sich selbst, für Genuss, für Muße, gar fürs Nichtstun? Hier kommen wir schnell in Erklärungsnöte. Womöglich stehen uns auch unsere eigenen inneren Antreiber im Weg, und wir haben die Muße längst verlernt (vgl. Kapitel 7). Doch halten wir fest: Ein regelmäßiger Boxenstopp im täglichen Rennen um Erfolg und Pflichterfüllung ist menschlich und auch rat-sam, wenn wir dauerhaft gesund und zufrieden sein wollen. Dieser Zusammen-hang wurde in den Kapiteln Stress und Gesundheit jeweils deutlich. Doch solche Pausen muss man sich selbst erst einmal innerlich genehmigen und dann auch schaffen. Anregungen dazu im Folgenden.

Rollen überdenken

Mancher sammelt im Laufe der Jahre Aufgaben und Funktionen wie andere Menschen Bierdeckel: Elternbeirat, Alumni-Verein, Lions Club oder Rotarier, Tennisverein, Berufsverband, Arbeitsrichter, Mentorin für den Führungsnach-wuchs, Gastdozentin an der Fachhochschule usw. Vieles davon hat früher Spaß gemacht, anderes war zum Zeitpunkt seines Beginns hilfreich oder interessant. Inzwischen ist es Gewohnheit geworden oder sogar eine Last. Ein verlässliches Indiz für eine Neubewertung ist: Freuen Sie sich auf den Termin? Oder emp-finden Sie ihn als eine Verlängerung Ihrer Pflichten und sind froh, wenn auch dies noch »geschafft« und abgehakt ist? Dieselbe Testfrage bewährt sich auch bei privaten Rollen, die wir übernommen haben oder die uns irgendwann zugefal-len sind: das Theater-Abo mit dem befreundeten Paar, die Familienfeiern, die immer in unserem Haus und nicht bei den Geschwistern stattfinden, die regel-mäßige Berufsberatung für Nichten, Neffen und alle anderen, die am Arbeits-platz nicht zurechtkommen. Welche Rollen haben sich bei Ihnen angesammelt? Vielleicht schreiben Sie sie in einer stillen Stunde einmal auf und machen sich ans Ausmisten. Welche davon üben Sie nach wie vor gern aus? Welche hätten Sie nach heutigem Stand am liebsten gar nicht erst angenommen? Und was hin-dert Sie, Letztere wieder aufzugeben? Nur, dass es für jemand anderen erst ein-mal unbequemer wird, sollte kein Grund sein. **Setzen Sie sich an die erste**

Stelle! Warum sollte es beispielsweise nicht möglich sein, in einer Stressphase dem privaten Umfeld mitzuteilen: »Die Arbeit fordert mich gerade ganz. Daher stehe ich als Umzugshelfer, Berufsberater, Kummerkasten, Kuchenbäcker, Partyveranstalter … die nächsten Monate nicht zur Verfügung. Bitte habt Verständnis, es kommen auch wieder andere Zeiten.« Und wenn man sonst zu den helfenden Wesen gehört, wäre es auch einmal interessant zu schauen, ob man sich gar in dieser Zeit Entlastung und Unterstützung erbitten könnte oder ob sie sogar von allein angeboten werden. Und wenn ja, ob man dann in der Lage wäre, sie anzunehmen.

Sich von Energieräubern verabschieden

Ob uns etwas Energie spendet oder Energie raubt, hängt nicht von sachlichen Kriterien ab, sondern von unserem Erleben. Ein Abend mit einem echten Freund und einem guten Gespräch kann uns Schwung für die ganze Woche geben, derselbe Abend mit einem (Noch-)Freund, mit dem wir uns nichts mehr zu sagen haben, kann uns nachhaltig erschöpfen. Und dann sind da noch die Menschen, die eigentlich immer anstrengend sind. Die notorischen Jammerer, die ihren Frust abladen, aber eigentlich nichts ändern wollen, und jeden konkreten Vorschlag mit einem routinierten »Ja, aber« wegfegen. Die Freundinnen, die immer ein offenes Ohr für eigene Probleme fordern, aber »keine Zeit« haben oder das Thema wechseln, wenn die Rollenverteilung sich einmal umzukehren droht. Die Selbstdarsteller, die eigentlich nur eine Bühne für die eigene Grandiosität suchen und an Ihnen als Gegenüber gar nicht interessiert sind. Wie viele Kontakte pflegen Sie nur noch aus Routine, halbherzig und weil Sie nicht wissen, wie Sie da rauskommen sollen? Wir reden längst von Lebensabschnittsgefährten. Vielleicht sollten wir uns daran gewöhnen, dass es auch »Lebensabschnittsfreunde« gibt. Auch Freunde können sich auseinanderleben, und manchmal braucht es klare Worte oder ein langsames Herausschleichen, um kostbare Lebenszeit für sich zurückzuerobern. Dass die Zeit dafür gekommen ist, wissen Sie, wenn Sie vor einem Treffen heimlich hoffen, die andere Seite möge doch noch absagen.

Ein anderer Energieräuber sind schwelende Konflikte. Es ist erstaunlich, wie viele Erwachsene heimlich noch immer unter lieblosen oder fordernden Eltern leiden, unter negativen Kindheitserfahrungen, unter Erbschaftsstreitigkeiten im engsten Familienkreis, die oft so verbissen ausgefochten werden, weil dahinter eine tiefe Kränkung darüber steckt, dass die andere Seite tatsächlich oder vermeintlich mehr geliebt und daher bevorzugt wird. Wer traumatische Erfahrungen gemacht hat, tut gut daran, therapeutische Hilfe zu suchen. Und für das weite Feld durchschnittlichen elterlichen Versagens und kleinlichen Geschwistergezänks, für in unseren Augen zu strenge oder zu lasche Erziehung, für emotionales Klammern, Gefühlskälte oder schlicht Abwesenheit, für zahlreiche emotionale Verletzungen und kleine Wunden, für all das gilt: Lassen Sie los! Legen Sie es ad acta. Schreiben Sie es sich von der Seele, suchen Sie ein letztes klärendes Gespräch, wenn Sie das für sinnvoll halten, und lassen Sie es dann ruhen. Sie sind als Erwachsener kein Kind mehr, das all dem ausgeliefert ist. Sie können selbst bestimmen, wie Sie leben und was Sie tun. **Solange Sie sich an der Vergangenheit reiben und darunter leiden, geben Sie der Vergangenheit Macht über sich** – Macht, die ihr längst nicht mehr zusteht. Überlegen Sie auch, ob es tatsächlich Ihre kostbare Zeit und Ihre Energie wert ist, sich zu ärgern, still zu leiden oder juristische Streitigkeiten auszufechten. Ein schöner Leitstern ist in diesem Zusammenhang das Sprichwort »Wende dein Gesicht der Sonne zu, dann fallen die Schatten hinter dich.« Wenn Ihnen das gelingt, werden Sie erheblich mehr Lebensqualität gewinnen.

Schwelende Konflikte rühren natürlich nicht nur aus der Vergangenheit, auch die Gegenwart bietet uns reichlich Stoff. Konflikte mit Nachbarn wegen zu hoher oder zu viel Laub abwerfender Bäume an der Grundstücksgrenze, Konflikte mit dem Elternbeiratsvertreter, der Ihnen immer die Arbeit überlässt, sich selbst aber im Glanze des Amtes sonnt, Konflikte mit Freunden, die in Ihren kinderlosen Haushalt gern zum gemütlichen Freundeabend die lieben Kleinen mitsamt ihren Fingerfarben mitbringen wollen und Ihr Nein nicht verstehen, Konflikte mit Geschwistern über Fragen der Elternbetreuung oder Erbverteilung. Immer dann, wenn uns vor einer Begegnung graut, weil ein Berg Unausgesprochenes zwischen uns steht und wir zwischen Ausflippen und Runterschlucken schwanken, dann gibt es eine Baustelle, die angeschaut und gelöst werden möchte. Und wie beim Zeitmanagement oder in der Führung, wenn es gilt, Unangenehmes zuerst zu erledigen und hinterher das erleichterte Gefühl zu genießen, könnte man es hier auch halten. Ran an den Speck!

Ein anderer Energieräuber sind finanzielle Sorgen. Manchem hängen die finanziellen Verpflichtungen eines hohen Lebensstandards wie ein Mühlstein am Hals und machen unfrei. Die Konkurrenz um Status und Außendarstellung treibt absurde Blüten. Ende November 2014 meldete ein Schweizer Autopfandhaus, 10 bis 20 Prozent der Anfragen zum Jahresende kämen von Topbankern. Die Bestverdiener würden zum Jahresende ihre Luxusautomobile beleihen, um bis zur Auszahlung des nächsten Bonus den gewohnten Lebensstandard finanzieren und Weihnachten standesgemäß feiern zu können.[12] Nach oben sind den Ausgaben offenbar keine Grenzen gesetzt. Doch: **Wenn Sie gut zu sich sind, wächst Ihr Lebensstandard etwas langsamer als Ihr Gehalt. Der persönliche Freiraum, den Sie dadurch gewinnen können, ist unbezahlbar.** Dass Besitz nicht wirklich glücklich macht, ahnen wir ohnehin. Wir müssen uns nur an die Zeiten in unserem Leben erinnern, die wir als besonders schön empfanden. Selten spielen darin teure Autos, Luxushotels oder Designermöbel eine tragende Rolle. Hinzu kommt: Auch Besitz kostet Energie. Was wir besitzen, müssen wir pflegen, erhalten, uns darum kümmern, ob es Wochenendhäuser, Zweit- und Drittautomobile, das große Haus mit Garten oder überquellende Kleiderschränke sind. Inzwischen wächst das Heer der »Minimalisten«, die ihren Besitz bewusst auf möglichst wenige Dinge beschränken. »Je weniger ich besitze, desto glücklicher bin ich«, gibt einer der Mitbegründer der Bewegung, der US-Blogger Derek Sivers, zu Protokoll. Soziologen sagen, weniger zu besitzen reduziere Druck und verringere den Stress, es könne einem die Kontrolle über das Leben zurückgeben. Auch der Ausstieg aus der Konkurrenz um Status entlaste.[13] Sie müssen sich ja nicht gleich dem ehrgeizigen Ziel radikaler Verfechter des Minimalismus verschreiben und mit 100 Dingen auskommen.

Sich wirksam entlasten

Ist Ihnen schon einmal aufgefallen, wie oft wir im Alltag sagen »Ich muss noch …«? Wir »müssen« noch den Rasen mähen, wir müssen ein Geschenk kaufen, die Wohnung putzen, einen Krankenbesuch machen. Wir müssen sogar ins Konzert oder zum Volleyball. Eigentlich ist das Unsinn. Wir müssen nichts von alledem. Und vor allem müssen wir vieles nicht unbedingt selbst machen. Tun Sie die Dinge, die Sie tun wollen, die Ihnen wichtig sind. Machen Sie den Krankenbesuch, wenn er Ihnen am Herzen liegt, gehen Sie ins Konzert, wenn Sie sich darauf freuen. Und verabschieden Sie sich konsequent von den Dingen, die Sie eigentlich gar nicht tun wollen oder delegieren können. Es gibt Gärtner, Haushaltshilfen, Konditoren, Caterer, Lieferservice für Lebensmittel oder Nachbarskinder, die sich gern etwas dazuverdienen. Ich bin regelmäßig sprachlos, wenn vielbeschäftigte Managerinnen meinen, sie müssten den Kuchen zum Kindergeburtstag unbedingt selbst backen und am Wochenende die Wohnung auf Hochglanz bringen. Meinen Sie, ein Vierjähriger legt Wert auf den Unterschied zwischen Selbstgebackenem, einer Backmischung oder einem beim Bäcker gekauften Kuchen? Nein, werden Sie denken, aber die anderen (Vollzeit-)Mütter, die Sie eh belauern. Der Vierjährige spürt aber mit Sicherheit, wenn Vater oder Mutter überlastet sind. **Kaufen Sie sich Dienstleistungen dazu, kaufen Sie sich freie Zeit!** Und überdenken Sie die eigenen Perfektionsansprüche (siehe auch Kapitel 7 Antreiber).

Bewusst auftanken (oder es wieder lernen)

Viele Topmanager, mit denen ich spreche, geraten irgendwann ins Schwärmen. Sie schwärmen von Bergtouren oder Segelausflügen, von der Einsamkeit ihres Wochenendhauses, von langen Spaziergängen vor der eigenen Haustür, vom Reiten, bei dem sie alles andere vergessen, vom Meditieren, das sie in einem Seminar im Kloster gelernt haben … . Es ist gut, eine Gegenwelt zum Arbeitsalltag zu haben, und noch besser ist es, feste Termine für seine Besuche in dieser Gegenwelt zu haben. Viele Menschen nutzen dafür Rituale. Ein Wochenende im Monat wird im Allgäu auf dem eigenen Bauernhof verbracht, wo man kein Netz hat. Eine Woche im September ist für die Radtour mit den Studienfreunden reserviert und ehern im Kalender geblockt. Der Donnerstagabend gehört der besten Freundin. Der Vorteil eines Rituals: Sie fragen sich nicht jedes Mal, ob Sie jetzt wirklich den Termin wahrnehmen wollen. – Sie tun es einfach! Ihre Umgebung findet sich damit ab, sodass Sie diese Zeit für sich nicht immer wieder neu erkämpfen und verteidigen müssen. Ihr Sekretariat weiß Bescheid, die Mitarbeiter wissen es, Ihre Familie kann sich darauf einstellen. Wenn es möglich ist, jeden Mittwochmorgen für das Abteilungsmeeting zu blocken, warum sollte es dann nicht genauso möglich sein, einen Zeitraum nur für sich selbst zu reservieren? Voraussetzung: **Räumen Sie einem Termin mit sich die gleiche Bedeutung ein, wie Terminen mit anderen.**
Menschen mit Familienpflichten haben es wenigstens in dieser Hinsicht leichter. »Muss Lara aus der Kita holen«, funktioniert als Begründung immer, um 16.00 Uhr das Büro zu verlassen. Aber wer traut sich schon zu sagen, dass er einen Angelausflug plant, in seinen Garten will oder zum Tai Chi? Oder einfach nur mal seine Ruhe braucht? Kaum jemand. Wir sollten auch hier aufrichtiger werden und uns selbst und anderen das Recht auf ein Hobby oder schlicht auf Muße zugestehen. Haben Sie in den letzten Jahren so viel gearbeitet, dass Sie gar nicht mehr wissen, wo Ihre Oase zum Auftanken liegt, hilft der Gedanke an das, was Sie früher gern und mit Begeisterung getan haben. Manche bas-

teln an einem Oldtimer, andere holen ihr Instrument wieder vom Dachboden oder fahren wieder regelmäßig an ihren Lieblingsstrand. Welche Hobbys hatten Sie früher, und wo liegt Ihre heutige Steckdose zum Akku-Aufladen?

Erwartungen klären beim Zusammenleben

Partnerschaft und Familie sind für die meisten Menschen elementare Bausteine bei der Antwort auf die Frage »Wie will ich leben?« Auch hier ist heute nichts mehr selbstverständlich. Wir haben Paare, die zusammenleben, ob mit oder ohne Trauschein, wir haben Paare, die bewusst in zwei Wohnungen leben (»Living Apart Together«), wir haben Pendelbeziehungen aus beruflichen Gründen, wir haben Patchworkfamilien, gleichgeschlechtliche Paare, und wir haben das traditionelle Familienmodell, in dem einer (bisher fast immer die Frau) beruflich kürzertritt. Wer wollte sich anmaßen, Ratschläge zu erteilen, welches Lebensmodell das richtige ist? Eine Empfehlung möchte ich dennoch geben: **Klären Sie für sich, was Sie erwarten, sprechen Sie mit Ihrem Partner oder Ihrer Partnerin darüber und schauen Sie, wie beide Erwartungen zusammenpassen.** Vor allem: Tun Sie das regelmäßig! Immer, wenn Weggabelungen anstehen und die Lebensumstände sich ändern, lohnt es sich, zunächst einen Schritt zurückzutreten, um sich selbst und dann auch gemeinsam mit der Familie darüber klar zu werden, was das konkret bedeutet, welche Erwartungen und welche Ängste damit verbunden sind. Das erste Kind, ein weiteres Kind, eine neue Position im Unternehmen, ein Job anderswo, der Ruhestand eines Partners, die Pflegebedürftigkeit der eigenen Eltern sind solche Weggabeln. Was möchte man? Was möchte man auf keinen Fall? Welche Sorgen haben Sie? Wie lassen Herausforderungen sich kurzfristig meistern? Wie wird/soll sich das langfristig entwickeln? Man könnte fast gemeinsam am Küchentisch eine SWOT-Analyse fertigen und im Brainstorming die Punkte Stärken (Strengths), Schwächen (Weaknesses), Chancen (Opportunities) und Risiken (Threats) der Situation für die Beziehung beleuchten und hätte auf einen Blick mehr Klarheit, als wenn man vieles angedeutet oder gar unausgesprochen lässt.

Ich staune manchmal, wie Menschen in »Umstände« hineinschlittern, um rückwirkend festzustellen, dass sie sich das so nicht vorgestellt haben – etwa, wenn der eine die Pendelbeziehung als Übergangslösung, der andere sie als akzeptables Lebensmodell sieht. So im Fall eines Klienten, der von Hamburg nach Berlin versetzt wurde und jahrelang am Wochenende in die alte Heimat zu seiner Frau pendelte. Nach fünf Jahren eröffnete er ihr freudestrahlend, er könne jetzt wieder zurück nach Hamburg. Zu seinem Entsetzen war seine Frau alles andere als begeistert: »Ich weiß nicht, ob das so eine gute Idee ist«, habe sie ihm eröffnet. »Ich hab' jetzt hier mein Leben und komme unter der Woche eigentlich sehr gut alleine klar.« Der Manager fiel aus allen Wolken.

Kind und/oder Karriere?

Unzufriedenheit erlebe ich häufig auch, wenn der Kinderwunsch eines oder beider Partner mit beruflichen Ambitionen kollidiert. Allen Lippenbekenntnissen und Absichtserklärungen zum Trotz sind viele Unternehmen und Arbeitszeitmodelle nicht wirklich familienfreundlich. Hinzu kommt: Nicht jeder Manager ist bereit oder in der Lage, ein »neuer Vater« zu sein, der sich Familien- und Haushaltspflichten mit seiner Partnerin paritätisch aufteilt. Und nicht jede Managerin kann sich vom traditionellen Modell mütterlicher Fürsorge frei machen, das Fremdbetreuung beargwöhnt und das schlechte Gewissen schürt, schon wieder einen Elternabend, einen Laternenumzug oder ein Kinderfest verpasst zu haben. Progressive Unternehmen gewähren mehr Flexibilität bei der Arbeitszeit und weniger Präsenzpflicht. Doch in den meisten Organisationen gilt nach wie vor: Wer ganz nach oben will, muss vor Ort sein, die richtigen Kontakte knüpfen, die passenden Strippen ziehen und die notwendigen Erfolge vorweisen. Das geht weder in Teilzeit noch vom Telearbeitsplatz zu Hause, mit einer Hand am Laptop und der anderen an der Babyflasche, wie die Hochglanzfotos der PR-Agenturen gern glauben machen wollen. Es ist kein Zufall, dass in vielen Gegenbeispielen Unternehmensgründungen oder die Übernahme des elterlichen Betriebs eine Rolle spielen. Wenn man selbst die Regeln bestimmt, ist vieles denkbar. Muss man sich dagegen den Karriereregeln eines Konzerns unterordnen, stellen sich die Fragen anders, und man muss sich am (mehrheitlich männlichen) internen Wettbewerb orientieren, der mit Präsenz punktet – es sei denn, man ist schon ganz oben angekommen. So bringt die *Palo Alto Software* Chefin Sabrina Parsons die eigenen Kinder »im Notfall« mit ins Büro und empfiehlt das auch ihren Mitarbeitern. Der Durchschnittsmanagerin hilft das wenig. Denn wer ist schon im besten Gebäralter CEO?[14] Auf der anderen Seite wird sich in den Unternehmen nur etwas ändern, wenn es mutige Eisbrecher gibt und wenn zumindest immer häufiger nach möglichen Alternativen zum dominierenden »Karriere heißt ganz oder gar nicht«-Modell gefragt wird. Der Wettbewerb um die besten Kräfte wird mittelfristig nur dann zum Umdenken zwingen, wenn immer mehr interessante Job-Kandidaten die Familienfrage stellen.

Dass die Vereinbarkeit von Familie und Beruf nach wie vor ein Dilemma ist, bestätigt auch Hans-Peter Blossfeld, der im Rahmen der größten sozialwissenschaftlichen Studie der Welt, dem »Nationalen Bildungspanel«, die Lebensläufe von rund 100 000 Teilnehmern ausgewertet hat. **»Männer leben heute noch so wie vor 40 Jahren«**, sagt der Bamberger Soziologe. Sein Fazit: »Sobald das erste Kind geboren wird, treten fast automatisch die traditionellen Strukturen in Kraft. Das ist der Moment, in dem die Männer wieder an den Frauen vorbeiziehen.« Es wirkten »uralte normative Muster«.[15] Gleichzeitig haben sich die Ansprüche vor allem der Frauen an Teilhabe im Beruf und Unterstützung zu Hause erhöht, wie beispielsweise Jutta Allmendinger, Präsidentin des Wissenschaftszentrums Berlin für Sozialforschung (WZB), mit Hinweis auf eine aktuelle Studie (»Frauen auf dem Sprung«, 2013) betont.[16] Das mündet in gegenseitige Vorhaltungen und Abrechnungen und häufig genug irgendwann in eine Trennung. »Die Ehe hat nur noch eine Fifty-fifty-Chance«, meldete die *Welt* 2012 und verwies damit auf die anhaltend hohen Scheidungsraten.[17] Nicht selten steckt dahinter das Beziehungsklischee vom beruflich durchstartenden Ehemann und mehr und mehr frustrierter, weil ebenso gut ausgebildeter Ehefrau, die »erst mal« der Familie wegen zurücksteckt, um später festzustellen, dass der eigene Karrierezug nach zwei Kindern und einigen Jahren beruflicher Abstinenz abgefahren ist.

Und die Lösung? So banal es klingt: Nachdenken, miteinander reden, Kompromisse aushandeln, und zwar bevor sich massive Unzufriedenheit anstaut. Vorher überlegen, was ein familiärer Schritt bedeutet und wie man ihn gemeinsam gehen will. Sich nicht von den Hochglanzbildern der PR-Agenturen täuschen lassen, die suggerieren, man könne im Home-Office prima Projekte stemmen und gleichzeitig ein Kleinkind angemessen betreuen, und auch nicht den Jubelberichten über die wenigen Powerpaare auf den Leim gehen, die scheinbar mühelos eine große Kinderschar und zwei Karrieren meistern. Verständnis für den anderen und seine Wünsche aufbringen. Das sagt beispielsweise eine Ingenieurin, die mit ihrem gleich qualifizierten Mann den zeitweisen Rollentausch gewagt hat und arbeitet, während er sich um Haushalt und Kinder kümmert: »Ich kann sehr gut nachvollziehen, dass viele Männer diesen Part gern dauerhaft übernommen haben. Man geht morgens aus dem Haus, lässt Kinder, Haushalt, Katze hinter sich. Macht in Ruhe seinen Job und ist, wenn man nach Hause kommt, die Superheldin.«[18] Superheld ist der oder die Daheimgebliebene eher nicht, der Frust somit vorprogrammiert, wenn dies zur Daueraufteilung wird und eine(r) das Gefühl hat, eigene Ambitionen blieben auf der Strecke. **Es ist immer heikel, wenn nur einer Kompromisse eingeht.** Und für eine tragfähige Lösung braucht es auch das Bewusstsein, dass man nicht alles haben kann, beim ersten Zähnchen und jedem Kinderfest dabei sein und im Job voll durchstarten. Umso wichtiger ist es, in sich hineinzuhören und sich mit dem wichtigsten Menschen in seinem Leben – den, den man zum Partner gewählt hat – darüber auszutauschen.

Das Leben ist eine Baustelle, heißt es so schön. Und das stimmt. Wir sind ständig gefordert, an- und umzubauen, zu renovieren und manchmal eben auch etwas abzureißen, damit wir uns wohlfühlen. Bauen Sie sich Ihr Leben so, dass es zu Ihnen passt, zu Ihren Bedürfnissen, zu Ihren Wünschen und Plänen, zu Ihrem Job. Wer im Beruf stark gefordert ist, kann nicht gleichzeitig privat Superman oder Superwoman sein. Für uns alle hat der Tag nur 24 Stunden. Vergeuden Sie die Ihnen geschenkte Zeit nicht mit Halbherzigkeiten, sondern tun Sie das, was Ihnen ganz persönlich nach reiflicher Überlegung wichtig ist. So gewinnen Sie mehr Zufriedenheit – und damit auch mehr Energie.

Wenn Sie mögen, starten Sie gleich jetzt. Ein guter Ausgangspunkt für mehr privates Glück ist eine ehrliche Bilanz des Status quo.

Wie glücklich ist Ihr Privatleben?

In unser Privatleben investieren wir im Allgemeinen weniger Überlegung als in berufliche Fragen. Manchmal führt das in die Unzufriedenheit. Wie ist es bei Ihnen?

1. Kommt es vor, dass Sie die Arbeit als Ausrede benutzen, weil Sie keine Lust auf das haben, was zu Hause auf Sie wartet?

Trifft genau zu	Trifft eher zu	Teils/teils	Trifft eher nicht zu	Trifft nicht zu

2. Verschafft Ihnen der Beruf die Anerkennung und die Erfolgserlebnisse, die Sie privat vermissen?

Trifft genau zu	Trifft eher zu	Teils/teils	Trifft eher nicht zu	Trifft nicht zu

3. Sind Sie insgeheim froh, wenn der Urlaub oder das Wochenende vorbei sind und Sie sich wieder gewohnten Geschäften zuwenden können?

Trifft genau zu	Trifft eher zu	Teils/teils	Trifft eher nicht zu	Trifft nicht zu

4. Können Sie Abende mit Freunden und Bekannten nur selten genießen, weil Sie oft auf Menschen treffen, mit denen Sie sich nichts (mehr) zu sagen haben?

Trifft genau zu	Trifft eher zu	Teils/teils	Trifft eher nicht zu	Trifft nicht zu

5. Gibt es private Verpflichtungen, bei denen Sie regelmäßig hoffen, die andere Seite möge absagen?

Trifft genau zu	Trifft eher zu	Teils/teils	Trifft eher nicht zu	Trifft nicht zu

6. Beneiden Sie manchmal Bekannte, Kollegen oder Mitarbeiter um die spannenden Dinge, die sie in ihrer Freizeit tun?

Trifft genau zu	Trifft eher zu	Teils/teils	Trifft eher nicht zu	Trifft nicht zu

7. Wären Sie ratlos, was Sie unternehmen könnten, wenn Ihnen morgen unvermutet ein Tag frei von allen Verpflichtungen in den Schoß fiele?

Trifft genau zu	Trifft eher zu	Teils/teils	Trifft eher nicht zu	Trifft nicht zu

8. Können Sie sich nicht erinnern, wann Sie das letzte Mal außerhalb der Arbeit ganz in etwas versunken sind und die Zeit darüber vergessen haben?

Trifft genau zu	Trifft eher zu	Teils/teils	Trifft eher nicht zu	Trifft nicht zu

9. Ist es lange her, dass Sie sich mit Ihrem Partner/Ihrer Partnerin das letzte Mal in Ruhe über Grundsätzliches (gemeinsame Pläne, Wünsche, Träume) ausgetauscht haben?

Trifft genau zu	Trifft eher zu	Teils/teils	Trifft eher nicht zu	Trifft nicht zu

10. Haben Sie das Gefühl, Ihr privater Alltag wird von mühsam überdeckten Konflikten beherrscht, die beim kleinsten Anlass aufbrechen könnten?

Trifft genau zu	Trifft eher zu	Teils/teils	Trifft eher nicht zu	Trifft nicht zu

11. Wünschen Sie sich mehr Zuwendung und Unterstützung zu Hause?

Trifft genau zu	Trifft eher zu	Teils/teils	Trifft eher nicht zu	Trifft nicht zu

12. Vermissen Sie es, Zeit für sich allein und für Ihre Bedürfnisse zu haben?

Trifft genau zu	Trifft eher zu	Teils/teils	Trifft eher nicht zu	Trifft nicht zu

Ihr Resümee: Wie glücklich ist Ihr Privatleben – auf einer Skala von 1 (unglücklich) bis 10 (sehr glücklich)?

10	9	8	7	6	5	4	3	2	1

Dies ist kein wissenschaftlicher Test, sondern eine Angebot, Ihre eigene Situation zu reflektieren. Je öfter Sie Ihr Kreuzchen auf der linken Seite gemacht haben, desto mehr Unglücksgefühle drohen. Vielleicht blättern Sie noch einmal zurück zu den Reflexionsfragen vom Kapitelanfang und überlegen, was Sie ändern möchten?

Ein guter Anfang für die Rettung des Privaten …

»Zumindest einen Raum oder eine Ecke solltest du für dich haben,
wo dich niemand stört, niemand beachtet.
Dort sollst du die Freiheit haben, dich von der Welt zu lösen
und dich loszulassen, indem du alle feinen Saiten und Fasern der Spannung löst, die dein Schauen, dein Hören, dein Denken in der Gegenwart
anderer Menschen binden.
Hast du einen solchen Platz gefunden, sei zufrieden damit
und sei nicht verwirrt, wenn dich ein guter Grund davon wegruft.
Lieb ihn und kehre zu ihm zurück, sobald du kannst.«

Thomas Merton, engagierter Christ und Schriftsteller (1915–1968)

7. Die Anforderungen an sich selbst

»Von nichts kommt nichts!«

Beneiden Sie hin und wieder Kollegen, die anscheinend leichter durchs Leben gehen? Die sich nicht so einen Kopf machen und entspannt bleiben, auch wenn nicht alles rund läuft? Wer die Messlatte niedriger anlegt, ob an sich oder an andere, lebt weniger kräftezehrend. Manchmal wünschen wir uns möglicherweise, auch so zu sein. Wir nehmen uns sogar fest vor, es beim nächsten Mal »auch einfach laufen zu lassen«. Und stellen dann fest: Wir können doch nicht aus unserer Haut. Das führt zu der interessanten Frage, warum wir so sind, wie wir sind – warum wir beispielsweise ackern und kämpfen, wo andere gelassen abwarten. Diese Frage ist deshalb so zentral, weil wir in vielen Fällen die Umstände nicht ändern können, die uns so viel Energie rauben, sondern nur unsere Art und Weise, mit diesen Umständen umzugehen. Kein Change-Projekt ist so anstrengend wie der Versuch, sich selbst zu ändern. Unser Verhalten folgt jahrzehntealten und tief in uns verwurzelten Mustern. Mit diesen Mustern und Strategien waren wir bisher erfolgreich, mit ihnen sind wir groß geworden und aufgestiegen. Kein Wunder, dass sie uns intuitiv als richtig erscheinen. Und doch kann es sein, dass wir damit irgendwann an Grenzen stoßen und uns fragen, wie wir mit unserer Energie besser haushalten können. In diesem Kapitel richten wir daher den Blick nach innen. Keine Sorge: Es geht nicht darum, sich völlig umzukrempeln. Das wäre ohnehin eine Illusion. Wenn wir uns selbst ein bisschen besser durchschauen, etwas verständnisvoller und geduldiger mit uns werden und kleine entlastende Schritte gehen, ist schon viel gewonnen!

Fakten & Zahlen

Zu meinen Kunden zählt ein Unternehmen mit Niederlassungen in Dänemark. Die Zusammenarbeit mit den nördlichen Nachbarn klappt sehr gut, aber es wird auch gern etwas neidisch über die kulturellen Unterschiede gefrotzelt: »Nach vier muss man da gar nicht mehr anrufen!«, »Freitagnachmittag schnappen die sich ihre Kinder und fahren alle ans Meer«. Ihrem wirtschaftlichen Erfolg tut das offenbar keinen Abbruch: Verglichen mit anderen EU-Staaten ist die Beschäftigungsquote in Dänemark überdurchschnittlich, die Staatsverschuldung ist niedrig, das Lohnniveau hoch.[1] Wer dagegen in einem deutschen Unternehmen unter der Woche um 16:00 Uhr beim Gehen »erwischt« wird, muss sich häufig Kollegensprüche anhören wie »Na, wo ist der Urlaubsschein?« oder »Wie?! Hast du neuerdings einen Halbtagsjob?« Wir arbeiten lange und erwarten das häufig auch von anderen. Oder präziser gesagt: Wir sind zumindest lange anwesend. In vielen Unternehmenskulturen herrscht ein starker Gruppendruck, was Anwesenheit und Arbeitszeiten angeht. »Man« geht dort einfach nicht vor sieben, vor acht oder sogar noch später, wenn man es zu etwas bringen will, und die Kollegen untereinander kontrollieren sich dabei häufig stärker, als ein Chef es tut. Meiner Beobachtung nach hat sich dieser Trend in den letzten 15 Jahren sogar noch verstärkt. Ob man wirklich zehn Stunden und länger produktiv und effizient arbeiten kann, sei dahingestellt. Dass uns das guttut, bezweifle ich. Die Dänen zählen jedenfalls zu den glücklichsten Menschen auf unserem Planeten. Im *World Happiness Report* der UN belegten sie 2013 zum zweiten Mal den Spitzenplatz unter 160 Nationen. Für den Report wertet ein Forschungsinstitut der New Yorker *Columbia University* Wirtschaftsdaten und Sozialsysteme aus und befragt Bewohner. Die »geistige Gesundheit« sei der wichtigste Faktor für das wahrgenommene Glück, sagen die Forscher. Deutschland lag 2013 übrigens auf Platz 26, hinter Staaten wie Oman, Panama oder Brasilien.[2]

Wie ging es Ihnen beim Lesen des letzten Abschnitts? Keimte Entrüstung in Ihnen auf? Regten sich Zweifel an der Glücksstatistik? Suchen Sie gerade nach anderen Gegenargumenten? Interessant. Wenn wir so etwas lesen, geraten wir in die Defensive, ich nehme mich da gar nicht aus. Hierzulande können sich wahrscheinlich sehr viele Menschen mit Maximen wie »Von nichts kommt nichts« oder »Ohne Fleiß kein Preis« anfreunden, und zumindest die Poesiealben der weiblichen Mitglieder aus der Generation Nachkriegszeit und Babyboomer sind voll von diesen Weisheiten. Wie wir aufwachsen, was wir über Arbeit und Leben mitnehmen, durch solche Lebensweisheiten, durch das elterliche Vorbild, auch durch Abwertung anderer Lebensentwürfe, durch all das werden wir geprägt. Wir fangen schon im Hochstühlchen am Esstisch an zu lernen, wie man zu leben und zu arbeiten hat. Rebellieren wir in der Pubertät dagegen, heißt es womöglich »Leiste erst mal was, dann kannst du dir was leisten.« Vielleicht haben die nach 1980 Geborenen da mehr Nachsicht erfahren, doch in meiner Generation kennt diese Zurechtweisung beinahe jeder. Wohin führt uns das?

Möglicherweise führt es zum rastlosen Arbeiten. Im März 2013 veröffentlichte der Kultur-*Spiegel* ein »Manifest gegen den kapitalistischen Arbeitswahn« unter dem anspielungsreichen Titel »Brüder, zur Sonne, zur Freizeit!« Der Hauptartikel von Tobias Becker kreist um die Frage, warum wir uns all das überhaupt antun, die langen Arbeitstage, die durchgearbeiteten Wochenenden, den Verzicht auf Freizeit. Beckers provokanter Vorwurf »Die Deppen sind wir, weil das Problem nicht unsere Chefs sind, sondern unsere inneren Chefs.« Schützenhilfe bekommt der Journalist von einer Reihe anderer Autoren. Christoph Bartmann etwa schreibt in seinem Buch *Leben im Büro* (2013): »Kein autoritärer Chef nötigt uns, die Dinge zu tun, die wir tun. Wir nötigen uns selbst.« und »Nie waren wir so frei im Büro, und nie zuvor waren wir so dressiert.« Carl Cederström und Peter Fleming, die in Großbritannien »Human Resources« bzw. »Arbeit und Organisation« lehren, warnen in *Dead Men Working* (Dt. 2013): »Wir haben nicht nur einen Job oder verrichten einen Job. Wir sind der Job«[3] – was die beunruhigende Frage aufwirft, was von uns bleibt, wenn die Arbeit wegfällt. Wolf Lotter schließlich diagnostiziert im Wirtschaftsmagazin *Brand eins* eine »Not des Müßiggangs«: Was früher ein Privileg der Oberschicht und ein Statusmerkmal gewesen sei, werde heute misstrauisch beäugt; es gäbe »eine Hörigkeit von der Arbeitsethik«.[4] Knapp gesagt: **Wir treiben uns. Wir tun es freiwillig. Und wir können häufig gar nicht mehr anders.**

Zieht man die typisch journalistischen Provokationen ab, bleibt der gemeinsame Hinweis darauf, dass viele von uns offenbar wie Getriebene durchs Leben gehen. Nur: Was genau treibt da? Welcher innere Motor tuckert unverdrossen weiter, selbst wenn wir längst hundemüde sind, uns direkt aus dem Meeting am liebsten in die Südsee beamen würden oder Kollegen beneiden, die es tatsächlich schaffen, fünfe gerade sein zu lassen? Dieser Frage gehen wir im nächsten Abschnitt nach.

Die Schatten der Vergangenheit:
Was unser Handeln prägt

»Wenn man will, kann man alles«, so das Credo einer Klientin, die es aus kleinen Verhältnissen bis in die Geschäftsführung eines mittelständischen Unternehmens geschafft hatte. »Nebenbei« hatte sie zwei Kinder groß gezogen, hielt den Vierpersonen-Haushalt am Laufen und organisierte die Betreuung der zunehmend auf Hilfe angewiesenen Schwiegereltern. Gesundheitlich ging es ihr nicht besonders, und im Unternehmen hatten sich Mitarbeiter im Zuge einer Umstrukturierung über ihre harschen Töne beschwert, daher das Coaching. »Wenn man will, kann man alles.« Das klingt zunächst nach bewundernswerter Disziplin. Bei näherer Betrachtung ist es allerdings auch ein ziemlich gnadenloses Lebensmotto: Wenn etwas misslingt, hat man in dieser Logik zwangsläufig versagt, sich nicht genügend angestrengt. Wer so denkt, hat in der Regel Mühe, andere um Hilfe zu bitten. Und er hat häufig auch wenig Verständnis für diejenigen, die nicht so streng mit sich selbst umgehen (sich »hängen lassen«).

Haben Sie selbst einen Leitspruch für Ihr Arbeiten? **Hat Ihr Arbeitsmotto möglicherweise auch Widerhaken, wenn Sie genauer hinschauen?** Meine Klientin hatte von klein auf gelernt, dass es sich lohnt, sich anzustrengen. Ihr Vater war nach einem frühen Schlaganfall halbseitig gelähmt. Mit eisernem Willen war es ihm gelungen, entgegen der ärztlichen Prognosen wieder gesund zu werden. Seine Tochter wurde in diesem Geist erzogen: Man jammert nicht, man handelt. Geht nicht gibt's nicht. Kein Wunder eigentlich, dass es ihr schwerfiel, die Ängste der Mitarbeiter in Veränderungsprozessen ernst zu nehmen. Die sollten sich doch einfach ein bisschen zusammenreißen, »Schließlich sind wir alle erwachsen!« Erst im Laufe unserer Gespräche wurde ihr bewusst, dass sie damit die eigene Messlatte zum allgemeinen Maßstab machte – und wer ihr diese Messlatte mitgegeben hatte. Unbestreitbar hat eine solche Einstellung Vorteile: Sie befähigt dazu, Probleme beherzt anzupacken, statt wortreich darüber zu lamentieren. Aber das ist eben nur die eine Seite der Medaille. Jede Stärke hat leider auch ihre Nebenwirkungen.

Gerade tatkräftige Menschen, wie man ihnen im Management häufig begegnet, mögen es oft nicht, in ihrer Kindheit »herumzuwühlen«. Doch ich bin überzeugt, wenn man seinen Handlungsantrieben auf die Spur kommen will, lohnt sich der Blick zurück. Es geht dabei nicht um weinerliche Nabelschau, sondern darum, ein vertieftes Verständnis für sich selbst zu gewinnen. Allein das wirkt häufig schon entlastend, denn es beendet das Hadern, warum es einem so enorm schwerfällt, bestimmte Dinge anders zu handhaben, obwohl wir wissen, dass es eigentlich besser für uns wäre, weniger kräftezehrend. Und es legt das Fundament dafür, behutsam gegenzusteuern, sich selbst besser »zu managen«, wenn Sie so wollen.

Mit Handlungsantrieben hat sich die Transaktionsanalyse beschäftigt, die bei der Suche nach den Ursachen unseres Verhaltens fünf sogenannte »Antreiber« identifizierte:

1. Ich bin o.k., wenn ich perfekt bin.
2. Ich bin o.k., wenn ich stark bin.
3. Ich bin o.k., wenn ich gefällig bin.
4. Ich bin o.k., wenn ich mich anstrenge.
5. Ich bin o.k., wenn ich mich beeile.[5]

Beim Beispiel oben klang es bereits an: Hinter den Antreibern stecken verinnerlichte Kindheitslehren. Als Kinder lernen wir durch Aussagen unserer Eltern, Großeltern, Erzieher und Lehrer sowie durch Beobachtung und Vorbilder. Insbesondere in der frühen Kindheit sind wir darauf angewiesen, uns das Wohlwollen der Bezugspersonen zu sichern, und nicht in der Lage, kritisch zu reflektieren. Die direkten und indirekten Botschaften unserer Umgebung prägen uns daher tief und steuern noch im Erwachsenenalter unser Verhalten, manchmal ohne dass wir uns dessen bewusst sind. Wenn jemand darauf hinweist, er sei preußisch erzogen oder er habe als Kind nicht gelernt, konstruktiv zu streiten, weil zu Hause immer der »Frieden« gewahrt werden musste, schwingt eine Ahnung solcher Prägungen mit.

Interessant ist in diesem Zusammenhang auch, welche Rolle ein Kind im Familiengefüge einnimmt bzw. zugewiesen bekommt. Wenn Sie derjenige sind, dem als Ältestem schon im Vorschulalter Verantwortung für die Geschwister übertragen wurde und dessen Kummer nicht so ernst genommen wurde (»Du bist doch schon groß!«), ist es nicht verwunderlich, wenn Sie sich auch heute noch notorisch für vieles verantwortlich fühlen. Sind Sie dagegen das Nesthäkchen gewesen, dem man mit weniger Strenge begegnete, sind Sie möglicherweise weniger bescheiden und nachsichtiger mit sich selbst. **Welche Familiensätze begleiten Sie durch Ihr Leben?** »Du bist doch hart im Nehmen!«, »Um dich müssen wir uns ja keine Sorgen machen!«, »Dich hat der Esel im Galopp verloren!«, »Wer dich mitnimmt, der bringt dich ohnehin am nächsten Tag zurück!«, »Sei bloß vorsichtig. Man soll es sich nicht mit den Leuten verderben.« Wenn ich mich mit anderen Menschen zu diesen Themen austausche, erschreckt mich manchmal, wie eng die Schubladen sind, in die Kinder gesteckt wurden, und welch harte Sätze da manchmal fielen.

Zurück zu unseren Handlungsmotoren. Wann also sind Sie »o.k.«, wann entspricht Ihr Handeln am ehesten dem Modus, in dem Sie sich zu Hause fühlen? Häufig kommen wir unserem Antreiber auf die Spur, wenn wir unser Verhalten in Stresssituationen beobachten. Unter Druck fallen wir auf bewährte Muster zurück, gehen noch gewissenhafter vor als ohnehin schon (»Ich bin o.k., wenn ich perfekt bin.«), reißen uns noch mehr zusammen (»Ich bin o.k., wenn ich stark bin.«), versuchen noch stärker die Erwartungen anderer vorwegzunehmen (»Ich bin o.k., wenn ich gefällig bin.«). Meine folgende Typologie greift das Modell der Transaktionsanalyse auf und ergänzt es um weitere Antreiber sowie um Überlegungen für Führungskräfte. Für die fünf oben genannten Antreiber gibt es zudem einen »Antreiber-Test«, der im Internet auf verschiedenen Seiten zu finden ist und erste Einblicke in die eigenen Handlungsmuster gibt.[6]

Der/die Perfekte

Perfektionisten stehen in dem Ruf, besonders hohe Ansprüche an sich und andere zu stellen. Jeder fünfte Deutsche zählt sich dazu, meldet die *Süddeutsche Zeitung.*[7] Die Psychologin Christine Altstötter-Gleich geht sogar noch weiter: Sie beruft sich auf eine eigene Umfrage unter Hunderten Deutschen, in der rund zwei Drittel der Befragten »perfektionistische Tendenzen« zeigten, Männer wie Frauen gleichermaßen.[8] Möglicherweise sind wir ein Volk der Perfektionisten? Zumindest entspricht das dem Klischeebild, das das Ausland von uns hat. »In den USA freuen sich alle, wenn ein Projekt zu 80 Prozent gelungen ist. Wenn dagegen in Deutschland ein Projekt 98 Prozent erreicht, fragen sich alle noch, woran es bei den restlichen zwei Prozent hakt«, sagt ein Holländer über uns, der lange in den Vereinigten Staaten arbeitete.[9]

Typische Glaubenssätze

»Wenn ich eine Sache mache, mache ich sie richtig!«, »Ganz oder gar nicht!«, so lauten typisch perfektionistische Maximen. Auch wenn Perfektionismus heute ein leicht lädiertes Image hat und dazu gern auf die 80/20-Regel verwiesen wird[10], birgt diese Haltung natürlich Vorteile. Sie bringt meist tatsächlich vollkommene, eben »perfekte« Ergebnisse hervor. Bei wichtigen Planungen und Berechnungen wünscht man sich das, ebenso im Operationssaal, am Steuer eines ICE oder auch bei der

Brandschutzplanung eines Berliner Großflughafens. Auf der anderen Seite ist es ein Unterschied, ob die Kalkulation eines Millionenbudgets akribisch überprüft wird oder ob in eine zweitrangige PowerPoint-Präsentation aufwendig wieder und wieder optimiert und Wichtigeres deshalb aufgeschoben wird. Psychologen wie Christine Altstötter-Gleich sprechen daher von »funktionalem« und »dysfunktionalem« Perfektionismus, um hohe Leistungsstandards von überzogenen, angstbesetzten Leistungserwartungen zu unterscheiden.[11] Wer seine gesamte Persönlichkeit infrage stellt, wenn ihm ein Fehler unterläuft, und meint, nur dann ein Recht auf Wertschätzung zu haben, wenn er perfekt ist, ist prädestiniert dazu, rastlos zu arbeiten.

Perfektionismus und Führung

Was bedeutet der Antreiber »Sei perfekt!« für Führung? Zum einen erschwert er den Umgang mit Unsicherheit. Und je höher Sie in der Hierarchie klettern, desto weniger können Sie alle Fäden in der Hand behalten, alles kontrollieren oder auch nur alles im Detail einschätzen. Je perfekter Sie sein wollen, desto mehr werden Sie sich vermutlich anstrengen, dennoch den Überblick zu behalten. Das kostet Sie viel Zeit und Kraft. Auf der anderen Seite prägt der Perfektionismus auch die Zusammenarbeit mit anderen. **Ein perfekter Chef oder Kollege schüchtert ein, weckt Trotz oder Resignation.** »Dem kann man es ja ohnehin nicht recht machen« ist eine mögliche Reaktion. Die Betreffenden arbeiten dann nur noch flüchtig und machen Fehler, die die Kontrollanstrengungen ihres Vorgesetzten bestätigen. Andere Mitarbeiter haben Angst vor den hohen Ansprüchen des Chefs und patzen aus Nervosität. Typisch ist auch der Versuch, dem ewig Perfekten endlich selbst einen Fehler nachzuweisen. Wenn Sie sich wundern, warum Kollegen im Meeting trotz Ihrer durchdachten Vorlage und Ihres fundierten Vortrags immer auf Nebensächlichkeiten herumhacken, könnte das durch Ihren Perfektionismus ausgelöst sein. Wie wir selbst uns verhalten, beeinflusst unweigerlich das Verhalten der anderen. Ich vergleiche das im Coaching manchmal mit einem Mobile. Tippt man ein Teilchen auf eine bestimmte Weise an, geraten die anderen automatisch in dazu passende Schwingungen.

Der/die Starke

Typische Glaubenssätze

»Was uns nicht umbringt, macht uns nur stärker!«, »Ein Indianer kennt keinen Schmerz« sind typische Glaubenssätze von Menschen, die diesen Antreiber in sich tragen. Man hat schon als Kind gelernt, »kein Weichei« zu sein, wurde vielleicht dafür gelobt, wie gut man »alleine klarkommt«. Möglicherweise musste man als Erstgeborene(r) auch früh Verantwortung übernehmen, für kranke Eltern, jüngere Geschwister. Sorgen und Nöte machte man mit sich selbst aus, entweder weil niemand da war, dem man sich anvertrauen konnte, oder weil das rechte Verständnis dafür fehlte: »Das hast du dir selbst zuzuschreiben!«, »Beiß die Zähne zusammen. Wir hatten es schließlich auch nicht leicht.« Häufig wirken hier die langen Schatten der Kriegs- und Nachkriegszeit – Eltern und Großeltern, die traumatisiert waren und aus diesem Grund wenig Geborgenheit geben konnten und die glaubten, dass man nur mit dieser Haltung etwas so Schreckliches überleben kann. Von Verarbeiten konnte damals leider noch gar keine Rede sein. Hinzu kam die ehrliche Überzeugung, man dürfe Kinder nicht »verzärteln«, die noch lange als Erziehungsmaxime ausgegeben wurde. Noch im Sommer 2014 sahen Münchener Klinikärzte sich veranlasst, ausdrücklich davor zu warnen, Babys nachts einfach schreien zu lassen, notfalls stundenlang. Das sei »schwarze Pädagogik«, die in Erziehungsratgebern der Nazizeit wurzele.[12]

Es liegt nahe, dass auch der Antrieb, stark zu sein, im Berufsalltag Vorteile hat. Schließlich wird für viele Positionen ausdrücklich »Belastbarkeit« gefordert. Schwierige Situationen durchstehen zu können, sich nicht von Sorgen überwältigen zu lassen, sondern handlungsfähig zu bleiben, das dürften etliche Manager für sich in Anspruch nehmen und als eine ihrer Erfolgsursachen identifizieren. Äußerlich starke Menschen wirft so schnell nichts um. Die Kehrseite: Sie tun sich schwer damit, Hilfe anzunehmen, auch da, wo es längst angebracht wäre. Sie kommen lieber alleine klar, wollen keine Schwäche zeigen. Im schlimmsten Fall beißen solche Menschen die Zähne zusammen, bis schließlich gar nichts mehr geht.

Stärke und Führung

Was die Betonung individueller Stärke für Führung bedeuten kann, klang im Beispiel der Klientin bereits an, der wegen harscher Töne ein Coaching nahegelegt wurde: **Wer sich selbst gegenüber hart ist, ist das häufig auch gegenüber anderen.** Es fällt ihm schwer, Verständnis für Menschen aufzubringen, die sich nicht so gut »zusammenreißen« können, kurz: Es mangelt an Empathie. Weniger starke Menschen reagieren darauf mit Angst, sie fühlen sich erdrückt, nicht zu Unrecht, denn der Stärkenantrieb führt häufig dazu, dass die Betroffenen latent immer im Kampfmodus sind. Das Leben ist schließlich »kein Ponyhof«, und es kommt darauf an, »sich nicht unterkriegen zu lassen«. Paradoxerweise weckt und schürt man mit dieser Haltung möglicherweise erst die

Konkurrenz, vor der man sich schützen möchte, denn während viele Mitarbeiter oder ängstliche Naturen sich zurückziehen, stellen selbstbewusstere Menschen die Stacheln auf. Menschen mit großem Stärke-Motiv fällt es schwer, andere neben sich gelten zu lassen. »Unter einer breiten Eiche wachsen keine jungen Pflanzen«, beschrieb ein erfahrener CEO das einmal und rechtfertigte damit, warum es intern keinen Nachfolger für ihn gab. Die gute Seite ist, dass so ein Kämpfertyp sich auch für seinen Bereich engagieren und für dessen Interessen kämpfen wird, auch davon profitieren Mitarbeiter.

Der/die Rücksichtsvolle

Typische Glaubenssätze

»Mach es allen recht!«, »Man soll die Leute nicht vor den Kopf stoßen.«, »Man darf sich selbst nicht so wichtig nehmen«, »Um des lieben Friedens willen sollte man nachgeben« – wer im Leben vor allem solche Maximen beherzigt, trägt vermutlich den Antreiber »Sei gefällig!« in sich. Menschen mit diesem Motiv haben Schwierigkeiten damit, Kritik zu äußern, andere in die Schranken zu weisen oder eine abweichende Position zu vertreten. Möglicherweise sind sie mit der Erfahrung aufgewachsen, nur dann etwas wert zu sein, wenn sie für das Wohlbefinden anderer sorgen. Interessanterweise findet man diesen Kontext auch in Familien, wo es früher im oder nach dem Krieg genau darum ging, nicht aufzufallen und möglichst unter dem Radar zu bleiben, um in Sicherheit zu sein. Man wird geschätzt und gemocht und ist in Sicherheit, solange man nett zu anderen ist, so diese Lebensüberzeugung im Kern. Solche Menschen sind daher sensibel für die Bedürfnisse und Stimmungen anderer. Sie fühlen mit anderen und gehen auf sie ein. Ihr Bemühen um Harmonie entspringt jedoch eher Unsicherheit als souveräner Freundlichkeit. Sie können schwer Nein sagen oder eine klare Position beziehen.[13]

Gefälligkeit und Führung

Dass ein solches Verhaltensmuster in der Führung heikel ist, liegt auf der Hand: **Was zunächst wie Zugänglichkeit und Zugewandtheit wirkt, nehmen Mitarbeiter oder auch Führungskollegen bald als Lavieren wahr.** Wer Sorge hat, anzuecken, und es stattdessen allen recht machen will, wird als wenig greifbar, als ausweichend und unzuverlässig erlebt. Die Gefahr ist groß, nicht ernst genommen zu werden. Auch der Vorwurf vom »Pudding, der sich eben nicht an die Wand nageln lässt« steht im Raum. Die damit verbundene Geringschätzung führt im schlimmsten Fall dazu, dass gefällige Menschen verunsichert werden und sich noch stärker bemühen, Rücksicht auf das jeweilige Gegenüber zu nehmen. Gleichzeitig wird dieser Antreiber dafür sorgen, dass sich alle wohlfühlen, auf Stimmungen Einzelner geachtet wird, der Bereich gut vernetzt ist und wenige Konflikte mit Schnittstellenbereichen bestehen. Dies kann auch einer ganzen Abteilung zugutekommen.

Der Helfer/die Helferin

Typische Glaubenssätze

Vom »Helfersyndrom« spricht man vorwiegend in sozialen Berufen. Meiner Erfahrung nach gibt es jedoch auch unter Führungskräften Menschen, die für andere, etwa Mitarbeiter, »nur das Beste« wollen. Das ist zweifellos ehrenwert, doch läuft man dabei Gefahr, das Gegenüber mit seiner Hilfsbereitschaft zu erdrücken und zu entmündigen. »Ich bin immer für Sie da!«, lautet die positive Seite dieser Maxime. Helfer haben stets ein offenes Ohr für die Anliegen und Sorgen anderer. »Ich meine es ja nur gut« ist die negative Kehrseite des Verhaltensmusters, das auch dann vor Ratschlägen nicht haltmacht, wenn diese gar nicht erwünscht sind. Sobald ein anderer etwas falsch zu machen droht, ist man sofort mit Rat und Tat zur Stelle. **Was Helfer selbst als Großherzigkeit verstehen, dient auch der Stabilisierung des eigenen fragilen Selbstwerts**: Wer hilft, ist nützlich, wertvoll und für andere unverzichtbar. Er läuft allerdings auch Gefahr, sich selbst bis zur Erschöpfung zu verausgaben, weil er die Bedürfnisse und Anliegen anderer den eigenen überordnet und häufig erst zu seinen eigenen Aufgaben kommt, wenn die anderen sich längst in den Feierabend verabschiedet haben.

Hilfsbereitschaft und Führung

Führungskräfte, die diesem Antrieb folgen, entsprechen oft dem Klischee »Mutter (oder Vater) der Kompanie«. Sie interessieren sich für ihre Mitarbeiter, lassen es menscheln und haben damit etlichen Kollegen etwas voraus. Sie lösen Aufgaben »schnell selbst«, bevor sie jemanden damit »belasten«. Je nach eigenem Naturell empfinden Mitarbeiter einen helfenden Chef als beruhigend, als bequem – oder als erdrückend. Er kann die Entwicklung von ambitionierten Mitarbeitern hemmen, weil er sie nicht allein machen lässt, und er kann sehr harsch reagieren, wenn jemand seinen Ratschlägen nicht folgt. Außerdem sind helfende Chefs anfällig dafür, ausgenutzt zu werden, weil sie jedem auf den Leim gehen, der sie mit treuherzigem

Augenaufschlag um Hilfe bittet und sich vielleicht auch manchmal nur aus Bequemlichkeit »doof stellt«. Positiv ist: Mit ihnen wird man einen Chef bekommen, der sich für ein gutes Klima und ein menschliches Miteinander einsetzen wird.

Der/die Mühevolle

Typische Glaubenssätze

»Von nichts kommt nichts«, »Ohne Fleiß kein Preis«, »Man sollte immer sein Bestes geben«: Wer solchen Maximen folgt, hat gelernt, dass man sich anstrengen muss, um etwas zu erreichen. An sich eine gute Sache und im (Berufs-)Leben nützlich, denn Beharrlichkeit und Ausdauer zahlen sich oft aus. Für viele Ziele braucht man einen langen Atem, und so verweisen Erfolgsmenschen – ob Sportler, Musiker oder Vorstand – oft darauf, dass Talent oder Neigung zwar nützlich, aber allenfalls die halbe Miete sind und nur harte Anstrengung ihnen den Platz auf dem Siegertreppchen beschert habe. Doch auch der Antreiber »Streng dich an!«, der häufig in Überforderungssituationen in der Kindheit wurzelt[14], hat Widerhaken. Zum einen verausgaben sich Betroffene über die Maßen, wenn sie nicht achtgeben. Zum anderen zählt in diesem Leistungsverständnis nur das, was tatsächlich mit Mühe erreicht wird. **Was leicht geht, ist nichts wert.** Ich erinnere mich noch gut, wie mich selbst vor Jahren eine Beraterin im Rahmen einer Diskussion über Tagessätze fragte: »Wären Sie auch bereit, mit der Hälfte der Arbeit das doppelte Honorar zu verdienen?« Damals habe ich spontan ganz entsetzt »Nein!« gerufen. Ich bin in dem Verständnis erzogen worden, dass einem nur das zusteht, was man sich mühsam »verdient« hat, und einem »nichts geschenkt wird«. In den Augen vieler Menschen mit ähnlichem Hintergrund werden Herausforderungen überdies zu Bergen, die man in jedem Fall mühsam erklimmen muss. Wer unbekümmert und optimistischer zu Werke geht, ist suspekt. Und wer Mühe und Anstrengung hoch schätzt, versäumt es oft, Erfolge zu feiern. Schließlich hat er schon den nächsten Gipfel im Blick und arbeitet nach dem Motto »Nach dem Spiel ist vor dem Spiel«.

Anstrengung und Führung

In der Führung kann der eigene »Anstrengungsmodus« auf andere anstrengend wirken. Ein Chef, der diesem Antreiber folgt, wird eher sagen, »Da kommt ganz schön was auf uns zu!« oder »Da dürfen wir jetzt aber nicht nachlassen« als »Keine Sorge, das packen wir schon!« Sie werden sich und ihren Abteilungen große Aufgabenpakete zumuten und dem Glauben folgen, »wenn sich alle anstrengen und alles geben, dann schaffen wir es«. Ebenso werden sie engen Termingerüsten zustimmen und damit eine Menge Druck in den Bereich hineinverlagern. Manche Mitarbeiter oder Kollegen entmutigt und belastet diese Haltung. Betroffene versprühen eben keinen zupackenden Optimismus, sondern warnen und zögern eher, da sie die Dinge sehr ernst und nichts auf die leichte Schulter nehmen. Dafür sind Chefs als »Mühevolle« sehr engagiert, wenn es um Problemlösungen geht, und stehen für Nachhaltigkeit und Ernsthaftigkeit.

Der/Die Schnelle

Typische Glaubenssätze

»Zeit ist Geld!« ist der Wahlspruch derjenigen, denen es eigentlich gar nicht rasch genug gehen kann. Im Fokus steht hier der Antrieb, die zur Verfügung stehende Zeit optimal zu nutzen und seine Ziele rasch zu erreichen. »Effizienz« ist eines der Lieblingsworte, und in der Tat schaffen Menschen mit dem Antreiber »Mach schnell (Beeil dich)« häufig eine Menge. Auch kleine Zeitfenster werden optimal genutzt, Dinge im Gespräch rasch auf den Punkt gebracht, mancher versucht sich im Multitasking. Ziele werden energisch angesteuert, für Trödelei und den Nutzen von Langsamkeit hat man kein Verständnis (»Dem kann man ja im Gehen die Schuhe besohlen!«). Damit nähern wir uns auch schon der Kehrseite dieses Antreibers. **Muße und Entspannung fallen einem schwer, wenn man am liebsten auf Hochtouren läuft**. Das birgt die Gefahr, sich zu sehr zu verausgaben und Menschen vor den Kopf zu stoßen, deren Lebenstempo etwas langsamer ist. Die Psychologen Bernd Schmid und Joachim Hipp vermuten hinter rastloser Hektik eine »Grundfurcht, Wesentliches im Leben zu verfehlen« oder auch den Versuch, eine innere Leere zu betäuben.[15]

Eile und Führung

In der Führung kann der »Beeil dich«-Modus dazu führen, dass Mitarbeiter sich gehetzt und unter Druck fühlen. Aufmerksam abzuwarten, auch wenn das Gegenüber drei Anläufe braucht und sich etwas umständlich ausdrückt, können Chefs, die Wert auf Schnelligkeit legen, kaum ertragen. Sie fallen ihrem Gegenüber schon mal ins Wort oder trommeln ungeduldig mit den Fingern. Ebenso unerwünscht sind Mitarbeiter, die einmal mehr nachfragen und noch Bedenken sehen – auch wenn sie leider am Ende sogar noch recht behielten. Kollegen versuchen möglicherweise, den Hektiker zu bremsen (»nun mal langsam«, »mach dich mal locker«), was häufig kontraproduktiv ist und ihn erst recht ungeduldig werden lässt. Die Stärke des »eiligen Chefs« ist seine hohe Zielorientierung und auch der Zielerreichungsgrad, es geht auf jeden Fall voran.

Der Weltenretter/die Weltenretterin

Typische Glaubenssätze

»Sonst macht es ja keiner!« ist hier das Mantra. Nach einem Vortrag steht ein Mann Mitte vierzig vor mir, der sich bedankt und anschließend sein Herz ausschüttet: Ja, er sei auch schon seit Jahren am Limit. Er halte den Laden am Laufen, bügele ständig Versäumnisse seines Vorgesetzten aus. Der verstehe von dem Produkt eigentlich gar nichts. Deshalb »müsse« er selbst Schlüsselkunden bei Laune halten, neue Marketingideen vorantreiben, ein Auge auf die Qualität haben. Die Lorbeeren ernte sein Chef als Vertriebsleiter, er selbst sei nur langjähriger Sachbearbeiter. Obwohl, manchmal ärgere es ihn schon, dass der Chef meist früher nach Hause ginge und gleichzeitig sehr viel mehr verdiene. **»Aber einer muss es doch machen!«, so der Glaubenssatz der Weltenretter**, die sich für übergeordnete Ziele aufopfern. »Mir geht es um die Firma, um das große Ganze.«

Bei James Bond steht der Weltenretter im Mittelpunkt der Aufmerksamkeit, im Unternehmen stehen die selbst ernannten Retter in der zweiten Reihe, als Stellvertreter, Assistenten oder auch als Abteilungsleiter, die dem Vorstand den Rücken frei halten. Ihren Selbstwert gewinnen diese Menschen daraus, im Verborgenen die Fäden zu ziehen. Kompetenz, langjährige Erfahrung, gute Kontakte verschaffen ihnen eine stille Macht und im besten Fall auch die ersehnte Anerkennung. Im schlimmsten Fall rutschen sie in die Rolle des Ausputzers, der seinen Einfluss überschätzt und im Grunde nur ausgenutzt wird. Hinter dem Sich-zuständig-fühlen für alles kann Perfektionismus stecken, die Sehnsucht nach Anerkennung oder auch der Wunsch nach mehr Macht aus einer wenig mächtigen Position heraus. Für die erste Reihe fehlt den Weltenrettern das Showgen, die Eloquenz, der Narzissmus. Sie würden mit dem eigentlich Verantwortlichen kaum tauschen wollen, wissen es aber trotzdem besser. Die Dinge einfach laufen zu lassen ist unvorstellbar, selbst wenn es lange Arbeitstage bedeutet.

Antrieb	Typische Maximen	Mögliche Vorteile
Sei perfekt! (Perfektionist/in)	»Was ich tue, mache ich richtig!«, »Ganz oder gar nicht.«	Komplexität wahrnehmen, vernetzt denken, sehr gute Ergebnisse erzielen
Sei stark! (Starke/r)	»Was uns nicht umbringt, macht uns nur härter.« »Ein Indianer kennt keinen Schmerz.«	Durchhaltevermögen, innere Unabhängigkeit
Sei gefällig! (Rücksichtsvolle/r)	»Mach es allen recht!« »Nimm dich selbst nicht so wichtig.« »Man stößt Leute nicht vor den Kopf.«	Freundlichkeit, Sensibilität für die Bedürfnisse anderer, Bemühen um Ausgleich und Harmonie
Helfe! (Helfer/in)	»Ich bin immer für Sie da!« »Ich meine es ja nur gut!«	Bietet Unterstützung, lässt es menscheln
Streng dich an! (Mühevolle/r)	»Von nichts kommt nichts!« »Erfolge fallen nicht vom Himmel.«	Ausdauer, Hartnäckigkeit, Gründlichkeit; gibt nicht so schnell auf
Mach schnell! (Hektiker/in)	»Zeit ist Geld.« »Tempo, Tempo!«	Effizienz, Zielstrebigkeit, schafft viel weg
Sonst macht's ja keiner! (Weltenretter/in)	»Einer muss sich ja drum kümmern.« »Mir geht es um die große Sache.«	Hohes Verantwortungsgefühl, die Dinge werden ohne großes Aufheben erledigt

Das »große Ganze« und Führung

Wenn jemand mit Retter-Antrieb Führungskraft ist, besteht die Gefahr, dass er von seinen Mitarbeitern ein ähnlich aufopferungsvolles Engagement erwartet. Die Position moralischer Überlegenheit, aus der heraus der Retter handelt, kann zudem Gegenwehr und Aggressionen provozieren. Insbesondere wird es gefährlich, wenn diese Haltung gegenüber dem eigenen Chef praktiziert wird und versucht wird, von unten die Welt zu drehen, auch wenn es oben niemand für notwendig hält. Die Kehrseite des aufopferungsvollen Einsatzes ist häufig Selbstgerechtigkeit und die Erwartung von Dankbarkeit. Und damit ist Frust vorprogrammiert, denn der Glaubenssatz »Das dankt einem wieder keiner« geht meist auch in Erfüllung. Auf der positiven Seite sind diese Chefs mit hoher Identifikation für das Unternehmen und »die Sache« ausgestattet. Sie meinen es sehr ernst.

Mögliche Nachteile	Folgen für Führung
Sich verzetteln und verschleißen in Details, Unsicherheit schwer aushalten	Mitarbeiter fühlen sich überfordert, man fordert Trotz oder Nachlässigkeit heraus.
Sich überfordern, keine Hilfe annehmen können	Fehlende Empathie, Man ist hart auch gegenüber anderen, Mitarbeiter ziehen sich zurück, reagieren mit Angst oder Abwehr.
Keine klare Position, herumlavieren, Schwierigkeiten, Nein zu sagen	Mitarbeiter vermissen klare Orientierung, man wird nicht ernst genommen, man läuft Gefahr, ausgenutzt und manipuliert zu werden.
Ungebeten Ratschläge erteilen, andere mit seiner Hilfsbereitschaft erdrücken, sich selbst völlig verausgaben	Mitarbeiter nutzen Hilfsbereitschaft aus oder vermissen Freiraum, man hemmt die Entwicklung von leistungsorientierten Mitarbeitern.
Sich überfordern, nur schätzen können, was mit Mühe erreicht wurde, Erfolge nicht feiern, Selbstmarketingschwäche, kann Lob kaum annehmen	Gefahr der Überforderung des Teams und die Tendenz, eher zu wenig zu loben, was die Motivation trüben könnte.
Sich verausgaben, nicht entspannen können, wenig Verständnis für Menschen mit anderem Lebenstempo	Mitarbeiter, die dem Tempo nicht folgen können, fühlen sich gehetzt und unter Druck gesetzt, werden selbst hektisch oder resignieren.
Sich »aufopfern« und ausnutzen lassen	Von Mitarbeitern wird ähnlich hohes Engagement erwartet, von Nutznießern Dankbarkeit. Selbstgerechtigkeit kann Aggressionen provozieren.

Eine abschließende Übersicht der hier vorgestellten Antreiber, ihrer Vor-und Nachteile sowie ihrer möglichen Konsequenzen im Führungsalltag finden Sie in obiger Tabelle. Natürlich vereinfacht diese Typologie wie jede andere auch, und wir Menschen sind nicht so schlicht in Einzelschubladen zu stecken. Die meisten Menschen tragen mehrere Antreiber in sich, und die Mischung einzelner Kombinationen bringt eine jeweils spezielle Färbung. Nutzen Sie das Modell einfach als Anregung, über Ihre eigenen Triebfedern und deren Ursachen nachzudenken. Es lohnt sich.

Auf welches Motto verfallen Sie, wenn Sie unter Druck stehen? Welches (Arbeits-)Verhalten wurde in Ihrer Kindheit mit Respekt kommentiert, wofür wurden Sie belohnt, was wurde eher abgelehnt? Wie hat Sie das geprägt? Welche Sprüche haben Sie beim Heranwachsen begleitet? Welche Aufgaben und Rollenerwartungen fielen Ihnen in der Familie zu? Fragen wie diese führen Sie auf die Spur Ihrer Antreiber. Dabei hat jedes Arbeitsmuster auch Vorteile, wie oben schon erwähnt wurde. **Ohne Antreiber wären wir im Wortsinne »antriebslos«. Die Dosis macht auch hier das Gift.** Doch wenn sich ein Handlungsmotiv als Alleinherrscher aufspielt, unser ganzes Denken und Handeln besetzt, wird es kritisch. Wie Sie vielleicht doch ein wenig aus Ihrer Haut herauskönnen, wenn Sie sich das wünschen, ist Thema des nächsten Kapitels.

Mehr Energie durch Selbstbeobachtung

»Wenn ich beobachte, was ist, ohne es ändern zu wollen, ändert es sich.« Diesen Leitsatz gab mir vor Jahren ein begnadeter Orthopäde(!) mit auf den Weg. Ich bewahrte den Spruch Jahre in meinem Portemonnaie auf, weil er mir irgendwie wichtig erschien. Damals war ich noch der Meinung, dass viel zu wenig Aktivität drinsteckte und sich doch vom Nur-Hinschauen nichts ändern würde. Inzwischen weiß ich, dass er damit recht hatte. Ich halte nichts von markigen Empfehlungen, die eigenen Antreiber »an die Kette zu legen« oder sie durch simple Umformulierung in »Erlauber« (»Ich darf Fehler machen« statt »Sei perfekt!«) mal eben umzuprogrammieren. Meiner Erfahrung nach funktioniert das nicht. Sich selbst, sein Verhalten, seine Persönlichkeit zu ändern ist schwierig. Wir wandeln uns nicht von heute auf morgen, und wenn doch, dann am ehesten durch existenzielle Erschütterungen, den berüchtigten Schuss vor den Bug in Form einer lebensbedrohlichen Erkrankung, einer Lebenskrise oder einer anderen Grenzerfahrung, die man niemandem wünscht. Der sanfte Weg zu mehr Energie vollzieht sich in vielen kleinen Schritten und ohne inneren Zwang. Hilfreich und unterstützend kann hier die Beschäftigung mit Achtsamkeit sein, die genau dieses Prinzip in den Mittelpunkt ihrer Grundgedanken stellt: Rezeptives Beobachten und Gewahrsein, bewusstes Bemerken innerer und äußerer Reize, ohne aktiv zu reagieren. Im Moment sein. Etwas, das sich zu trainieren lohnt.[16]

Den Autopiloten ausschalten

Legen Sie Ihre Messlatte also einmal ungewohnt niedrig: Beobachten Sie, wie Sie im Alltag denken und handeln, ohne den Anspruch, das ändern zu wollen. Schauen Sie Ihren Antreibern bei der Arbeit zu. Möglicherweise ertappen Sie sich bald unwillkürlich im Selbstgespräch mit Ihren Handlungslenkern: Statt ihnen blind zu folgen, begrüßen Sie sie und stellen eher spielerisch fest »Ach guck, da ist es wieder, mein Muster«. Sie merken, wann sie auftauchen, wann sie ihre Wirkung entfalten und wann sie Sie zum Handeln drängen. Der Autopilot ist abgestellt, Sie haben beide Hände am Steuer. Womöglich fangen Sie nach einiger Zeit an, gewohnte Handlungsimpulse infrage zu stellen: »Halt! Stopp! Muss das jetzt wirklich sein?« Oder Sie nehmen ein bisschen Gas weg: »Weniger könnte mehr sein.« Oder Sie beschließen: »Ich könnte heute mal eine andere Verhaltensweise ausprobieren.« Haben Sie Geduld mit sich, spüren Sie, wie es Ihnen mit kleinen Verhaltensjustierungen geht.

Selbstbeobachtung tritt so an die Stelle von Gewohnheit und Automatismus. »Ich habe nichts gegen das, was ist«, lautet eine Maxime, die entlastet und paradoxerweise gerade dadurch Mut macht, ungewohnte Verhaltensweisen auszuprobieren. Was ist, ist das Ergebnis Ihrer Entscheidungen und Verhaltensweisen. Sie hatten Ihre Gründe, so zu entscheiden oder zu handeln. Warum also viel Energie darauf verwenden, damit zu hadern, was ist, wie man ist, was man tat, was man hätte tun sollen usw.? Wer sich von solchen Grübeleien verabschiedet, gewinnt Energie für anderes, fürs Tun. Probehandeln in weniger relevanten Situationen kann ein erster Schritt zu neuen Möglichkeiten sein. Eine Kundin mit Neigung zur »Weltenretterin« nahm sich beispielsweise vor, bei der nächsten Abteilungsleitersitzung einmal nicht diejenige zu sein, die auf Schwachpunkte und Versäumnisse hinwies, und sich damit entsprechende Aufgaben aufzuhalsen. Also schwieg sie eisern und amüsierte sich heimlich über die irritierten Blicke der Kollegen. Schließlich verlor einer von ihnen die Nerven: »Aber müsste man da nicht noch …?« Ihre Lernerfahrung: Es geht auch anders, und wenn wir zurücktreten, kann jemand anders vortreten.

Weniger streng mit sich sein

Eine Übung, die ich besonders Klienten empfehle, die wie getrieben durch ihr Leben rauschen und dennoch in ihren eigenen Augen nie gut genug, schnell genug, stark genug sind: Belauschen Sie sich einmal eine Woche selbst. Wie reden Sie mit sich? Manche Schimpfkanone gegen die eigene Person wäre justiziabel. **Wie wir manchmal mit uns selbst reden, das würden wir einem anderen kaum zumuten**: »Das ist wieder mal typisch!« »Klar, dass du das nicht schaffen würdest!«, »Das wird doch sowieso nichts.« »Wie du schon wieder aussiehst – zum Davonlaufen!« »Oh nein, hab ich das schon wieder vergessen!«,

»Ich Idiot, bin ich schon wieder so naiv gewesen!«. Was hindert Sie eigentlich, zu sich selbst genauso nett zu sein wie zu einem guten Freund, einer guten Freundin? Was spricht dagegen, sich morgens im Spiegel mit einem aufmunternden »Was bin ich für ein Hübscher!« zu begrüßen? Es hebt die Laune, und sei es dadurch, dass Sie unwillkürlich grinsen müssen. Und es ist allemal zielführender, als missmutig Knitterfalten und weichende Haare zu begutachten. Sie starten gleich mit mehr Energie in den Tag.

Wenn Sie sich angewöhnt haben, sich regelmäßig selbst niederzumachen, können Sie sich das ebenso wieder abgewöhnen. Dabei hilft es, einmal eine Woche lang Buch über seine Selbstbeschimpfungen zu führen. Dann verliert man fast automatisch die Lust daran. Sie können sich auch einen mentalen Stopp zulegen, der immer rot aufleuchtet, sobald Sie wieder auf das alte Gleis einschwenken. Eine andere Möglichkeit: bewusst üben, freundlich zu sich selbst zu sein, sich selbst zu loben etwa. Das fällt manchen Menschen sehr schwer. Einer meiner Klienten musste eine schwierige Rede auf einer Betriebsversammlung halten, an der wir lange gefeilt hatten. Sein Beitrag wurde sehr gut aufgenommen, es gab langen Applaus – Zeit für ein Selbstlob, wie ich fand. »Die Leute fanden es gut«, lautete sein Vorschlag. Auf meinen Hinweis, das sei kein Lob an sich selbst, hieß es: »Meine Rede kam gut an.« Es brauchte noch einige Zeit, bis wir endlich landeten bei »Ich habe eine großartige Rede in einer schwierigen Situation gehalten!«

Ein Selbstlob-Tagebuch ist eine simple, aber effektive Methode, sich selbst mit mehr Wertschätzung zu begegnen. Jeden Abend drei Dinge schriftlich zu notieren, die einem an diesem Tag gut gelungen sind, verändert den Blick auf sich und auf das Leben (siehe dazu auch den Punkt »*Heiterer durchs Leben gehen*« weiter unten). Falls Sie Zweifel haben, ob es tatsächlich täglich drei positive Dinge geben kann: Doch, das tut es! Sie müssen nur bereit sein, sie zu sehen. Sich durch ein langweiliges Meeting nicht die Laune verderben zu lassen, den Chef diplomatisch von einem eigenen Anliegen überzeugt zu haben, sich über etwas nicht aufgeregt zu haben, sich Zeit für eine Mittagspause genommen zu haben, ein gutes Gespräch geführt zu haben …

Innere Pluralität zulassen

»Faust beklagte, dass er zwei Seelen in seiner Brust habe. Ich habe eine ganze sich zankende Menge. Da geht es zu wie in einer Republik«, sagte Otto von Bismarck einmal. Der knorrige Politiker ist in großer Gesellschaft. Wir alle tragen unterschiedliche Persönlichkeiten in uns, wir können ernst sein oder witzig, ängstlich oder draufgängerisch, kritisch, sorglos, dominant, nachgiebig, streng mit uns selbst und anderen oder milde … Diese Stimmen oder Persönlichkeitsanteile melden sich in unterschiedlichen Situationen zu Wort, sie können laut oder leise sein, mal laut und dominant, mal in den Hintergrund verbannt. Wer durch einen bestimmten Antreiber geprägt wird, hat viele der anderen Stimmen, Wünsche und Anliegen zum Schweigen gebracht und zugelassen, dass eine Instanz, etwa der Perfektionist oder der Helfer, die Regie übernimmt. Wünschenswert ist dagegen ein reflektierter Umgang mit sich selbst, in dem das Ich die Zügel in der Hand hält und bewusst entscheidet. Dabei hilft das Konzept des »Inneren Teams«, das der Psychologe und Kommunikationsforscher Friedemann Schulz von Thun entwickelt hat, um unsere innere Pluralität sichtbar – und besser steuerbar – zu machen.

Die Grundidee: sich die oft widersprüchlichen Stimmen ins Bewusstsein rufen und so die Regie wieder in die Hände des Ichs legen, statt sich blind einer Stimme zu unterwerfen. Indem Sie Ihr »Inneres Team« schriftlich skizzieren, treten Sie sozusagen mit sich selbst in einen Dialog. Vielleicht erleichtert Ihnen ein Beispiel diese Art der Selbsterforschung. Eine Klientin, die sich in arbeitsreichen Phasen immer bis zur Erschöpfung verausgabte, realisierte, dass bei ihr ein Teamspieler Regie führte, den sie ihr »Preußisches Wichtelmännchen« nannte. Dessen Botschaft lautete: »Beiß die Zähne zusammen! Augen zu und durch!« Ihre Spieler auf der Vorderbühne:

- Anna Angsthase: »Hoffentlich geht das dieses Mal nicht schief!«
- Emma Ehrgeizig: »Ich bin besser und schaffe mehr als andere!«
- Odile Optimistisch: »Wird schon schiefgehen, hat bisher doch immer geklappt …«

Eher leise Stimmen, die hinter den Vorhang verbannt waren:

- Sonja Sehnsüchtig: »Wenn ich doch nur mal Zeit für Spaß und Muße hätte!«
- Rita Ratlos: »Wieso renne ich eigentlich immer in die Zeitfalle? Ich muss das ändern!«
- Monika Mutlos: »Ich mag nicht mehr! Am liebsten würde ich alles hinwerfen.«

Im Idealfall würde das Ich als weitsichtiger Regisseur dieses Stimmengewirr bündeln und eine reflektierte Entscheidung treffen. Diesen Part hatte allerdings das preußische Wichtelmännchen an sich gerissen, das mit eisernem Pflichtgefühl alle Stimmen, die Ruhe und Genuss forderten, in den Hintergrund drängte. Die Metapher des »inneren Teams« hilft also, Ordnung in das eigene innere Stimmengewirr zu bringen und Klarheit in schwierigen Situationen zu gewinnen. Wenn Sie selbst mit diesem Konzept arbeiten möchten, können Sie die folgende Übung nutzen (oder sich das Buch von Professor Schulz von Thun zum Thema kaufen)[17].

Sich auf sein »Inneres Team« einzulassen kann verschüttete Anteile unserer Per-

Wer führt in Ihrem Innern gerade die Regie?

Eine Einladung, Ihrem »inneren Team« auf die Spur zu kommen … .

Am besten füllen Sie dieses Blatt in einer Situation aus, die Ihnen Kopfzerbrechen bereitet, in der Sie hin- und hergerissen sind.

Die Frage, die Ihnen durch den Kopf geht: _____

_____

_____

… und was Ihre inneren Stimmen (die Mitglieder Ihres »inneren Teams«) dazu sagen:

Der Regisseur

Die »Vorderbühne«

Die »Hinterbühne«

Geben Sie den Spielern aus Ihrer Sicht treffende Namen und notieren Sie die Hauptbotschaft dieses Spielers im jeweiligen Kreis.

Möglicherweise sind bei Ihnen weniger als sieben Spieler aktiv – oder sogar mehr? Fügen Sie einfach per Hand weitere hinzu.

Fragen zur Selbstreflexion, die in eine bessere Selbststeuerung münden können:

- Wer ist laut und dominant, bespielt die Vorderbühne?
- Warum sind gerade diese Spieler so beherrschend?
- Welche Stimmen/Teammitglieder finden bei Ihnen kaum Gehör und sind auf die Hinterbühne verbannt?
- Wenn Ihnen eine Konkretisierung schwerfällt: Was sagt Ihr Kopf? Was das Herz? Was der Bauch?
- Wer führt Regie? Tatsächlich Sie selbst, unter Abwägung aller Überlegungen? Oder hat einer der Spieler Ihnen längst das Heft aus der Hand genommen?
- Welche Erfahrungen haben Sie bisher mit diesem »Regisseur« gemacht?
- Wer sollte öfter zu Wort kommen?
- Wer sollte öfter schweigen?
- Wie würden Sie die Besetzung gern umbauen?

Diese Form der Reflexion ist erst einmal ungewohnt. Sie hat jedoch den Vorteil, uns aus eingefahrenen Denkgleisen herauszulotsen und Halbbewusstes bewusst zu machen. Auf Dauer lernen Sie, Ihr inneres Team souverän zu moderieren: Alle Stimmen kommen zu Wort, Ihr Ich kann abwägen und am Ende eine durchdachte Entscheidung treffen, mit anderen Worten: wieder die Regie übernehmen. So, als säßen alle um einen Besprechungstisch herum und würden eine kleine Konferenz abhalten.

sönlichkeit wieder ans Tageslicht befördern, uns von Einseitigkeiten befreien und allzu herrschsüchtige Antreiber entmachten. Viel ist dabei schon gewonnen, wenn Sie sich der Situationen bewusst werden, in denen Ihre Antreiber reflexartig anspringen und die Regie über Ihr Verhalten übernehmen.

Stark ist, wer sich Schwäche eingestehen kann

Manager sind Macher, stoisch in schwierigen Zeiten, unerschütterlich auch bei Gegenwind, leistungsorientiert, mental stark. So das Image, das in unserer Gesellschaft gefordert und gepflegt wird. Selbst die Wirtschaftspresse präsentiert gerne visionäre Superhelden, die scheinbar mühelos Enormes leisten. Ein Unternehmenslenker, der sich angesichts sinkender Umsätze schlaflos im Bett wälzt, ein Abteilungsleiter, der Angst vor der nächsten Vorstandssitzung hat, ein Geschäftsführer mit gesundheitlichen Problemen? Das gibt es offiziell gar nicht. Umso erschrockener waren wir, als die Bilder des während seiner Rede umkippenden BMW-Vorstands Harald Krueger auf der IAA in Frankfurt im September 2015 gezeigt wurden und per Youtube um die Welt gingen. Und selbst Dr. Angela Merkel, die nicht müde wird zu betonen, sie brauche wenig Schlaf und könne Energie tanken »wie ein Kamel«[18], sieht man manchmal die Strapazen ihres Amtes deutlich an, trotz Stylistin und Make-up-Tricks. **Es ist gefährlich, den offiziellen Trugbildern der Unverwundbarkeit auf den Leim zu gehen.** Burn-out-Forscher, Ärzte und Psychologen weisen übereinstimmend darauf hin, dass Erkrankungen oder gar Zusammenbrüche häufig damit zu tun haben, dass Leistungsträger ihre Grenzen nicht mehr spüren, wie betäubt weiterackern, bis nichts mehr geht. Manager sind Menschen, Superhelden gibt es nur im Kino. Auch Führungskräfte haben Ängste. »Studien belegen, dass 70 Prozent der Manager zumindest phasenweise mit Angst oder Depressionen zur Arbeit gehen«, sagt beispielsweise Götz Mundle, Psychiater und ärztlicher Geschäftsführer der Oberbergkliniken.[19]

Vor diesem Hintergrund stellt sich die Frage, ob es wirklich so bewundernswert ist, sich keine Schwäche zuzugestehen. Zu gutem Selbstmanagement gehört auch, zu spüren, dass es einem gerade nicht gut geht, dass man eine Pause braucht, zum Durchatmen, Sich-Sammeln, Nachdenken. So gesehen ist die Maxime »Augen zu und durch« kein Indiz der Stärke, sondern in Wahrheit Ausdruck der Schwäche. Wirkliche Souveränität besitzt, wer nicht nur andere, sondern auch sich selbst souverän führen kann. Sich seine momentane Schwäche eingestehen zu können beweist in Wahrheit große Stärke. Ich möchte Sie deshalb zu einem neuen Blick auf Schwächen und (vermeintliches) Versagen ermuntern. Ein solcher Perspektivwechsel wird Ihnen helfen, liebevoller mit sich selbst umzugehen. Schwäche zu zeigen ist keine Niederlage. Es ist schlicht – menschlich. Und genau das wird einem nicht selten von der Umgebung rückgemeldet, wenn man tatsächlich einmal hinter den eigenen hohen Ansprüchen zurückbleibt: ein erleichtertes »Das macht Sie so menschlich!«

Heiterer durchs Leben gehen

Ist Ihr Glas halb leer oder halb voll? Selbst wenn Sie diese Metapher als abgegriffen empfinden, lohnt es sich, über die eigene Lebenshaltung nachzudenken. Gehen Sie heiter und gelassen durchs Leben? Oder gehören Sie zu denjenigen, die eher skeptisch sind, sich vom Schicksal benachteiligt fühlen und mit Missstimmung kämpfen? Eine solche Haltung wird uns nicht schwer gemacht: Wer »gut drauf« ist, wird in unserer Kultur beargwöhnt. Wer dagegen mit ernster Miene und kritischem Blick unterwegs ist, dem gestehen wir Tiefe und überlegene Intelligenz zu. Wir belächeln die scheinbar stets optimistischen Amerikaner und beglückwünschen uns zu unserem Realismus. Einen Gefallen tun wir uns damit nicht. Denn Optimisten leben tatsächlich länger, wie verschiedene Studien nahelegen, die der *Spiegel* unter der Überschrift »Optimismus als Überlebensstrategie« zitiert.[20] Auch die Psychoneuroimmunologie als junges Querschnittsgebiet von Medizin, Neurologie und Psychologie geht davon aus, dass eine positive Grundstimmung vor Krankheiten schützt. Offenbar produziert unser Gehirn mithilfe positiver Gedanken sogar Wirkstoffe, die auch in Medikamenten vorkommen, so die *Wirtschaftswoche*.[21] Welche Vorteile dagegen verschafft uns die uns eher vertraute zweckpessimistische Haltung? Vielleicht bewahrt sie uns gelegentlich vor Enttäuschungen. Vielleicht führen wir diese Enttäuschungen aber auch erst durch unseren Pessimismus herbei, im Sinne der bekannten sich selbst erfüllenden Prophezeiung.

Anlass für eine tief sitzende Unzufriedenheit ist häufig die Erfahrung einer sich abflachenden Erfolgskurve mit Anfang, Mitte 40. Man war immer der Jüngste, immer erfolgreich, die nächste Beförderung stand immer bevor. Und plötzlich ziehen andere an einem vorbei, und man hat das erste Mal einen Chef, der jünger ist. Man fühlt sich »abgemeldet«, gehört nicht mehr zu den Stars im Unternehmen. Es braucht seine Zeit, seine Rolle neu zu finden und mit Stolz auf das Erreichte zurückzublicken, statt mit dem nicht Erreichten zu hadern. Dabei hilft es, sich klarzumachen, dass der Sprung in den Vorstand, die Bereichs- oder Geschäftsleitung nur einigen wenigen gelingen kann und dass dabei auch Faktoren eine Rolle spielen, die man nicht in der Hand hat. Statt die Entwicklung als Misserfolg zu verbuchen, kann man den Blick auf die Chancen lenken, die sie bietet, die Freiräume, die dadurch entstehen, dass man nicht in der ersten Reihe stehen muss, sondern die bestehende Aufgabe mit wachsender Routine und Gelassenheit leichter ausfüllen kann. Wann, wenn nicht jetzt, könnte man sein Leben ausbalancieren und sich anderswo Bestätigung und Glück holen?

Was können Sie sonst für mehr Zufriedenheit tun, wenn Sie nicht zu den Sonnenkindern gehören, die von Natur aus mit einem heiteren Gemüt gesegnet sind? Provokant formuliert: Entschließen Sie sich einfach, heiter zu sein! »Da es sehr förderlich für die Gesundheit ist, habe ich beschlossen, glücklich zu sein«, verkündete der französische Aufklärer Voltaire schon vor 250 Jahren. Auch der Psychologe und Direktor am Max-Planck-Institut für Bildungsforschung Gerd Gigerenzer betrachtet Heiterkeit als Willensentscheidung, als »kognitives Urteil, wie wir die Dinge sehen wollen«.[22] Er ist sich damit einig mit dem antiken Schriftsteller Plutarch, der bündig befand: **»Gute Laune beruht darauf, Missmut zu vermeiden.«** Bei der praktischen Umsetzung dieses Ratschlags hilft es,

- sich auf Positives zu konzentrieren, statt in Negativem herumzustochern;
- schöne Erinnerungen zu pflegen und in dunklen Momenten abzurufen;
- Dankbarkeit zu pflegen;
- sich nicht ständig zu vergleichen – es wird immer jemanden geben, der (noch) erfolgreicher, bekannter, klüger, reicher … ist;
- sich mit eher heiteren Menschen zu umgeben und notorische Schwarzseher, Jammerer und Choleriker zu meiden;
- sich regelmäßig (etwa jeden Abend) bewusst zu machen, was heute schön war, gut lief und gelungen ist, und Danke zu sagen;
- Erfolge bewusst zu genießen und sich dafür zu belohnen, statt sich gleich auf die nächste Herausforderung zu stürzen;
- für genügend Licht, Schlaf und Bewegung zu sorgen;
- sich nicht willenlos dem Ärger zu ergeben, sondern ihn zu begrenzen – beispielsweise, indem man beschließt, sich jetzt genau drei Minuten kräftig zu ärgern und die Angelegenheit dann ad acta zu legen.

P.S. Plutarch wurde übrigens vermutlich 80 Jahre alt, Voltaire 83. Beides war zu ihrer Zeit mehr als beachtlich.

Mehr Energie gewinnen wir also nicht zuletzt dadurch, dass wir unser Leben nicht auf Biegen und Brechen in Richtung eigener Leistungsansprüche trimmen, uns nicht blind Antreibern unterwerfen, die uns vor Jahrzehnten eingepflanzt wurden und denen wir als Erwachsene längst keinen Gehorsam mehr schulden. Diese Antreiber waren uns nützlich, und sie werden es weiterhin sein. Entscheidend ist, dass wir sie erkennen, im Auge behalten und ihnen Neues zur Seite stellen, das heute zu uns passt. Das gibt uns die Chance, dass wir sie beherrschen und nicht umgekehrt: sie uns.

Nimm Dir Zeit

Nimm Dir Zeit, um zu arbeiten,
es ist der Preis des Erfolges.

Nimm Dir Zeit, um nachzudenken,
es ist die Quelle der Kraft.

Nimm Dir Zeit, um zu spielen,
es ist das Geheimnis der Jugend.

Nimm Dir Zeit, um zu lesen,
es ist die Grundlage des Wissens.

Nimm Dir Zeit, um freundlich zu sein,
es ist das Tor zum Glücklichsein.

Nimm Dir Zeit, um zu träumen,
es ist der Weg zu den Sternen.

Nimm Dir Zeit, um zu lieben,
es ist die wahre Lebensfreude.

Nimm Dir Zeit, um froh zu sein,
es ist die Musik der Seele.

Nimm Dir Zeit, um zu genießen,
es ist die Belohnung Deines Tuns.

Nimm Dir Zeit, um zu planen,
dann hast Du Zeit für die übrigen neun.

Aus einem alten irischen Gebet

Ausblick

»The best things in life are free.«

Nach so vielen ernsten Kapiteln und schwierigen Themen könnte man am Ende das Gefühl bekommen, alles ist anstrengend und muss angegangen werden. Darum wird es höchste Zeit für ein paar aufbauende Worte zum Schluss:

Wir haben trotz aller Herausforderungen ein reiches Leben! Wir haben Talente und Fähigkeiten in uns. Wir haben uns zu dem gemausert, was wir heute sind, oft trotz widriger Umstände. Wir dürfen unsere Potenziale leben und können uns einbringen in verantwortliche Rollen, die uns zwar fordern, aber auch ausfüllen. Wir sind auf der Reise zu noch mehr Themen und Talenten, die in uns schlummern und sich vielleicht noch entfalten werden. Wir haben Menschen um uns herum, die wir lieben und die uns lieben – hoffentlich genauso, wie wir sind. In der Führungsrolle gibt es viele freudvolle Momente. Uns vertrauen sich Menschen an. Unternehmer vertrauen uns ihren Erfolg und den Fortbestand des Unternehmens an. Und wenn uns eine Krise heimsucht, dann entwickeln wir Strategien, sie zu bewältigen, und lernen dazu.

Insofern lassen Sie uns positiv nach vorne schauen und uns am Leben erfreuen. Bei uns zu Hause an einer Wand steht ganz groß »The best things in life are free«. Und davon gibt es ganz viele Dinge, kostenlose kleine Energiespender, vom Vogelzwitschern bis zum Sonnenstrahl, vom Kinderkichern bis zur durchquatschten Freundinnennacht. Von der heißen Dusche nach dem Sport oder dem Winterspaziergang bis zum Duft von Toastbrot oder frischem Kaffee.

Ich wünsche Ihnen viel Erfolg dabei, sich mehr Energie zu verschaffen, Ihren Brunnen wieder aufzufüllen, damit Sie nicht nur kraftvoll führen, sondern auch erfüllt leben können. Sorgen Sie gut für sich!

Maren Lehky, Juli 2016

Danksagung

Ein neues Buch ist fertiggestellt, mein elftes. Damit liegen Abschiedsstimmung und Erleichterung in der Luft. Eine sehr konzentrierte Phase des Eintauchens in eine Thematik ist beendet, die für mich wieder sehr lehrreich war, denn natürlich ist dieses Thema auch mitten aus meinem Leben.

Es ist also Zeit DANKE zu sagen bei allen, die das Buch mit unterstützt haben:

- Allen Klienten und Kunden, die mich haben vertrauensvoll teilhaben lassen an ihren Herausforderungen und Fragen, und für die ich mich immer wieder gern auf die Suche nach Lösungen und Ideen begeben habe.
- Meinem Mann für seine mentale und versorgungstechnische Unterstützung und das geduldige Verständnis für meine (geistige) Abwesenheit.
- Dem Team der Gruner + Jahr Pressedatenbank, die mit unglaublich viel interessantem Material und Studien etc. für so viele Erkenntnisse und Studien gesorgt haben.
- Den vielen Autoren und Autorinnen, die mit ihren Büchern und Studien zum Gehalt dieses Buches beitrugen, alle in den Fußnoten erwähnt.
- Der Layouterin Cornelia Stratthaus für interessante Gestaltungsideen im Buch-Innern.
- Dem Grafik-Genie Michael Fritz für seine geschmackvolle Außengestaltung.
- Dem Texter Carsten Setzke für das Titel-Brainstorming.
- Dem Korrekturleser Thorsten Kuznik für seine beeindruckende Gründlichkeit.
- Der Programmleiterin Dr. Judith Wilke-Primavesi für ihre einfühlsame Autorenbetreuung.

Danke schön von Herzen!
Maren Lehky

Anmerkungen

1. Der eigene Chef

1 Quelle: www.haygroup.com (Pressemitteilung vom 27.05.2013: »Fast jeder zweite Chef in Deutschland demotiviert seine Mitarbeiter«).

2 Quelle: Süddeutsche Zeitung vom 17.05.2010 (»Frust im Büro«); im Internet unter www.sueddeutsche.de.

3 Quelle: Presseinfo 257 vom 17.08.2009, im Internet unter www.pm.ruhr-uni-bochum.de.

4 Interview mit Detlef Hollmann unter der Überschrift »Chef kann Burn-out verhindern«, Süddeutsche Zeitung vom 19.06.2014, S. V2/9.

5 AFP-Meldung vom 31.01.2014 unter der Überschrift »Fast alle Chefs halten sich für gute Vorgesetzte«.

6 Quelle: Julia Gurol, »Wahnsinns-Typen auf der Chefetage«, Wirtschaftswoche vom 29.07.2014, im Internet unter www.wiwo.de.

7 Vgl. David Collinson, »Dialectics of Leadership«, in: D. L. Collinson, Leadership Volume 4: 2005–2009. London : Sage 2011, S. 27–48.

8 Vgl. Oswald Neuberger, Führen und führen lassen. Stuttgart: Lucius & Lucius, 6., völlig neu bearb. Aufl. 2002, S. 106 ff.

9 Ian Robertson, Macht. Wie Erfolge uns verändern. München, dtv 2013, hier: S. 120.

10 Quelle: Thomas Glöckner u. a., »Von der Kunst, ein guter Chef zu sein«, Focus 05/2007, S. 108 ff.

11 Volker Kitz/Manuel Tusch, Das Frustjobkillerbuch. Frankfurt: Campus 2008.

12 Quelle: /www.harvardbusinessmanager.de/blogs/steigende-zahl-der-nachrichten-macht-zeit-knapper-a-993405.html

2. Die eigenen Mitarbeiter

1 Quelle: Stefan Sauer, »Umstrukturierung macht krank«, Frankfurter Rundschau vom 19.11.2012; im Internet unter www.fr-online.de.

2 Quelle: Dr. Georg Kraus, »Laufbahnplanung für künftige Top-Manager«, in: Business-wissen.de, 10.12.2010; im Internet unter www.business-wissen.de. Kraus geht von einem Eintrittsalter von 26 Jahren aus.

3 Quelle: »Weniger Wechsel im Top-Management« (18.04.2013); im Internet unter www. haufe.de.

4 Quelle: Stiftung Familienunternehmen, »Die Verweildauer des Managements von Familienunternehmen und Unternehmen im Streubesitz«, München 2010; Download im Internet unter www.familienunternehmen.de.

5 Quelle: Sonja Bischoff, Wer führt in (die) Zukunft?: Männer und Frauen in Führungspositionen der Wirtschaft in Deutschland. Die 5. Studie. Bertelsmann 2010, hier: Tab. 84.

6 Ebd., Abb. 148/149. Bei den weiblichen Führungskräften kehrt sich dieses Verhältnis um; sie führen überwiegend kleinere Teams.

7 2008 führten 17 % aller männlichen Führungskräfte mehr als 50 und 20 % mehr als 20 Mitarbeiter; bei den Frauen waren es 6 % (über 50 Mitarbeiter) und 13 % (über 20 Mitarbeiter). Quelle: Ebd., Abb. 144 und 145.

8 Quelle: Maren Lehky, Leadership 2.0. Wie Führungskräfte die neuen Herausforderungen im Zeitalter von Smartphone, Burnout & Co managen. Campus 2011, hier: S. 118. Die Zahlen basieren auf der Studie von Anders Parment, Die Generation Y – Mitarbeiter der Zukunft. Gabler 2009.

9 Marcus Buckingham/Curt Coffmann, Erfolgreiche Führung gegen alle Regeln. Campus 2001, S. 28. (Vierte, aktualisierte und erweiterte Auflage 2012.)

10 Maren Lehky, Was Ihre Mitarbeiter wirklich von Ihnen erwarten. Campus Verlag 2009, hier S. 22.

11 Bruno Schrep, »Nur noch Schrott«, Der Spiegel Nr. 13/2003, S. 82 ff.

12 Quelle: »Demografie 2020. Wie deutsche Unternehmen dem demografisch bedingten Führungskräftemangel begegnen«, Studie aus dem Jahre 2011, durchgeführt von der GFK SE im Auftrag der Unternehmensberatung Odgers Berndtson. Hier S. 11 f. Download unter www.odgersberndtson.de/fileadmin/uploads/germany/Documents/ Studien/Odgers-Berndtson-Demografie-2020.pdf

13 Studie der internationalen Personalberatung Boyden in Kooperation mit der EBS, Download im Internet unter www.boyden.de/germany/de/media/7671/boydenstudie_recruiting_/index.html

14 Quelle: Robert B. Cialdini, Psychologie des Überzeugens. Bern: Huber, 6. Aufl. 2008.

3. Innere Konflikte

1 In Kierkegaards Tagebüchern heißt es wörtlich: »Es ist ganz wahr, was die Philosophie sagt, dass das Leben rückwärts verstanden werden muß. Aber darüber vergisst man den andern Satz, dass vorwärts gelebt werden muss.« (Die Tagebücher. Deutsch von Theodor Haecker. Brenner-Verlag 1923, S. 203).

2 Quelle: Spiegel online vom 23.09.2014 »Deutsche-Bank-Co-Chef: Gericht bestätigt Anklage gegen Fitschen«; im Internet unter www.spiegel.de.

3 Quelle:www.pwc.de/de/risiko-management/wikri-2013.jhtml.

4 Quelle: Yasmin Osman et al., »Die Einsamkeit der Topbanker«, Handelsblatt vom 2.09.2014, S. 5.

5 Eugen Buß, Die deutschen Spitzenmanager. Wie sie wurden, was sie sind. Oldenbourgh 2007

6 Einen Überblick über seine Ergebnisse gibt Buß in einem Vortrag unter dem Titel »Die soziale Kennkarte und Moral der deutschen Top-Manager. Befunde einer empirischen Erhebung«. Download im Internet unter www.eugen-gutmann-gesellschaft. de/upload/vortrag_buss.pdf. Die Zitate sind diesem Vortrag entnommen.

7 Quelle: Wertekommission, Führungskräfte-Befragung 2014, Bonn 2014. Basis ist eine Online-Befragung von 350 Führungskräften aller Branchen, Ebenen und Altersgruppen. Download im Internet unter www.wertekommission.de/content/pdf/studien/ Studie-Fuehrungskraeftebefragung-2014.pdf.

8 Quellen: Interview mit Annette Kleinfeld in der Zeit vom 09.01.2014 unter dem Titel »Ist Ethik käuflich? ›Es hakt bei der Führung‹«, Die Zeit Nr. 3 2014, S. 21 sowie Claudia Obmann, »Renaissance der Werte«, Handelsblatt vom 22.10.2010, S. 68.

9 Quelle: Wertekommission, Führungskräfte-Befragung 2014, Bonn 2014, hier. S. 19.

10 Quelle: Michael Machatschke et al., »Reif für die Couch«, Manager Magazin Nr. 5/2009, S. 134 ff. Basis ist eine Studie von Heidrick & Struggles, für die 1000 Führungskräfte befragt wurden.

11 Quelle: Katrin Terpitz, »Wenn Manager Angst haben«, Handelsblatt vom 08.11.2006; im Internet unter www.handelsblatt.com.

12 Catharina Bruns, Work is not a job. Was Arbeit ist, entscheidest du! Frankfurt am Main: Campus 2013.

13 Claudia Obmann, »Renaissance der Werte«, Handelsblatt vom 22.10.2010, S. 68

14 Michael Paschen, »Mythos weiße Weste«; in: Managerseminare 198/Sept. 2014, S. 18 ff., hier S. 19.

15 Zit. nach Sprenger, Radikal führen, a.a.O., S. 180.

16 Quelle: Clemens Häusler, »Wem die Deutschen wirklich vertrauen«, Die Welt vom 21.02.2014, im Internet unter www.welt.de (Feuerwehrleuten vertrauen knapp 97 % aller Befragten, Ärzten 88 %, Ingenieuren und Technikern 80 %).

17 Quelle: »Allensbacher Berufsprestige-Skala 2013«; Download im Internet unter www. ifd-allensbach.de/uploads/tx_reportsndocs/PD_2013_05.pdf.

18 Quelle: »Forsa Bürgerbefragung öffentlicher Dienst 2012«/Wirtschaftswoche vom 12.10.2012 (»Diese Berufe haben das mieseste Image«); im Internet unter www.wiwo. de.

19 Quelle: Susanne Schäfer, »Das Tal des Lebens«; in: Zeit Wissen vom 05.06.2012; im Internet unter www.zeit.de.

20 Quelle: Holger Appel: »Willst du das dein ganzes Leben tun?«, Frankfurter Allgemeine Zeitung vom 20.01.2007, Seite C1

21 Vgl. www.reissprofile.eu/de

22 Wenn Sie ausführlichere Aufstellungen suchen, werden Sie im Internet unter dem Suchwort »Werteliste« fündig.

23 Quelle: www.whistleblower-net.de/whistleblowing/

24 Quelle: www.transparenz.net/whistleblower-beruehmte-faelle/

25 Vgl. Martin E. P. Seligman, Erlernte Hilflosigkeit. Weinheim: Beltz, 2. Aufl. 2010.

26 Quelle: http://de.statista.com/statistik/daten/studie/153735/umfrage/volumen-der-fusionen-und-uebernahmen-weltweit/

4. Zeitdruck und Stress

1 Bleib locker, Deutschland! TK-Studie zur Stresslage der Nation. S. 20. (Download im Internet unter ww.tk.de)

2 Andrea Lohmann-Haislah, Stressreport Deutschland 2012. Psychische Anforderungen, Ressourcen und Befinden, hrsg. von der Bundesanstalt für Arbeitsschutz und Arbeitsmedizin (BAuA), Dortmund/Berlin/Dresden 2012, Download unter www.baua.de. Ebd., S. 84 und S. 85.

3 Ebd., S. 128.

4 DGB-Index »Gute Arbeit« 2011: Arbeitshetze – Arbeitsintensivierung – Entgrenzung. Download im Internet unter www.dgb.de > Presse, S. 5, S. 7, S. 10, S. 16, S. 21, S. 24.

5 Vgl. DAK-Gesundheitsreport 2013, S. 17, und Maren Lehky, Leadership 2.0. Frankfurt: Campus 2011, S. 169. Download des DAK-Gesundheitsreports unter www.dak.de/dak/download/Vollstaendiger_bundesweiter_Gesundheitsreport_2013-1318306.pdf.

6 Vgl. Stressreport Deutschland 2012, a.a.O., S. 13.

7 Ebd. S. 35, S. 42, S. 125, S. 58.

8 Das ergab z. B. eine Studie der DAK, für die 2014 3000 Arbeitnehmer befragt wurden. Eine Zusammenfassung der Ergebnisse gibt der Karriere Spiegel vom 17.06.2014 unter der Überschrift »Arbeitslose fühlen sich gestresster als Manager«; im Internet unter www.spiegel.de.

9 Bleib locker, Deutschland! TK-Studie zur Stresslage der Nation, a.a.O., hier S. 21 und S. 20.

10 Quelle: Jörg Schindler, »Der Uhr-Mensch«, in: Der Spiegel 36/2014, S. 114 ff., hier: S. 116.

11 Quelle: Ebd., S. 115.

12 Quelle: Julia Graven, »Bitte abschalten«, in: Financial Times Deutschland vom 24.08.2011, S. 26.

13 Quelle: Michael Mankins et al. »So managen Sie Ihr knappstes Gut«, in: Harvard Business Manager Okt. 2014, S. 20 ff., hier: S. 25.

14 Christa Wehner, »Die Zeitsparer: Eine Zielgruppe wird besichtigt«. Im Internet unter www.gfk-verein.de/index.php?article_id=184&clang=1

15 Vgl. auch Jörg Schindler, »Der Uhr-Mensch«, a.a.O., S. 115.

16 Zu den interkulturellen Unterschieden im Zeitverständnis vgl. zum Beispiel www. intercultural-network.de

17 Stephan Grünewald, Die erschöpfte Gesellschaft. Frankfurt am Main: Campus 2013, S. 22.

18 Vgl. Stewart D. Friedman/Sharon Lobel, »The Happy Workaholic: A Role Model for Employees«; in: The Academy of Management Executive Bd. 17 3/2003, S. 87 ff.

19 Quelle: Stressreport Deutschland 2012, a.a.O., S. 123 f. 39 % der Menschen, die »nie« Unterstützung erfahren, und 34 %, bei denen das »selten« der Fall ist, klagen über sechs und mehr Beschwerden. Bei denen, die »häufig« unterstützt werden, sind es nur 17 %.

20 Vgl. ebd.

21 Quelle: Interview mit Ruth Enzler Denzler unter dem Titel »Eine Auszeit nehmen?«; in: Psychologie heute, Mai 2009, S. 29 ff. Vgl. auch dies., Karriere statt Burn-out. Die 3-Typen-Strategie der Stressbewältigung für Führungskräfte. Zürich: Orell Füssli 2008.

22 Michael Mankins, Chris Brahm, Gregory Caimi, »So managen Sie Ihr knappstes Gut«; in: Harvard Business Manager Okt. 2014, S. 20 ff.

23 Quelle: ebd., S. 26.

24 Quelle: »Daimler-Mitarbeiter können Mails automatisch löschen lassen«, Frankfurter Allgemeine Zeitung vom 13.08.2014; im Internet unter www.faz.de.

25 Pressemeldung des TÜV Rheinland zum Digitalen Arbeitsschutz (02.04.2014) unter www.tuv.com.

26 Quelle: Michael Mankins, Chris Brahm, Gregory Caimi, »So managen Sie Ihr knappstes Gut«; a.a.O., S. 24 ff.

27 Über den Umgang mit E-Mails. Der Scholz & Friends E-Mail-Knigge. Mainz: Verlag Hermann Schmidt 2009.

28 Gabriele Freude/Xenija Weißbecker-Klaus, »Überfordert Multitasking unser Gehirn?«; in: Stressreport 2012, a.a.O., S. 129 ff.

29 Quelle: »Kein Abschalten im Urlaub«; in: Der Standard online vom 13.07.2010 (unter Berufung auf eine Emnid-Umfrage).

30 Quelle: Interview mit dem Titel: »Jeder Anruf ist eine Mikrowunde«; in: Die Weltwoche vom 20.05.2009, S. 36 f.

31 Maren Lehky, Leadership 2.0. Wie Führungskräfte die neuen Herausforderungen im Zeitalter von Smartphone, Burnout & Co. managen. Frankfurt am Main: Campus 2011, S. 51 ff.

32 Timothy Ferriss, Die 4-Stunden-Woche. Mehr Zeit, mehr Geld, mehr Leben. Berlin: Econ Verlag, 12. Aufl. 2010, S. 118.

33 Ulrich Schnabel, Muße. Vom Glück des Nichtstuns. München: Blessing, Pantheon-Ausgabe 2012, S. 118 ff.

34 Vgl. Interview mit dem Arzt Marco Caimi unter dem Titel: »Jeder Anruf ist eine Mikrowunde«, a.a.O. Laut Caimi haben 75 Prozent der Frauen eine sehr gute Freundin, aber nur 13 Prozent der Männer einen guten Freund.

35 Zit. n. Doris Kowitz u. a., »Manager unter Druck«, Die Zeit vom 15.02.2014; im Internet unter www.zeit.de.

36 Maren Lehky Leadership 2.0, a.a.O., S. 172 ff.

37 Quelle: www.icd-code.de/icd/code/Z73.html.

38 Vgl. Carola Kleinschmidt, »Was man über Burn-out wissen sollte«; in: Die Zeit vom 13.06.2014; im Internet unter www.zeit.de und (für das Kalbitzer-Zitat) Eva Buchhorn et al., »Die Glücksfalle«; in Manager Magazin 11/2013, S. 142 ff., hier: S. 142.

39 Stephan Grünewald, Die erschöpfte Gesellschaft, a.a.O., S. 23.

40 Quelle: Ulrich Bröckling, »Der Mensch als Akku, die Welt als Hamsterrad. Konturen einer Zeitkrankheit«; in: Leistung und Erschöpfung: Burnout in der Wettbewerbsgesellschaft, hrsg. v. Sighard Neckel und Greta Wagner, Frankfurt am Main: Suhrkamp 2013, S. 179 ff., hier S. 182 f.

5. Die eigene Gesundheit

1 Beauftragt hat die Studie des Hamburger Diagnostik Zentrums Fleetinsel das *Handelsblatt*. Quelle: »Studie: Deutsche Manager sind zu dick«, Spiegel online vom 07.11.2013; im Internet unter www.spiegel.de. Zur Studie von Heidrick & Struggles vgl. Georg Meck, »Wie fit sind Deutschlands Manager?«, in: *Frankfurter Allgemeine Sonntagszeitung* vom 21.09.2014, S. 19.

2 Quellen: »Beweg Dich Deutschland!« – TK-Studie zum Bewegungsverhalten in Deutschland (2013) (Befragt wurden 1003 Personen ab 18 Jahren; Download im Internet unter www.tk.de/tk/bewegung/gesund-sport-treiben/tk-bewegungsstudie/37282) und »Umfrage: Deutsche Manager sind diszipliniert, aber unzufrieden«, Handelsblatt vom 04.07.02013; im Internet unter www.handelsblatt.com.

3 Quelle: Jörg Schindler, »Der Uhrmensch«, in: Der Spiegel 36/2014, S.114 ff., hier S. 117 f.

4 Quelle: Birgit Albers-Timm, Sybille Terrahe, »Der innere Kompass«, München: Goldmann 2003, S. 68.

5 Quelle: »Quiz: Was tun Manager wirklich?«; im Internet unter http://www.harvard-businessmanager.de/quiztool/quiztool-59494.html?a=221311323&aa=3.

6 Quelle: Georg Meck, »Wie fit sind Deutschlands Manager?, a.a.O.

7 Quelle: Jörg Schindler, »Der Uhrmensch«, a.a.O., hier S. 119.

8 Quelle: Jörg Heckhausen, »Doping in der Chefetage«, in: Handelsblatt vom 24.08.2014; im Internet unter www.handelsblatt.com.

9 Quelle: Lisa Nienhaus et al., »Cola, Koks und Ritalin: Wie die Deutschen sich im Büro

dopen«, Frankfurter Allgemeine Sonntagszeitung vom 09.12.2008; im Internet unter www.faz.net.

10 Quelle: DAK-Gesundheitsreport 2009, S. 45 und S. 105 ff.

11 Quelle: »Doping im Büro: Manager auf Speed«, in: Manager Magazin vom 12.02.2009; im Internet unter www.manager-magazin.de/unternehmen/karriere/a-607267.html.

12 Quelle: Jens Tönnesmann, »Auf dem Karrieretrip«, Wirtschaftswoche vom 20.10.2008, S. 136–143, hier S. 137.

13 Quelle: Kerstin Theobald, »Dependence Days«, Manager Magazin vom 25.06.2010; im Internet unter www.manager-magazin.de.

14 Quelle: »Rezeptfreie Schmerzmittel: Ibuprofen am umsatzstärksten«, Meldung vom 26.09.2014; im Internet unter www.pharmazeutische-zeitung.de.

15 Quelle: Bärbel Schwertfeger, »Durchhalten«, in: Capital Nr. 19 vom 31.08.2006, S. 68.

16 Quelle: Philip Bethge, »Der überwachte Körper«, in: Der Spiegel 17/2012, S. 122 ff., hier S. 124.

17 Quelle: Mischa Täubner, »Verfluchter Stress«, in: Capital Nr. 7 vom 15.03.2007, S. 140.

18 Quelle: »Freizeit genauso wichtig wie Einkommen. Studie zur Lebenszufriedenheit«; Meldung in ManagerSeminare Heft 198, Sept. 2014, S. 13.

19 Quelle: »Der fokussierte Manager – Gezielt denken effektiv handeln«; Harvard Business Manager 02/2014.

20 Quelle: Ebd.

21 Quelle: Dr. Rolf Merkle, »Selbstwertgefühl«; im Internet unter www.lebenshilfe-abc.de/selbstwertgefuehl.html.

22 www.diag.psychologie.tu-darmstadt.de/forschung_16/studienportal/aktuelle_studien_1/online_studie__selbstwert/online_studie_selbstwert_1.de.jsp.

23 Vgl. Christine Seiger, »Ich bin so schön, ich bin so toll … und jetzt noch schlechter drauf!« Psychologisches Institut der Universität Zürich; im Internet unter www.psychologie.uzh.ch.

24 Einen ausführlichen Beitrag »Affirmationen – Ein praktischer Weg zu Wachstum, Veränderung und Heilung« finden Sie im Forum www.zeitzuleben.de.

25 Günter F. Gross, Beruflich Profi, privat Amateur? Berufliche Spitzenleistungen und persönliche Lebensqualität. München: Redline, 20., aktualis. und erweit. Aufl. 2009, S. 130.

26 Michael Tomoff in seinem Blog »Was wäre wenn«: »Grenzen setzen: 17 Möglichkeiten zum gesunden Nein-Sagen«; im Internet unter www.tomoff.de.

27 In Anlehnung an »10 ways to build resilience« (Quelle: www.apa.org/helpcenter/road-resilience.aspx), Übersetzung: Maren Lehky.

28 Quelle: Astrid Dörner, »Das Geschäft mit dem Geist«, Handelsblatt vom 14.02.2014, S. 60.

29 Jon Kabat-Zinn, Gesund durch Meditation. Das große Buch der Selbstheilung mit MBSR. München: Knaur 2013.

30 … zum Beispiel Jon Kabat-Zinn, Im Alltag Ruhe finden. Meditationen für ein gelasse-

nes Leben. München: Knaur 2010 oder Maren Schneider, Crashkurs Meditation – Anleitung für Ungeduldige. Garantiert ohne Schnickschnack. München: Gräfe & Unzer 2012. Seminare finden Sie im Internet unter Suchanfragen wie »Zen für Führungskräfte« oder »Zen for Leadership«.

31 Quelle: »Beweg Dich, Deutschland«, a.a.O., S. 26 und S. 9.

32 Quelle: »Jeder Schritt zählt«, im Internet unter www.ein-bewegtes-leben.de/was.html.

33 Quelle: Günter F. Gross, Beruflich Profi, privat Amateur?, a.a.O., S. 110.

6. Das Privatleben

1 Quelle: »So glücklich sind die Deutschen« Handelsblatt online vom 20.11.2013; im Internet unter www.handelsblatt.com.

2 Gudrun Happich, »Jammern auf hohem Niveau?«, Harvard Business Manager Blog vom 18.11.2014; im Internet unter www.harvardbusinessmanager.de.

3 Quellen: www.freizeitmonitor.de und www.die-akademie.de (Titel der Akademie-Studie: »Auf dem Prüfstand: Deutsche Fach- und Führungskräfte über Karriere, Zufriedenheit und Wünsche an den Arbeitsplatz«).

4 Vgl. z. B. »Facebook und Apple zahlen Frauen das Einfrieren ihrer Eizellen«, Meldung im Karriere Spiegel vom 15.10.2014; im Internet unter www.spiegel.de.

5 Kerstin Theobald, »Krise an der Heimatfront«, Manager Magazin vom 01.06.2009, S. 158 ff.

6 Quelle: Christine Dankbar, »Wenn nur die Abschiede nicht wären«, Berliner Zeitung vom 26.2.2012; im Internet unter www.berliner-zeitung.de).

7 Olaf Storbeck, »Manager sind auch nur Menschen«, Handelsblatt vom 06.02.2013; im Internet unter www.handelsblatt.com, und Matthias Müller, »Manager sind auch nur Menschen«, Neue Zürcher Zeitung vom 14.08.2013; im Internet unter www.nzz.ch.

8 Tommy Jaud, Einen Scheiß muss ich. Das Manifest gegen das schlechte Gewissen. Frankfurt am Main: S. Fischer 2015.

8 Maren Lehky, Leadership 2.0. Frankfurt am Main: Campus 2011, S. 190. (Es handelt sich um die Shape-Studie des Mediziner Walter Kromm. Shape steht für »Studie mit hoch ambitionierten Persönlichkeiten«) sowie »Umfrage: Viele wollen mehr Zeit für sich«, Der Westen vom 14.10.2014; im Internet unter www.derwesten.de.

9 Quelle: Christoph Neßhöver et al., »Arbeit? War gestern!«, Manager Magazin vom 01.03.2014, S. 114 f.

10 Quelle: Pia Grisslich et al.: »Beyond Work and Life: What Role Does Time for Oneself Play in Work-Life Balance?«; in: Zeitschrift für Gesundheitspsychologie 20 (4), 2012, S. 166 ff.

11 Quelle: »Topbanker verpfänden Autos für Luxus-Weihnachten«, Meldung in Der Standard vom 25.11.2014; im Internet unter www.derstandard.at.

12 Quelle: Benjamin Schulz, »Minimalisten: Haste nix, biste was«, Spiegel online vom 15.07.2011; im Internet unter www.spiegel.de.

13 Sabrina Parsons, »Bringt die Kinder mit ins Büro«, Harvard Business Manager Blog vom 05.05.2014; im Internet unter www.harvardbusinessmanager.de.

14 Quelle: Interview mit Hans-Peter Blossfeld mit dem Titel »Weiblich, gebildet, partnerlos«; in: Die Zeit vom 18.08.2012; im Internet unter www.zeit.de.

15 Eine Zusammenfassung der Ergebnisse bietet die Frauenzeitschrift Brigitte in einem Dossier (»Frauen auf dem Sprung. Das Update 2013«). Download im Internet unter www.brigitte.de/producing/pdf/fads/BRIGITTE-Dossier-2013.pdf.

16 Claus Christian Malzahn, »Die Ehe hat nur noch eine Fifty-fifty-Chance«, Die Welt vom 25.11.2012; im Internet unter www.welt.de.

17 Quelle: Corinna Nohn, »Moderne Arbeitsteilung«, Handelsblatt vom 14.02.2014, S. 68.

7. Die Anforderungen an sich selbst

1 Quelle: Vortrag von Arno Pöker, Vorstandsmitglied der Deutsch-Dänischen Handelskammer, unter dem Titel »Mecklenburg-Vorpommern und Dänemark im Ostseeraum«, Download unter www.rostock.ihk24.de.

2 Quelle: »Dänen sind die glücklichsten Menschen der Welt«, Meldung der Zeit online am 09.09.2013; im Internet unter www.zeit.de.

3 Tobias Becker, »Schluss. Aus. Feierabend. Ein Plädoyer gegen die Diktatur der Lohnarbeit«, in: Kulturspiegel März 2013, S. 10 ff., hier: S. 11 f.

4 Wolf Lotter, »Die Not des Müßiggangs«, in: Brand eins 08/2012, S. 34 ff., hier S. 38.

5 Taibi Kahler, »Das Miniskript«, in: Graham Barnes (Hg.), Transaktionsanalyse seit Eric Berne. Band 2, New York: Harper & Row Hagerstown 1977, S. 91 ff. Einen lesenswerten Überblick über die Antreiber gibt Günter W. Remmert, »Mach es allen recht! Beeil dich! Zur Dynamik innerer Antreiber«, Download im Internet unter www.seminarhaus-schmiede.de/pdf/antreiber.pdf.

6 Sie finden den Antreiber-Test zum Beispiel unter www.dbfk.de, www.lerncoaching-berlin.com oder www.mental-gewinnen.com.

7 Quelle: »Schwätzer haben die besseren Karten«, Interview mit Simone Janson, in: Süddeutsche Zeitung vom 17.05.2010, im Internet unter www.sueddeutsche.de.

8 Quelle: »Die Perfektionismus-Falle«, Interview mit Christine Altstötter-Gleich, in: Geo Wissen 52 (2013), S. 58 ff.

9 Zit. n. Jochen Mai, »Feler [sic] frei!«, in: Wirtschaftswoche vom 15.08.2011, S. 116.

10 Nach der 80/20-Regel werden beispielsweise 80 % der Ergebnisse in 20 % der Zeit erzielt und die restlichen 80 % der Zeit gehen häufig für zweitrangige Optimierungen (20 % Verbesserung) drauf.

11 Quelle: »Die Perfektionismus-Falle«, a.a.O.

12 Werner Bartens, »Wenn Babys schreien: Liebe statt Küchenpsychologie«, Süddeutsche Zeitung vom 04.06.2014; im Internet unter www.sueddeutsche.de.

13 Vgl. zu solchen Hintergründen Bernd Schmid/Joachim Hipp, »Antreiber-Dynamiken – Persönliche Inszenierungsstile und Coaching«, in: Zeitschrift für systemische Thearapie Heft 2, April 2001, S. 82 ff.

14 Vgl. ebd.

15 Vgl. ebd.

16 Halko Weiss/Michael E. Harrer/Thomas Dietz, Das Achtsamkeits-Buch. Stuttgart: Klett-Cotta 2012.

17 Friedemann Schulz von Thun, Miteinander reden 3: Das »Innere Team« und situationsgerechte Kommunikation. Reinbek bei Hamburg: Rowohlt, 22. Aufl. 2013.

18 Vgl. z. B. Sebastian Herrmann, »Schlaf speichern wie ein Kamel?«, Süddeutsche Zeitung vom 04.05.2013; im Internet unter www.sueddeutsche.de.

19 Quelle: Julia Bidder, »Das Ich in der Krise«, Focus vom 22.02.2010, im Internet unter ww.focus.de.

20 Quelle: Christian Heinrich, »Optimismus als Überlebensstrategie«, Spiegel online vom 02.06.2013; im Internet unter www.spiegel.de.

21 Quelle: Jochen Mai, »Bitte recht fröhlich!«, Wirtschaftswoche vom 23.06.2008, S. 150 ff.

22 Zit. n. ebd.

Register